Design of Machine Elements

机械设计课程设计

第二版

主　编　林光春
副主编　樊庆文
编　者　林光春　樊庆文　杨从德
李廷玉　王幼君　王冬梅
张爱萍

四川大学出版社

责任编辑:王　锋
责任校对:唐一丹
封面设计:米茄设计工作室
责任印制:李　平

图书在版编目(CIP)数据

机械设计课程设计 / 林光春主编. —成都：四川大学出版社，2008.10
ISBN 978-7-5614-4173-2

Ⅰ.机…　Ⅱ.林…　Ⅲ.机械设计-课程设计-高等学校-教学参考资料　Ⅳ.TH122-41

中国版本图书馆 CIP 数据核字（2008）第 166231 号

内容简介

本书是在第一版的基础上，根据高等工业学校机械类、非机械类对机械设计课程设计的教学要求及新颁布的有关国家标准和规范，并结合近十年来使用本教材的实践经验进行修订的。

全书分为 14 章，系统地介绍了一般机械传动装置的设计内容、方法和步骤，对计算机辅助设计作了简单介绍。本书汇集了机械设计课程设计所需的各种资料、参考图表及新颁布的有关国家标准和规范，并附有设计题目、装配参考图及设计计算示例。内容简明扼要，使用方便。

本书可供高等工科院校、职大、函大学生进行机械设计课程设计使用，亦可供有关专业师生和工程技术人员参考。

书名　**机械设计课程设计**

编　　者　林光春　樊庆文　杨从德　李廷玉
　　　　　王幼君　王冬梅　张爱萍
出　　版　四川大学出版社
地　　址　成都市一环路南一段 24 号 (610065)
发　　行　四川大学出版社
书　　号　ISBN 978-7-5614-4173-2
印　　刷　四川锦祝印务有限公司
成品尺寸　185 mm×260 mm
印　　张　15.75
字　　数　356 千字
版　　次　2008 年 11 月第 2 版
印　　次　2011 年 3 月第 3 次印刷
印　　数　3 201～5 200 册
定　　价　28.00 元

◆读者邮购本书,请与本社发行科联系。电 话:85408408/85401670/85408023　邮政编码:610065
◆本社图书如有印装质量问题,请寄回出版社调换。
◆网址:www.scupress.com.cn

第二版前言

《机械设计课程设计》第二版是根据国家教委批准的《高等工业学校机械设计教学基本要求》中对机械设计课程设计所提出的目的和要求，并结合近十年来使用本教材的实践经验进行修订的，其目的仍是配合机械设计课程设计进行教学和辅助学生顺利完成课程设计。

在教材的修订过程中，编者力求从满足课程设计的教学基本要求、方便读者使用的原则出发，精选内容，加强综合，并适当拓宽知识面，反映学科新成就，以期使本教材具有简明、实用的特点。

本次修订在更新内容方面，对“计算机辅助设计简介”和“设计举例”两章进行了重新编写；更正或重新绘制第一版中有误或印刷不清楚的资料、图表、设计参考图等；并根据新颁布的有关国家标准、部颁标准和规范，对书中的术语、图表、数据等进行修订更新；删去原书中“创造工程学简介”和“机械设计造型设计简介”两章。

本次修订工作分工如下：林光春：第 2、3、5 章及附录Ⅰ、Ⅱ，樊庆文：第 4、6 章，杨从德：第 1、7 章，王幼君：第 8、9、10、11、12、13、14 章，张爱萍：附录Ⅲ、Ⅳ。全书的统稿工作由林光春、樊庆文负责。

虽然本版在第一版的基础上进行了一些必要的修改和更新，但由于编者水平所限，书中难免存在错误和欠妥之处，殷切希望广大读者提出宝贵意见，以便我们进一步改进。

编　者

2008 年 11 月

前　　言

本书是根据国家教委批准的《高等工业学校机械设计教学基本要求》中对机械设计课程设计所提出的目的和要求编写的，其目的是配合学生顺利完成课程设计。

本书分为两大部分。前一部分内容主要是讲述简单机械传动装置的设计思路、方法和步骤，力求做到内容比较全面，概念清楚、重点突出、方法具体、叙述简略，并充分考虑到课程设计应具有的基础性、启发性和先进性，同时介绍了设计机械零件的 CAD 技术，还编写了部分设计参考题，其难易程度不同，便于因材施教和充分发挥同学的积极性和创造性。第二部分系统地汇集了完成课程设计所需的各种资料、图表(包括有关的各种新颁布的国家标准)、参考图，其内容取舍以满足课程设计教学要求为目的，并力求简明扼要，方便使用。

本书由杨从德、李廷玉、樊庆文、王幼君、林光春、王冬梅编写，由杨廷栋主审。

由于编者水平有限，书中难免存在错误和欠妥之处，希望大家提出宝贵意见以便改进。

编　者

1998 年 4 月

参考文献

[1] 邱宣怀等.机械设计[M].第4版.北京:高等教育出版社,1997
[2] 唐金松.简明机械设计手册[M].第1版.上海:上海科学技术出版社,1989
[3] 徐灏.机械设计手册[M].第1版.北京:机械工业出版社,1988
[4] 蔡春源.新编机械设计手册[M].第1版.沈阳:辽宁科学技术出版社,1993
[5] 王昆.机械设计课程设计[M].第1版.武昌:华中理工大学出版社,1992
[6] 龚溎义.机械零件课程设计图册[M].第2版.北京:人民教育出版社,1982
[7] 宋宝玉.机械设计课程设计指导书[M].第1版.北京:高等教育出版社,2006
[8] 殷玉枫.机械设计课程设计[M].第1版.北京:机械工业出版社,2006
[9] 朱家诚.机械设计课程设计[M].第1版.合肥:合肥工业大学出版社,2005
[10] 汪琪美,霍新民.AutoCAD 2006机械设计基础实例教程[M].第1版.北京:电子工业出版社,2006
[11] 张方瑞等.UG NX入门精解与实例技巧[M].第1版.北京:电子工业出版社,2003
[12] 尤坤,唐俊.CATIA V5 R15中文版基础教程[M].第1版.北京:清华大学出版社,2006
[13] 金磊.中文Pro/ENGINEER WILEFIRE基础与实例教程[M].第1版.北京:红旗出版社,北京希望电子出版社,2005
[14] 邹玉堂,路慧彪,原彬等.Pro/ENGINEER实用教程[M].第1版.北京:机械工业出版社,2005

目　录

第10章 轴系零件的紧固件

第11章 滚动轴承

第12章 常用润滑剂

第13章 联轴器

第14章 公差、形位公差、表面粗糙度及精度

第1章　设计总论

1.1　机械设计课程设计的目的和内容

1.1.1　目　的

机械设计是研究各类通用零部件的设计原理和方法的课程，其目的是在于使学生获得最基本的机械设计的理论知识，并培养其进行机械设计的初步能力。因此在教学过程中，除应系统地进行课堂讲授、实验、习题作业等教学环节外，还应安排机械设计课程设计。

机械设计课程设计是高等工科院校大多数专业学生第一次较全面的设计训练，是机械设计课程的最后一个重要教学环节，其基本目的是：

(1)培养理论联系实际的正确设计思想，训练综合运用已经学过的理论和生产实际知识去分析和解决工程实际问题的能力。

(2)学习机械设计的一般方法。通过拟定传动方案、结构方案，完成机械传动装置及其部件的设计，较全面地了解和掌握常用机械零件、机械传动装置的设计过程和方法。

(3)进行机械设计的基本技能训练，如计算和绘图技能，运用各种设计资料(包括标准、规范、手册及使用经验数据等)的技能及进行经验估算、类比设计和数据处理方面的技能等。

1.1.2　内　容

机械设计课程设计通常选择一般用途的机械传动装置作为设计对象。如图1.1所示为电动绞车中的减速器。

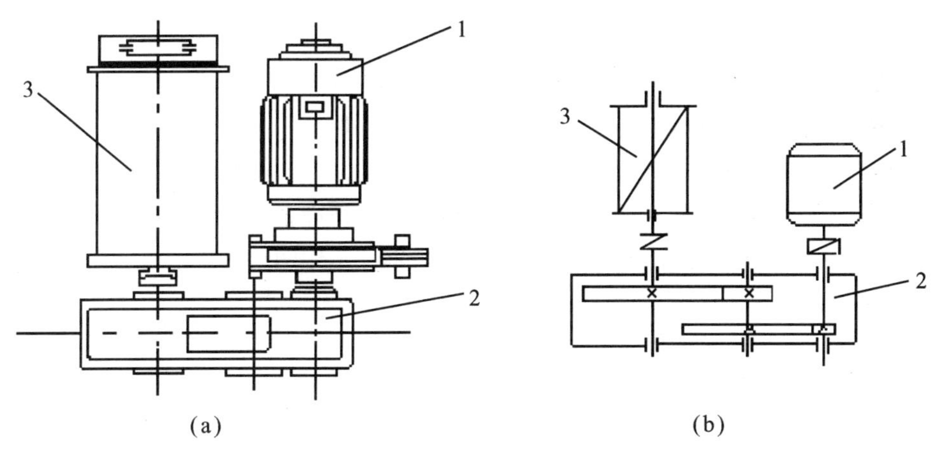

1.原动机(电动机)　2.传动装置(减速器)　3.工作机(卷筒)

图1.1　电动绞车及其传动示意图

选择一般用途的机械传动装置作为设计对象的原因是：

(1)传动装置是原动机与工作机间的中间装置，它对所有的机器起着共同的作用，即实现变速(包括减速、增速)及运动形式的转变，使执行机构或构件完成预期的运动，同时传递功率以克服生产和非生产阻力，因而它具有较好的代表性。

(2)机械传动装置中的齿轮(蜗轮)减速器是应用最广泛的一种传动类型，其中有些类型已按国家标准，进行了系列设计，因而具有典型性。

(3)齿轮(蜗轮)减速器的设计几乎包括了机械设计课程中的全部主要内容，作为一个完整的部件，其设计程序也比较全面，因而无论从设计内容和设计程序方面来看都是比较全面的。

课程设计要求每个学生完成以下工作：

(1)减速器装配图 1 张(1 号或 0 号图纸)；

(2)零件工作图 2～3 张(传动零件、轴、机体等)；

(3)计算说明书 1 份。

1.2 机械设计课程设计的一般步骤

课程设计大体可按以下几个步骤进行：

(1)设计准备。认真研究设计任务书，明确设计要求、工作条件、内容和步骤；通过阅读有关资料、图纸，参观实物或模型以及进行减速器拆装实验等，了解设计对象；复习课程有关内容，熟悉有关零件的设计方法和步骤；准备好设计需要的图书、资料和用具；拟定设计计划等。

(2)传动装置的总体设计。拟定运动简图，分析和选定传动装置的方案；选择电动机；确定总传动比和分配各级传动比，计算各轴的转速、功率和扭矩。

(3)装配图设计。计算和选择传动件参数；绘制装配图草图；设计轴并计算轮毂联接强度；选择计算轴承和进行支承结构的设计；进行机体结构及其附件的设计；完成装配图的其他设计要求。

(4)零件工作图设计。

(5)整理和编写计算说明书。

(6)设计总结和答辩。

以上各阶段所需时间约占总工作量的百分数为：设计准备、总体设计和传动零件设计计算约占 10％～15％；减速器装配图设计约占 60％；零件工作图约占 15％～20％；编写设计说明书和准备答辩约占 10％。

1.3 设计时应注意的事项

(1)机械设计课程设计是一个重要的教学环节，既是对已学课程(如力学、金属工艺学、机械制图、工程材料、互换性及技术测量、机械原理和机械设计等)的综合运用，又为以后的专业课程学习打下基础。因此，学生必须明确学习目的，树立正确的学习态度，在设计过程中要严肃认真，一丝不苟。

(2)树立正确的设计思想，理论联系实际，从实际出发解决设计问题，力求设计合理、实用、经济。努力做到全面考虑问题，使设计符合我国实际情况。

(3)正确处理计算和绘图的关系：任何机械零件的尺寸都不应只按理论计算确定，而应综合考虑零件结构、加工、装配，经济性、使用条件以及与其他零件的关系等。有时，则要用一些经验公式确定尺寸，如减速器箱体的某些结构尺寸。还有一些零件尺寸，需要通过画图确定，再进行校核计算，如轴的尺寸。因此在设计过程中，计算和绘图是互相补充、交叉进行的。边画、边算、边修改是设计的正常过程。

(4)正确处理学习与创新的关系：设计既包含前人实践经验的总结，又是一项开创性工作。初次进行机械设计课程设计，要注意利用和学习已有的资料及图纸，参考和分析已有的结构方案，合理选用已有的经验数据，这是锻炼设计能力的一个重要方面。另外，设计又包含着创新，要在学习的基础上，根据具体条件和要求，敢于提出新设想、新方案和新结构，并在设计实践中不断地总结和改进。所以学习和创新要很好地结合起来，才能不断地提高设计质量。

(5)正确使用标准和规范：设计中正确运用标准，有利于零件的互换性和加工工艺性，从而收到良好的经济效果。同时也可减轻设计工作量，节省设计时间。对于国家标准或本部门的规范一般都要严格遵守和执行。在设计中是否采用标准和规范，也是评价设计质量的一项指标，因此，要尽量采用标准。如遇到标准和规范与设计要求有矛盾时，经过必要手续也可以放弃前者而服从设计要求。

设计中采用标准件时，有些必须向外采购(例如专业化生产的滚动轴承、传动胶带、链和橡胶油封等)，有些则自行制造(例如联轴器、键等)。后者的主要尺寸参数一般仍宜按标准规定。

(6)注意培养工作的计划性，要经常检查和掌握进度，并随时整理设计计算结果。这对设计的正常进行、阶段检查、设计总结和编写说明书都是有用的。

(7)正确运用课程设计指导书，做好设计。本书中的指导书部分是按课程设计步骤编写的，对每一步骤都说明其工作内容和如何进行设计，并附有必要的图及表格，供设计时参考，以便学生在阅读指导书并经教师指导后，能主动地进行设计。

因此，在设计过程中，要根据教师的要求，认真阅读指导书及教材中的有关部分，在阅读的基础上，理解每一个设计步骤的目的、内容和方法。还要注意指导书中所列举的常见的错误结构，在阅读过程中，通过正误对比，了解错误的原因，并在设计过程中尽量避免。

第2章　传动装置的总体设计

机械传动装置总体设计的内容包括确定传动方案、选定电动机型号、合理分配传动比、计算传动装置的运动及动力参数，为计算各级传动零件参数和尺寸、设计绘制装配图打下基础。

2.1　确定传动方案

机器通常由原动机、传动装置和工作机三个部分组成，如图2.1所示。

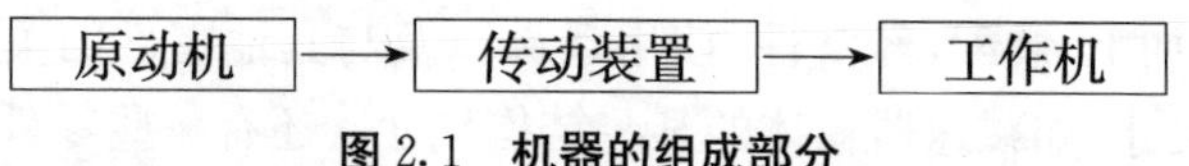

图2.1　机器的组成部分

其中，原动机可将其他形式的能量转换为机械能，如电动机就是将电能转换为机械能，原动机是动力的来源和运动的驱动件，现在一般机械中所用的原动机多为电动机。工作机是机器中直接用来转换能量（将机械能转换成为其他形式的能量）或利用机械能来完成有用功的部分，如离心泵的泵体和工作叶轮，电动绞车的卷筒，压缩机的活塞和气缸，离心机的转鼓和螺杆，搅拌机的桨叶和搅拌轴，带式运输机的运输带部分等。工作机的不同往往就构成了这一部机器的特性。工作机的设计对于不同机器有不同的要求，它一般包括机构工作原理的选定、运动的要求、参数的确定及工作机部分的计算和结构设计等。

传动装置是介于原动机和工作机之间的中间装置。机械传动装置是用来实现减速、增速、变速以及运动形式的转变以使工作机能够完成预定的运动，同时它还把原动机输出的功率和扭矩传到工作机以实现能量的转变或完成有用功。因此，实现预期的运动和传递动力是机械传动装置的两个基本任务，也是设计传动装置所要解决的主要问题。减速器是最常见的传动装置之一。

当所选的电机转速较高或工作机的运动速度要求低，或传动装置需要过载保护时，往往需要在减速器之前增加一级传动装置，这级传动装置通常选用皮带传动。皮带传动具有传动平稳、吸振等特点，且能起过载保护作用。但由于它是靠摩擦力来工作的，因此为了避免结构尺寸过大和引起火灾甚至爆炸，应将其布置在高速级以及没有易燃、易爆气体的工作环境中。

同带传动的作用相似，在减速器之后有时需要增加一级链传动。链传动因具有瞬时速比呈周期性变化的运动特性，因此为了减小冲击，应将其布置在低速级。

在实际的设计中带传动和链传动并不是非有不可的，而且一般选择了链传动就不选用带传动，反之亦然。有的设计题目要求的可能不是链传动，如卷扬机或圆盘给料机则要求该级传动为开式齿轮传动。所以减速器前后是否还需减速，选择哪种传动方式往往视具体的设计要求而定。

为了培养学生的设计能力，减速器部分的传动设计是必需的，而且是本书的主要内容。表2－1给出了常用减速器的类型及主要特点。设计中选择哪一种减速器，往往需要综合各方面的因素，如功率、传动比、效率、是否要求自锁等来具体确定。

表 2－1　常用减速器的类型及特点

类型	名称及简图	常用传动比	特点
圆柱齿轮减速器	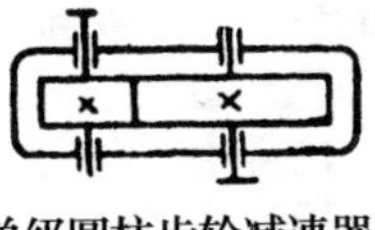 单级圆柱齿轮减速器	3～6 直齿≤4 斜齿≤6	可采用直齿、斜齿或人字齿。直齿用于低速（$v \leqslant 8$ m/s），后两者可用于载荷较大和速度较高的场合（$v=25$ m/s～50 m/s），但速比不宜过大。箱体材料多为铸铁。一般采用滚动轴承，只有在特高速和重载时才采用滑动轴承
	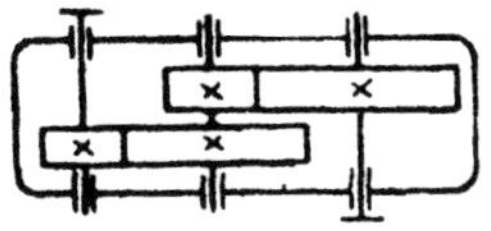 双级圆柱齿轮减速器(展开式)		应用最广，通常高速级采用斜齿，低速级则采用直齿或斜齿。由于齿轮不对称于两端轴承，工作时轴的弯曲变形将引起载荷沿齿宽分布不均，因此要求轴应有较大的刚度，且应使轴的伸出端远离齿轮。这种减速器多用于载荷比较平稳的场合
	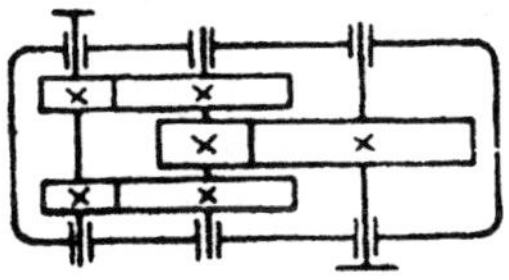 双级圆柱齿轮减速器(分流式)	8～40	通常多采用高速级分流。为了抵消轴向力，两对齿轮的旋向应相反，为了保证啮合良好，应使质量较轻的轴承沿轴向自由游动。由于低速级齿轮对称于两端轴承，因此齿轮和两端轴承的受力都比较均匀。这种结构较复杂，但可获得较小的外廓尺寸，多用于变载荷的情况下
	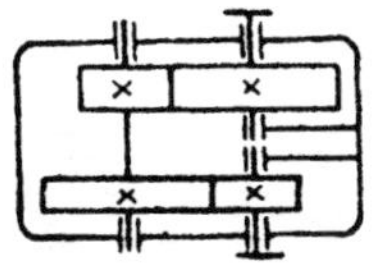 双级圆柱齿轮减速器(同轴式)		这种结构的轴向尺寸较大，中间轴较长，刚度较差且其轴承润滑较困难。当两个大齿轮浸油深度相近时，高速级齿轮的承载能力难以充分发挥。这种减速器多用于径向尺寸受到限制的场合
圆锥及圆柱齿轮减速器	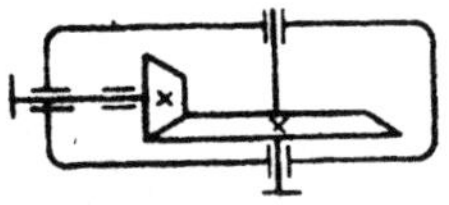 单级圆锥齿轮减速器	2～5 直齿≤3 斜齿≤5	用于两轴线垂直相交的传动中。为了使载荷沿齿宽分布较均匀，齿宽系数不宜取得太大。此外，传动比也不宜过大，以减小齿轮的尺寸和便于加工
	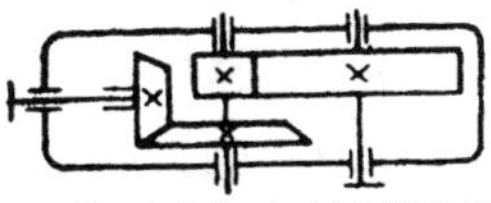 圆锥-圆柱齿轮减速器	10～25	用于两轴线垂直相交但传动比较大的场合。为了减少圆锥齿轮的尺寸，圆锥齿轮应置于高速级。圆柱齿轮多采用斜齿，使其能与圆锥齿轮的轴向力抵消一部分。箱体通常对称于小圆锥齿轮的轴线，以便于输出轴调头安装
蜗杆减速器	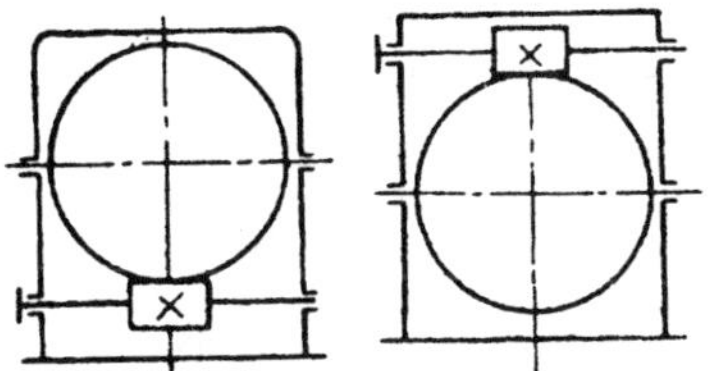 (a)下置式　(b)上置式	10～40	结构紧凑、传动比大，但效率较低，多用于中、小功率和间歇工作的场合。蜗杆下置时，润滑冷却条件都较好，适用于蜗杆圆周速度 $v<4$ m/s 的情况，当 $v>4$ m/s 时，应采用上置式

表 2－2 列出了常用传动机构的性能和适用范围，以供确定传动方案时选择。

表 2－2　常用传动机构的性能及适用范围

传动机构 选用指标	平型带传动	三角带传动	圆柱摩擦轮传动	链传动	齿轮传动		蜗杆传动
功率 kW(常用值)	小 (≤200)	中 (≤100)	小 (≤200)	中 (≤100)	大 (最大达 100000)		小 (≤50)
单级传动比(常用值)	2～4	2～4	2～4	2～5	圆柱 3～6	圆锥 2～5	10～40
单级传动比(最大值)	5	7	7	8	10	6	80
许用的线速率 m/s	5～25	25～30	≤15～25	≤15	6 级精度直齿 ≤18 非直齿≤36 5 级精度达 100		≤ 15～35
外廓尺寸	大	大	大	大	小		小
传动精度	低	低	低	中等	高		高
工作平稳性	好	好	好	较差	一般		好
自锁能力	无	无	无	无	无		可有
过载保护作用	有	有	有	无	无		无
使用寿命	短	短	短	中等	长		中等
缓冲吸振能力	好	好	好	中等	差		差
要求制造及安装精度	低	低	中等	中等	高		高
要求润滑条件	不需	不需	一般不需	中等	高		高
环境适应性	不能接触酸、碱、爆炸性气体		一般	好	一般		一般

为了满足同一工作机的性能要求，往往可采用不同的传动机构、不同的组合和布局，在总传动比保持不变的情况下，还可按不同的方法分配各级传动的传动比，从而得到多种传动方案以供分析、比较。合理的方案应该是：在满足工作机性能要求的前提下，工作可靠、传动效率高、结构简单、尺寸紧凑、成本低、工艺性好，而且使用维护方便。显然，任何一个方案要满足上述所有要求都是十分困难的，甚至有时是不可能的或相互矛盾的，但必须满足最主要和最基本的要求。

图 2.2 列出了带式运输机的四种传动方案。方案(a)选用了带传动和闭式齿轮传动。带传动布置于高速级，能发挥它传动平稳、缓冲吸振和过载保护的优点。在转速较高，传递功率相同时，转矩较小，可使带传动结构较紧凑。齿轮传动的转向应有利于齿轮的浸油润滑，但此方案的宽度较大。带传动也不适应繁重的工作要求及恶劣的工作环境。方案(b)的结构紧凑，但由于蜗杆传动效率低、功率损失大，用于长期连续运转场合很不经济。方案(c)的宽度虽然也较大，但采用了闭式齿轮传动，更能适应在繁重及恶劣的条件下长期工作，使用维护方便。方案(d)的宽度尺寸较方案(c)为小，更易布置在较狭窄的通道中，但加工圆锥齿轮比圆柱齿轮困难，成本也相对较高。这四种传动方案各有其特点，适用于不同的工作场

合，设计时要根据具体工作条件和主要要求，综合比较，选取其中较佳者。

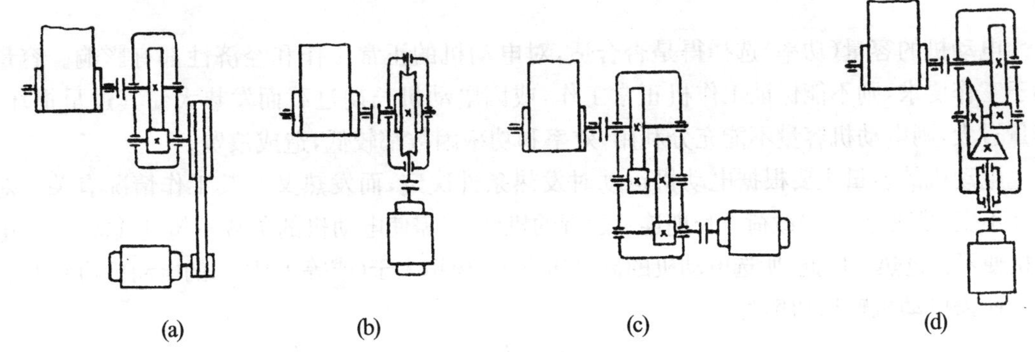

图 2.2　带式运输机的传动方案

机械设计课程设计要求对方案的分析有一般的了解，能对选定的方案与其他方案进行比较，了解其优缺点，并画出传动装置的机构运动简图。

2.2　电动机的选择

2.2.1　电动机的类型

电动机按采用电源的不同，可分为直流电动机和交流电动机两种。

2.2.1.1　直流电动机

直流电动机可用于固定电压（分激、串激和复激的电动机）或可调整电压（发电机—电动机组）。这种电动机，特别是发电机—电动机组，允许在广泛的范围内均匀地调节角速度，能保证平稳的启动、制动和反转，所以多用于电力运输传动装置，以及高速升降机、冶金机械和吊车中。直流电动机的主要缺点是需要把工业上常用的三相交流电变为直流电，因而运行费用比较昂贵，但近来广泛采用的可控硅整流装置已开始改变这种情况。

2.2.1.2　三相交流电动机

三相交流电动机分为同步电动机和异步电动机（即感应电动机）两种，三相同步电动机的优点是具有较高的效率、定角速度及大的过载能力；缺点是维修比较复杂，价格较贵。三相异步电动机比其他电动机的优势之处在于：结构简单，价格便宜，维修容易，能直接与三相交流电源联接。但是它和三相同步电动机比较，其效率较低；和直流电动机比较，只能作有限的角速度调节。然而，这些缺点对于工业用一般机械传动装置并没有什么影响，因此目前工业上所用的电动机绝大多数为三相异步电动机。

目前我国推广采用新设计的 Y 系列产品，它具有节能、启动性能好等优点，适用于不含易燃、易爆和腐蚀性气体的场合以及无特殊要求的机械传动装置中。

在需要经常启动、制动和反转的情况下，可选用转动惯量小、过载能力强的 YR、YZ 和 YZR 等系列的三相异步电动机。

对于同一类型的电动机，在结构上有不同的安装方式（卧式、立式），以适应不同的设计要求。

我国生产的常用三相异步电动机的规格及有关尺寸，可查阅本书附录。

2.2.2 电动机的功率

电动机的容量(功率)选择得是否合适,对电动机的正常工作和经济性都有影响。容量小于工作要求,则不能保证工作机正常工作,或因电动机长期过载而发热大使其过早损坏;容量过大,则电动机容量不能充分利用,效率和功率因数都较低,造成浪费。

电动机的容量主要根据电动机运动时发热条件决定,而发热又与其工作情况有关。对于在不变(或变化很小)载荷下长期连续运行的机械,只需使电动机的负载不超过其额定值,电动机便不会过热。因此,所选电动机的额定功率 P_{ed} 应稍大于(或等于)所需的电动机功率 P_d。

所需电动机输出功率为:

$$P_d = \frac{P_w}{\eta} \tag{2-1}$$

式中:P_w——工作机所需的功率,kW;

η——电动机至工作机的总效率。

$$\eta = \eta_1 \eta_2 \cdots \eta_n \tag{2-2}$$

表 2-3 给出了常用机械传动效率和轴承效率的概略值。

表 2-3 常用机械传动效率和轴承效率的概略值

<table>
<tr><th colspan="2">种 类</th><th>效率 η</th><th colspan="2">种 类</th><th>效率 η</th></tr>
<tr><td rowspan="4">圆柱齿轮传动</td><td>经过跑合的6级精度和7级精度齿轮传动(油润滑)</td><td>0.98~0.99</td><td rowspan="2">带传动</td><td>平带无张紧轮的传动</td><td>0.98</td></tr>
<tr><td>8级精度的一般齿轮传动(油润滑)</td><td>0.97</td><td>V带传动</td><td>0.96</td></tr>
<tr><td>9级精度的齿轮传动(油润滑)</td><td>0.96</td><td rowspan="2">链传动</td><td>滚子链</td><td>0.96</td></tr>
<tr><td>加工齿的开式齿轮传动(脂润滑)</td><td>0.94~0.96</td><td>齿形链</td><td>0.97</td></tr>
<tr><td rowspan="3">锥齿轮传动</td><td>经过跑合的6级精度和7级精度齿轮传动(油润滑)</td><td>0.97~0.98</td><td rowspan="4">滑动轴承</td><td>润滑不良</td><td>0.94(一对)</td></tr>
<tr><td>8级精度的一般齿轮传动(油润滑)</td><td>0.94~0.97</td><td>润滑正常</td><td>0.97(一对)</td></tr>
<tr><td>加工齿的开式齿轮传动(脂润滑)</td><td>0.92~0.95</td><td>润滑很好(压力润滑)</td><td>0.98(一对)</td></tr>
<tr><td rowspan="4">蜗杆传动</td><td>自锁蜗杆(油润滑)</td><td>0.40~0.45</td><td>液体摩擦润滑</td><td>0.99(一对)</td></tr>
<tr><td>单头蜗杆(油润滑)</td><td>0.70~0.75</td><td rowspan="4">滚动轴承</td><td rowspan="2">球轴承</td><td rowspan="2">0.99(一对)</td></tr>
<tr><td>双头蜗杆(油润滑)</td><td>0.75~0.82</td></tr>
<tr><td>三头和四头蜗杆(油润滑)</td><td>0.80~0.92</td><td rowspan="2">滚子轴承</td><td rowspan="2">0.98(一对)</td></tr>
<tr><td rowspan="4">联轴器</td><td>弹性联轴器</td><td>0.99~0.995</td></tr>
<tr><td>金属滑块联轴器</td><td>0.97~0.99</td><td rowspan="2">丝杠传动</td><td>滑动丝杠</td><td>0.30~0.60</td></tr>
<tr><td>齿轮联轴器</td><td>0.99</td><td>滚动丝杠</td><td>0.85~0.95</td></tr>
<tr><td>万向联轴器</td><td>0.95~0.98</td><td colspan="2">卷筒</td><td>0.94~0.97</td></tr>
</table>

在计算传动装置的总效率时应注意以下几点：

(1)由于工作机的传动效率一般已在所给定的载荷 F(或 T)中考虑了，故不必再进行计算。

(2)轴承的效率值指的是一对轴承的效率。

(3)由于蜗杆传动的效率与蜗杆的头数及其配对材料有关，故在设计时，应先确定蜗杆的头数，从表 2－3 中估取效率，待设计计算出有关的参数后，再予以校核并验算电动机所需功率的大小，或根据教材(邱宣怀编，第 4 版)由当量摩擦系数 μ_s 和齿数比 u 确定其效率。

(4)由于效率与工作条件、加工精度及润滑状况等因素有关，故表 2－3 中所列的数值有一定范围，选取时应考虑上述情况(如选定齿轮精度等级)，如一时难以确定，可取中间值计算。

若设计任务书中给定工作机的原始数据为工作速度 V(m/s)和有效拉力 F(N)，则电动机功率的计算公式如下：

$$P_\omega=\frac{FV}{1000} \tag{2-3}$$

如果设计任务书上给定工作机的原始数据为工作机轴上的输出转矩 T(N・m)和转速 N(r/min)，则可按下式计算：

$$P_\omega=\frac{TN}{9550} \tag{2-4}$$

2.2.3 电动机的转速

对于额定功率相同的电动机，由于磁极的对数不同，故转速也有所不同。转速越高，电动机的质量越小，尺寸越小，价格越低，且效率也越高。但若工作机的转速很低，则必须使传动装置的总传动比过大，从而使传动装置的尺寸、质量加大和价格上升。同时，由于电动机与传动装置的尺寸相差过大，还会造成安装上的困难。因此，在选择电动机的转速时，应同时兼顾各种因素，使整个设计方案既协调合理，又经济实用。

考虑到最常用，而且市场上也易于购买的是同步转速为 1000 r/min 和 1500 r/min 的电动机，因此建议设计时优先选用这两种转速。

根据选定的电动机类型、结构、容量和转速，查出电动机型号后，应将其型号、额定功率、满载转速、外形尺寸、电动机中心高、轴伸尺寸、键联接尺寸、地脚尺寸等记下备用。

传动装置的设计功率常按实际需要的电动机输出功率 P_d 考虑，转速则按电动机的满载转速 n_m 计算。

2.2.4 负载持续率 *JC*

当选用 YZR、YZ 系列冶金及起重用三相异步电动机时，应使所选择的电动机与工作机属于相同的负荷持续率。

$$负载持续率\ JC=\frac{工作时间}{工作时间+停车时间}\times 100\% \tag{2-5}$$

2.3 传动比分配

根据电动机的满载转速 n_m 和工作机主动轴的转速 n_w 便可以按下式计算传动装置的总传动比：

$$i_{总}=\frac{n_m}{n_w} \tag{2-6}$$

而总传动比 $i_{总}$ 为各级传动比的连乘积：

$$i_{总}=i_{前}\cdot i_{减}\cdot i_{后} \tag{2-7}$$

若减速器为二级齿轮（蜗轮）减速器，则：

$$i_{减}=i_{高}\cdot i_{低} \tag{2-8}$$

总传动比的分配是否合理，对传动装置的外廓尺寸、工作性能以及润滑方式等影响甚大，因此设计时应充分考虑以下几条基本原则：

(1)每一级传动的传动比宜在其常用范围内取值。对于减速传动，应尽可能不超过其允许范围，见表 2-2。

(2)当减速器部分的传动比为 $i_{减}=8\sim10$ 时，为了改善传动性能，宜分成多级传动。图 2.3 所示为当传动比相同时，单级齿轮减速器与双级齿轮减速器外廓尺寸的对比。由图可以看出，分成两级传动，其外廓尺寸和质量都将减小很多。当传动比在 30 以上时，常设计成两级以上的齿轮传动。

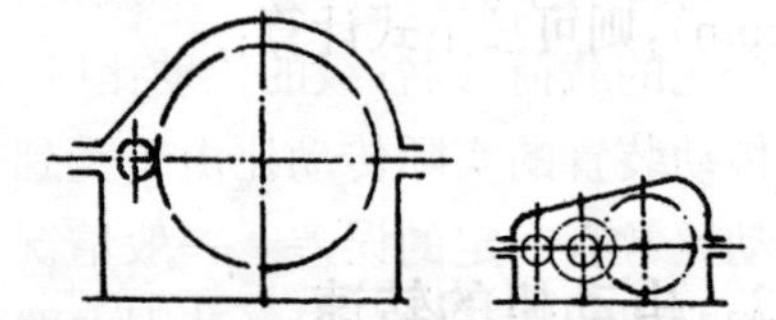

图 2.3　一级传动与二级传动的尺寸比较

(3)在传动链较长、传动功率又较大时，应使大多数传动装置在较高速度下工作，最后再进行较大的变速，使较少数量的传动装置在低速下工作。因此，当为减速传动时，从原动机开始按照“传动比递增”的原则分配传动比较有利，即

$$i_{前}<i_{高}<i_{低}<i_{后} \tag{2-9}$$

这样分配传动比，可以使中间轴有较高的转速及较小的扭矩，因而轴及其上传动零件可有较小尺寸，从而获得较为紧凑的结构。

(4)应注意使各传动件尺寸协调、结构匀称合理，避免各零件的干涉及安装不便。例如图 2.4 所示，由于高速级传动比 $i_{高}$ 过大，使高速级大齿轮直径过大而与低速轴相碰。

(5)应使传动装置的外廓尺寸尽可能紧凑。图 2.5 表示双级减速器的圆柱齿轮，在总中心距和总传动比相同时，粗实线所示方案具有较小的外廓尺寸，这是因为低速级大齿轮的直径较小从而使结构紧凑。

(6)在双级齿轮减速器中，通常应使各级大齿轮直径相近，以便各级齿轮都能得到充分润滑，避免某一级大齿轮浸不到油，而另一级大齿轮又浸油过深而增加搅油损失。对于展开式减速器，在两级齿轮配对的材料性能及齿宽系数大致相同的情况下，可取高速级传动比：

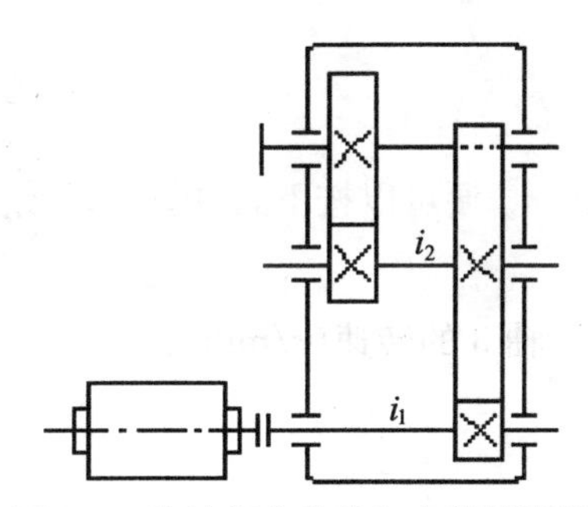

图 2.4　高速级大齿轮与中间轴干涉

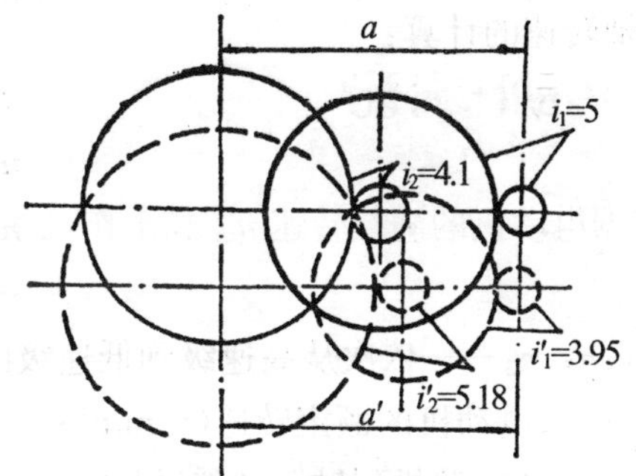

图 2.5　不同传动比分配对轮廓尺寸的影响

$$i_{高}=(1.3\sim1.5)i_{低}\quad 或\quad i_{高}=\sqrt{i_{减}}-(0.01\sim0.05)i_{减} \tag{2-10}$$

对于同轴式减速器可取 $i_{高}\approx i_{低}$ 或使浸油深度相等。

(7)对圆锥—圆柱齿轮减速器，为保证两级大齿轮的浸油深度相近，可取高速级圆锥齿轮的传动比为 $i_{高}=3.5\sim4$。为了避免大锥齿轮的尺寸过大，可以取 $i_{高}\approx0.25\ i_{减}$，最好使 $i_{高}\leqslant3\sim4$。

(8)传动比的分配还应考虑载荷性质，对平稳载荷各级传动比可取简单的整数，对于周期性变化的载荷，则各级的传动比应取互质的数。

传动装置的实际传动比由于受到如齿轮齿数、标准带轮直径等因素的影响，因而与要求的传动比常有一定的误差。一般情况下，所选用的传动比应使工作机的实际转速与要求转速的相对误差在±(3～5)%范围内即可。

由以上可以看出传动比的分配可按多种方法进行。学会了这些原则后，可以进一步按照优化技术进行优化计算，如可按最小的尺寸(质量)为目标分配传动比，可按各级传动寿命相等为目标分配传动比，还可按等浸油深度为目标分配传动比，还可按多目标函数分配传动比。利用优化技术分配传动比，可以使传动比分配更合理。

2.4　传动装置的运动及动力参数计算

电动机和整个传动装置的传动类型、各级传动比确定以后，便可设计各级传动的零件、部件。设计前，首先要计算出各级传动的轴上的功率、转矩和转速。

计算时一般按工作机实际所需电动机的功率进行。

各轴上功率的计算：

$$P_1=P_d\cdot\eta_{d1} \tag{2-11}$$

$$P_2=P_1\cdot\eta_{12} \tag{2-12}$$

$$P_3=P_2\cdot\eta_{23} \tag{2-13}$$

…………

式中：P_1、P_2、P_3——依次为从高速级到低速级的轴 1、轴 2、轴 3 上的功率(kW)；

P_d——实际所需电动机的功率(kW)；

η_{d1}——从电动机到轴 1 的传动效率，但不包括轴 1 上的轴承效率；

η_{12}——从轴 1 到轴 2 的传动效率，余此类推。

各轴转速的计算：

$$n_1 = n_m / i_d \tag{2-14}$$

$$n_2 = n_1 / i_{12} \tag{2-15}$$

$$n_3 = n_2 / i_{23} \tag{2-16}$$

…………

式中：n_1、n_2、n_3——依次从高速级到低速级的轴 1、轴 2、轴 3 的转速(r/min)；

n_m——电动机的额定转速(r/min)；

i_d——从电动机到轴 1 的传动比；

i_{12}——从轴 1 到轴 2 的传动比，余此类推。

各轴转矩的计算：

$$T_1 = 9550 \frac{P_1}{n_1} \tag{2-17}$$

$$T_2 = 9550 \frac{P_2}{n_2} \tag{2-18}$$

$$T_3 = 9550 \frac{P_3}{n_3} \tag{2-19}$$

式中：T_1、T_2、T_3——依次为从高速级到低速级的轴 1、轴 2、轴 3 上的转矩(N·m)。

对传动件，当传递功率及转速确定后，便可对各级的传动零件、部件按机械设计教材有关各章叙述的方法进行计算(该内容从略)。

第3章　减速器装配工作图的设计

3.1　概　述

3.1.1　准备工作

装配图是反映各个零件的相互关系、结构形状及尺寸的图纸。因此，设计通常是从画装配图着手，确定所有零件的位置、结构和尺寸，并以此为依据绘制零件工作图。装配图也是机器组装、调试、维修的技术依据，所以绘制装配图，是设计过程中的重要环节，必须综合考虑零件的强度、刚度、加工、装配、调整及润滑等要求，用足够的视图和剖面表达清楚。为正确绘制装配图，必须在绘制之前做好以下工作：

第一，根据任务书上的技术数据按前面两章的要求，选择、计算有关零部件的结构和主要尺寸。

(1)确定各级传动零件的主要尺寸。如齿轮和蜗轮传动的中心距、分度圆直径、顶圆直径及齿宽等；带或链传动的中心距、外圆直径、轮缘宽度等。其他详细尺寸可暂时不确定(有关计算方法按教材进行，本书省略)。

(2)选择电动机型号，并查出轴的直径和伸出长度。

(3)选择联轴器型号，两端轴空直径、空宽及有关装配要求。

(4)选择轴承类型，如径向接触轴承或向心角接触轴承等，具体型号暂不确定。

(5)确定减速器机体结构方案(如剖分或整体)和减速器内传动零件的润滑方式。

(6)确定轴承盖的结构形式。

第二，在画装配图之前，应查阅有关资料，参观或拆装减速器，了解各零件的作用，做到对设计内容心中有数。

图3.1、图3.2、图3.3分别是单级圆柱齿轮减速器、单级圆锥齿轮减速器、单级蜗杆减速器的结构图，其结构尺寸关系列于表3－1和表3－2中。表中关系是在保证强度和刚度的前提下，考虑结构紧凑、制造方便等要求由经验确定的。表中的数值可以根据具体情况加以修改。

3.1.2　装配图的设计原则

3.1.2.1　三边工作法

绘制草图和零件设计是相互影响的，因此正确的设计方法是“三边工作法”，即边算、边画、边改，交错进行，它是课程设计的常用方法。必须知道：一个完善的设计往往是要经过多次修改和试算才能获得满意的结果。这一阶段完成得好坏，对整个设计起着决定性作用，因此，必须全面、细致、耐心地完成。

3.1.2.2　由主及次，由内到外

绘制装配图时应先画主要视图(如主、俯视图)，然后绘制侧视图及局部视图。应先绘制

主要零件及尺寸(如齿轮、轴、轴承、中心距、内壁位置),然后绘制次要零件,如附件。应先绘制减速器的内部零件,然后由内到外逐次确定。

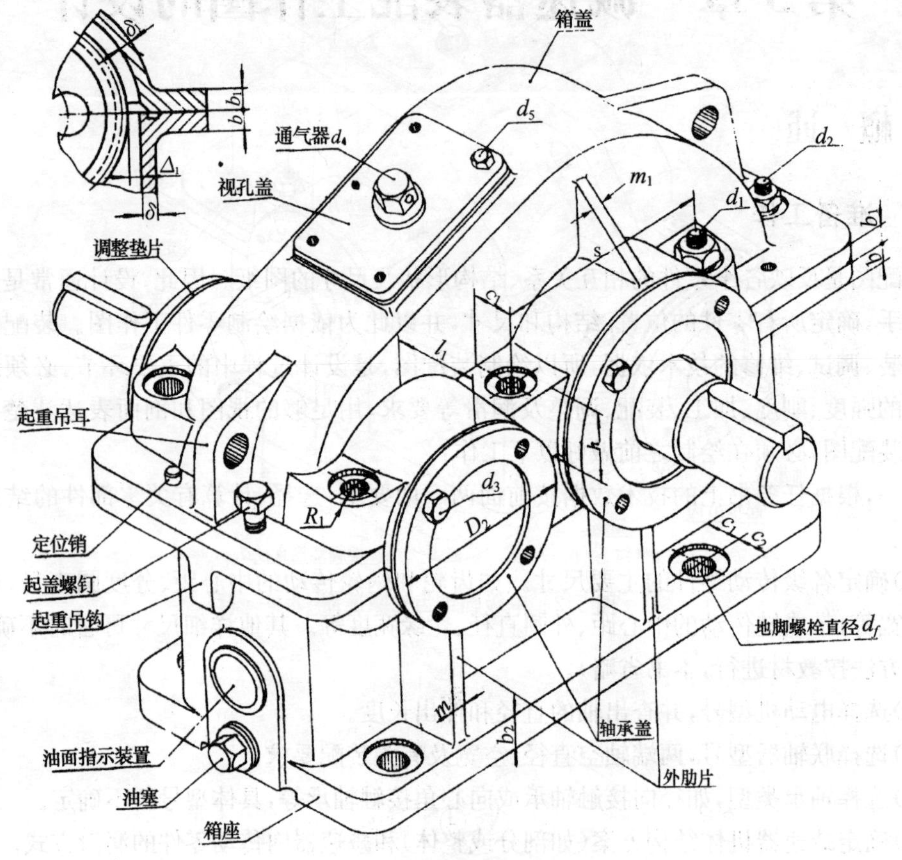

图 3.1 单级圆柱齿轮减速器

3.1.2.3 符合机械制图的标准

从图纸的布局、零件的简化画法、视图的展开、局部视图,到尺寸的标注、明细表等,均应符合机械制图的国家标准。绘制草图时必须用绘图仪器按照一定的比例绘制,不得用目测、徒手等不正确的方法。有关机械制图的标准见本书有关附录及相关标准手册。

3.1.3 视图选择

视图选择是否合理,图面分布是否得当,不仅影响最终工作图的美观,而且是正确表达减速器结构及相互关系的前提。画图时,应选好比例,布置好图面位置,为了加强设计的真实感,应尽量优先选用 1∶1 比例尺,用 0 号或 1 号图纸绘制。根据传动件的尺寸大小,参考类似结构估计减速器的轮廓尺寸,并考虑标题栏、明细表、零件号、技术条件等的位置,做到图面合理布局。一般常用三面视图才能将结构表达清楚,如图 3.4,结构简单的减速器也可以用两个视图附加必要的剖视图和局部视图。常用布置图面的方法有两种:

(1)根据相近参数的参考图估计草图尺寸;

(2)参照表 3-3 粗略估算草图尺寸。

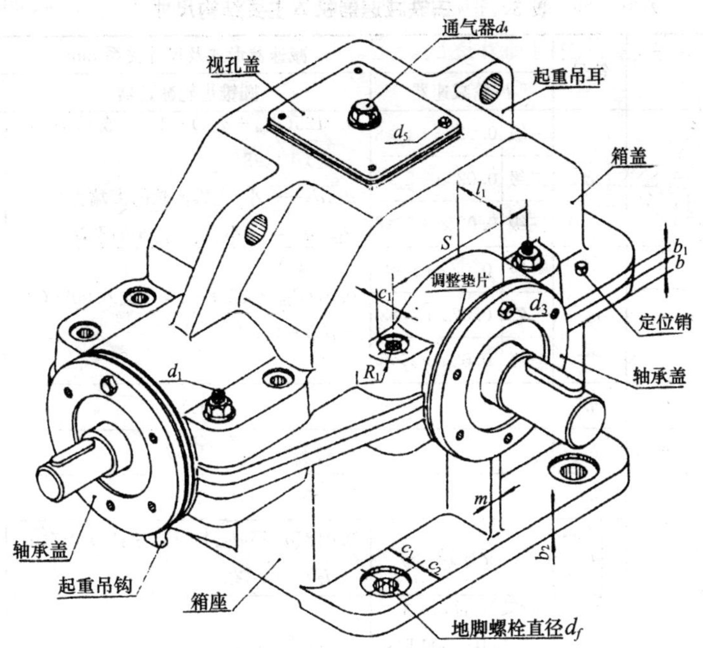

图 3.2　单级圆锥齿轮减速器

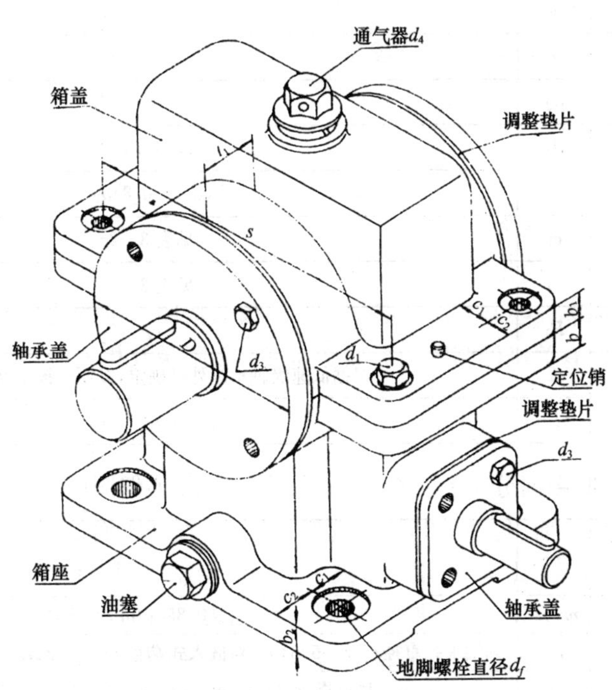

图 3.3　单级蜗杆减速器

表 3－1　铸铁减速器机体主要结构尺寸

名　称	符号	减速器形式及尺寸关系 mm			
		齿轮减速器		圆锥齿轮减速器	蜗杆减速器
机座壁厚	δ	一级	$0.025a+1\geqslant 8$	$0.0125(d_{1m}+d_{2m})+1\geqslant 8$ 或 $0.01(d_1+d_2)+1\geqslant 8$ d_1, d_2——小、大锥齿轮的大端直径 d_{1m}, d_{2m}——小、大锥齿轮的平均直径	$0.04a+3\geqslant 8$
		二级	$0.025a+3\geqslant 8$		
		三级	$0.025a+5\geqslant 8$		
机盖壁厚	δ_1	一级	$0.02a+1\geqslant 8$	$0.01(d_{1m}+d_{2m})+1\geqslant 8$ 或 $0.0085(d_1+d_2)+1\geqslant 8$	蜗杆在上： $\delta_1\approx\delta\geqslant 8$ 蜗杆在下： $\delta_1=0.85\delta\geqslant 8$
		二级	$0.02a+3\geqslant 8$		
		三级	$0.02a+5\geqslant 8$		
机座凸缘厚度	b	1.5δ			
机盖凸缘厚度	b_1	1.5δ			
机盖底凸缘厚度	b_2	2.5δ			
地脚螺栓直径	d_f	$0.036a+12$		$0.018(d_{1m}+d_{2m})+1\geqslant 12$ 或 $0.015(d_1+d_2)+1\geqslant 12$	$0.036a+12$
地脚螺钉数目	n	$a\leqslant 250$ 时，$n=4$ $a>250\sim500$ 时，$n=6$ $a>500$ 时，$n=8$		$n=\dfrac{底凸缘周长之半}{200\sim300}\geqslant 4$	4
轴承旁联接螺栓直径	d_1	$0.75d_f$			
盖与座联接螺栓直径	d_2	$(0.5\sim0.6)d_f$			
联接螺栓 d_2 的间距	l	$150\sim200$			
轴承端盖螺钉直径	d_3	$(0.4\sim0.5)d_f$			
窥视孔盖螺钉直径	d_4	$(0.3\sim0.4)d_f$			
定位销直径	d	$(0.7\sim0.8)d_2$			
d_f, d_1, d_2 至外机壁距离	c_1	见表 3－2			
d_f, d_2 至凸缘边缘距离	c_2	见表 3－2			
轴承旁凸台半径	R_1	c_2			
凸台高度	h	根据低速级轴承座外径确定，以便于扳手操作为准			
外机壁至轴承座端面距离	l_1	$c_1+c_2+(5\sim10)$			
大齿轮顶圆(蜗轮外圆)与内机壁距离	Δ_1	$>1.2\delta$			
齿轮(圆锥齿轮或蜗轮轮毂)端面与内机壁距离	Δ_2	$>\delta$			
机盖、机座筋厚	m_1, m	$m_1>0.85\delta_1$，$m>0.85\delta$			
轴承端盖外径	D_2	轴承孔直径$+(5\sim5.5)d_3$，对嵌入式端盖 $D_2=1.25D+10$　D——轴承外径			
轴承旁联接螺栓距离	s	尽量靠近，以 d_1 和 d_3 互不干涉为准，一般取 $s\approx D_2$			

注：多级传动，a 取低速级中心距，对圆锥－圆柱齿轮减速器，按圆柱齿轮传动中心距取值，对蜗杆－齿轮减速器，按低速级中心距取值。

表 3－2　机体凸缘和凸台的结构尺寸

螺栓直径	M8	M10	M12	M16	M18	M20	M22	M24	M27
$C_{1\min}$	13	16	18	22	24	26	28	34	36
$C_{2\min}$	11	14	16	20	22	24	25	28	32
沉头座直径	20	24	26	32	36	40	42	48	54

表 3－3　减速器估计轮廓尺寸

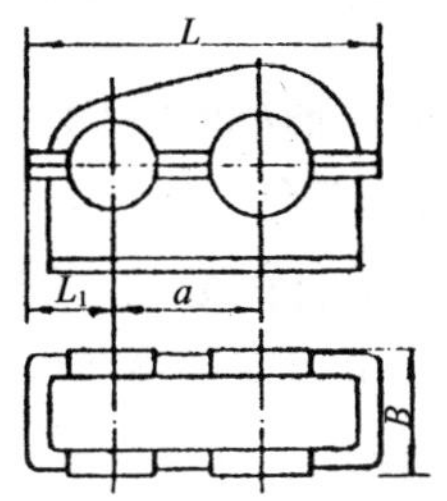

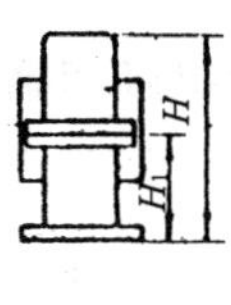

中心距 a		估计轮廓尺寸				
		L	B	H	L_1	H_1
单级圆柱齿轮减速器	150	450	210	355	110	200
	200	575	250	493	145	250
	250	710	270	593	165	300
	300	835	300	683	195	350
	350	955	350	778	215	400
	400	1085	390	878	240	450
	450	1210	430	973	265	500
	500	1320	470	1106	275	550
两级圆柱齿轮减速器	250	560	256	398	120	200
	350	720	316	493	135	250
	425	860	346	588	149	300
	500	1035	400	688	185	350
	600	1185	460	821	190	400
	650	1300	500	916	205	450
	750	1460	570	1016	214	500
	850	1655	620	1116	251	550

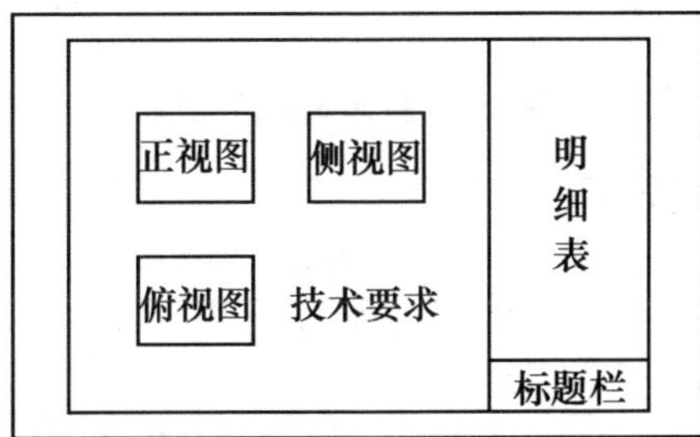

图 3.4　视图布局

3.2 装配草图的设计

根据装配草图设计具有计算与画图交错进行的特点，装配图设计可分三个阶段进行。下面以一级圆柱齿轮减速器为例说明各阶段设计的具体内容，最后说明圆锥齿轮减速器和蜗杆减速器的设计特点。

3.2.1 装配草图设计的第一阶段

这一阶段的工作主要是通过画图确定轴及轴承的结构尺寸，找出轴的支点距离，轴上零件受力的作用点，进而计算轴的强度及轴承的寿命。所以，轴和轴承部件的设计是这一阶段的主要内容。下面先介绍轴及轴承部件结构设计的要求，然后介绍这一阶段的具体步骤。

设计轴的结构时，既要满足强度的要求，也要保证能固定轴上的所有零件，并便于安装，有良好的加工工艺性，所以一般轴都做成阶梯轴。

阶梯轴的任意截面直径都必须满足强度要求，所以应根据强度来决定所需轴的最小直径，但是轴的强度与支承距离有关，当支承距离未确定时，无法用强度来决定轴的直径。为解决这一矛盾，一般用初步估算的方法，定出一个直径(通常估算阶梯轴的最小直径，也可以估算最大直径或其他直径)，然后按轴上零件的位置，考虑装配、加工等因素，设计出阶梯轴的各段直径和长度，定出跨度，再做进一步的强度计算(校核)。其具体步骤如下：

3.2.1.1 轴的径向尺寸确定

轴的径向尺寸(直径)的变化是根据轴的强度、刚度、轴上零件的安装、固定及轴表面粗糙度、加工精度等的要求而定。轴向尺寸(各段长度)则根据轴上零件的情况如位置、配合长度等确定，这一阶段可在草稿纸上进行，图 3.5 是减速器阶梯轴的示意图。以该图为例，说明轴的径向尺寸的确定方法，其他类型的轴可以以此类推。

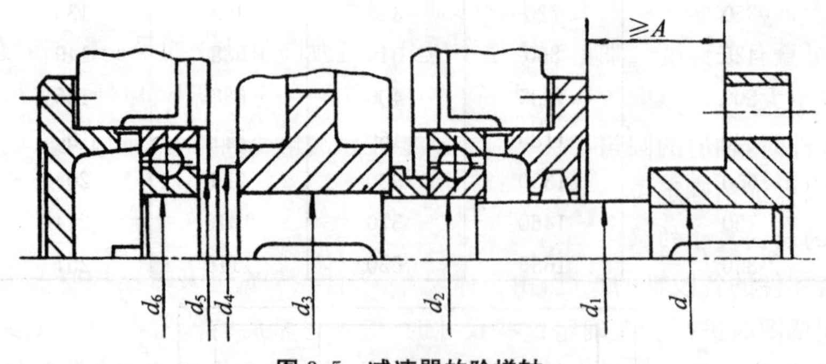

图 3.5 减速器的阶梯轴

首先定出最小轴径，公式如下：

$$d = A \cdot \sqrt[3]{\frac{P}{n}} \text{ mm} \tag{3-1}$$

式中：P——传递的功率(kW)；

n——轴的转速(r/min)；

A 对高速轴取为 9.8～13.9，对低速轴取为 6.98～9.75。

说明：

(1)对有伸出端的轴(输入、输出轴)，最小直径 d 为装带轮、链轮或联轴器的轴头直径，对中间轴 d 为装轴承的轴颈直径。

(2)d 为初估值，由强度公式(3－1)粗略计算而得，为保证刚度要求可根据经验值或类比值适当放大。

(3)d 值应标准化。装配带轮(链轮)时，应符合相应的内孔标准直径，当安装联轴器时应满足与电机相连的联轴器标准内径，当安装轴承时应符合轴承的标准内径。这些数据均能在手册中查到。

图中 d_1 段直径考虑到零件的轴向定位，当轴径小于或等于 70 mm 时，可取 d_1 为：

$$d_1 = d + (4 \sim 6)\text{mm} \tag{3-2}$$

同时，由于 d_1 要与密封圈相接触，可按手册中的密封圈标准把 d_1 取为标准值。

图中 d_2 为安装轴承处，d_2 和 d_1 之间的轴肩为非定位轴肩，仅为安装轴承方便而设，故可不需轴肩，名义尺寸为 $d_2 \approx d_1$，用公差保证其尺寸，以便轴承安装方便，或取为：

$$d_2 = d_1 + (1 \sim 3)\text{mm} \tag{3-3}$$

注意，d_2 必须取为与轴承孔相应的标准值，以便选取轴承。

图中 d_3 处安装传动零件(齿轮、蜗轮等)，传动零件和轴承间用套筒传递轴向力，并实现轴向定位与固定，故取 d_3 为：

$$d_3 = d_2 + (1 \sim 3)\text{mm} \tag{3-4}$$

同时，d_3 应与齿轮内孔直径相符合，并进行圆整。

图中 d_4 处为轴环，为定位轴肩，可能承受轴向力，故取：

$$d_4 = d_3 + (6 \sim 8)\text{mm} \tag{3-5}$$

图中，d_6 与 d_2 一般取为相同的值，以减少轴承类型，并方便机座轴承孔的加工。

图中，d_5 直径应根据轴承手册中轴承的安装尺寸查出。

此外，如果轴的表面需要磨削加工或在轴上车制螺纹，则应设计出砂轮越程槽或螺纹退刀槽，其尺寸可查有关标准。轴上的键槽不应开在过渡圆角处。如果一根轴上有多个键，在轴径尺寸相差不大时，可以取统一尺寸的键，并分布在一条直线上，以便一次加工。当轴肩是为了固定零件时，轴肩的圆角半径 r 应小于零件孔倒角或圆角 R，轴肩高度应大于零件的倒角或圆角，以保证精确定位。

3.2.1.2 轴的轴向尺寸的确定

轴上安装零件的各段轴的长度，由箱体尺寸、零件轮毂宽度及其结构要求确定。该部分可在绘制装配草图时进行。在确定这些尺寸时，应考虑轴肩的位置有利于安装定位。在图 3.5 中，d_3 段的左轴肩端面应与齿轮左端面平齐，右轴肩端面则应缩进齿轮轮毂孔内1 mm～3 mm，即轴段长度略短于轮毂的长度，这样才有利于轴套可靠地压紧在齿轮的右端面上。同理，安装联轴器的轴段长度也应略短于联轴器的轮毂宽度。

轴上键的长度也应略小于该段轴的长度，一般短 5 mm～8 mm 并取标准值，键端部距装入侧轴段的距离不宜过大，一般取为 2 mm～5 mm，并取标准直径，以保证装配时轮毂的键槽容易对准平键。

轴的外伸长度由外接零件及轴承盖的结构确定。在图 3.5 中，因轴端装有弹性套柱销联轴器，所以，必须留有足够的装配尺寸 A（按有关联轴器标准取值）。当采用凸缘式轴承盖时，轴的外伸长度的确定应有利于轴承盖螺钉的拆卸而无需拆下外接零件。A 应大于端盖螺钉的总长度，或方便取出弹性联轴器的柱销（参看表 13－6），一般可取 $A=15$ mm～20 mm。对嵌入式轴承盖则无此类要求，其端面距外伸轴段上轴肩端面的距离可适当取小些。

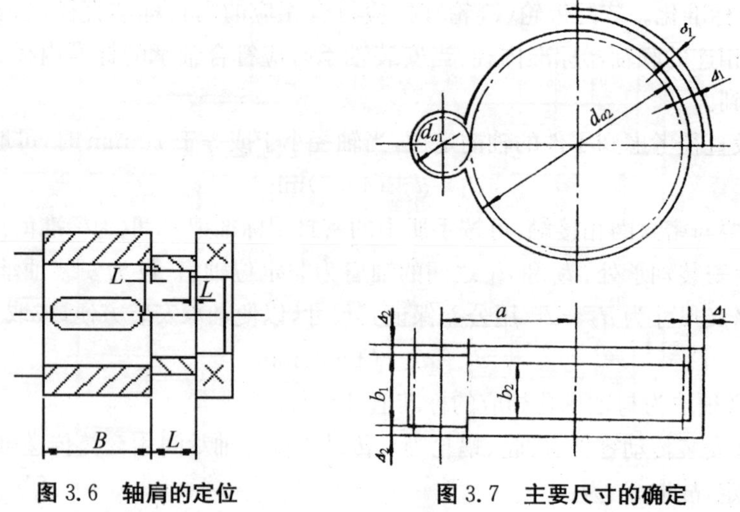

图 3.6　轴肩的定位　　　　图 3.7　主要尺寸的确定

图 3.6 上半部分表示当轴肩不起固定作用时直径变化的正确位置，轴端面与零件端面应有一定距离 L，以保证零件端面与套筒接触而起到轴向定位的作用，$L=1$ mm～3 mm。轴端零件的固定也是同样的道理。图 3.6 下半部分的画法是错误的。

轴的轴向尺寸此时不能完全确定，应根据以上原则在绘制装配草图的过程中具体确定。

3.2.1.3　*确定主要零件的位置，校核轴、轴承、键的强度*

从这一步开始在图纸上绘制减速器结构装配草图，步骤如下：

(1)根据选定比例和图幅的位置，画出中心线位置、中心距 a，如图 3.7。

(2)在主、俯视图上画出各齿轮的宽度 b 以及齿轮顶圆轮廓 d_a，如图 3.7。

注意：

①小齿轮宽：

$$b_1=\text{大轮齿宽 } b_2+(5\sim10)\text{mm} \tag{3-6}$$

②当设计二级传动时，必须防止高速级大齿轮与低速轴相碰，如互相干涉应重新分配传动比或重新设计齿轮。

③对二级传动，高速级小齿轮位置最好远离输入轴，使齿面受载较均匀。图 3.8 表示低速级大齿轮两种位置安排，其中图(a)较好。图中中间轴两齿轮的轴向距离为Δ_3，可取为$\Delta_3=$ 8 mm～15 mm。

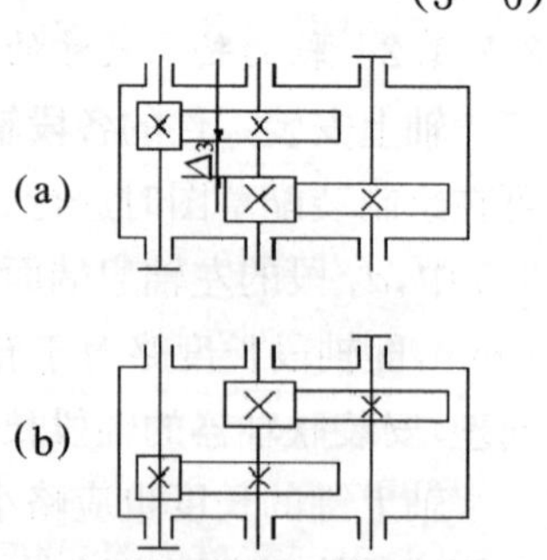

图 3.8　低速级大齿轮的位置

(3)根据回转间隙Δ_1、Δ_2，确定齿轮到机体箱内壁的距离，绘出内壁位置，如图 3.7。

注意：此时小轮顶圆到内壁的距离不能确定，必须等主要结构确定后才能绘出(见 3.2.3 节内容)。也可根据经验取 30 mm～50 mm。

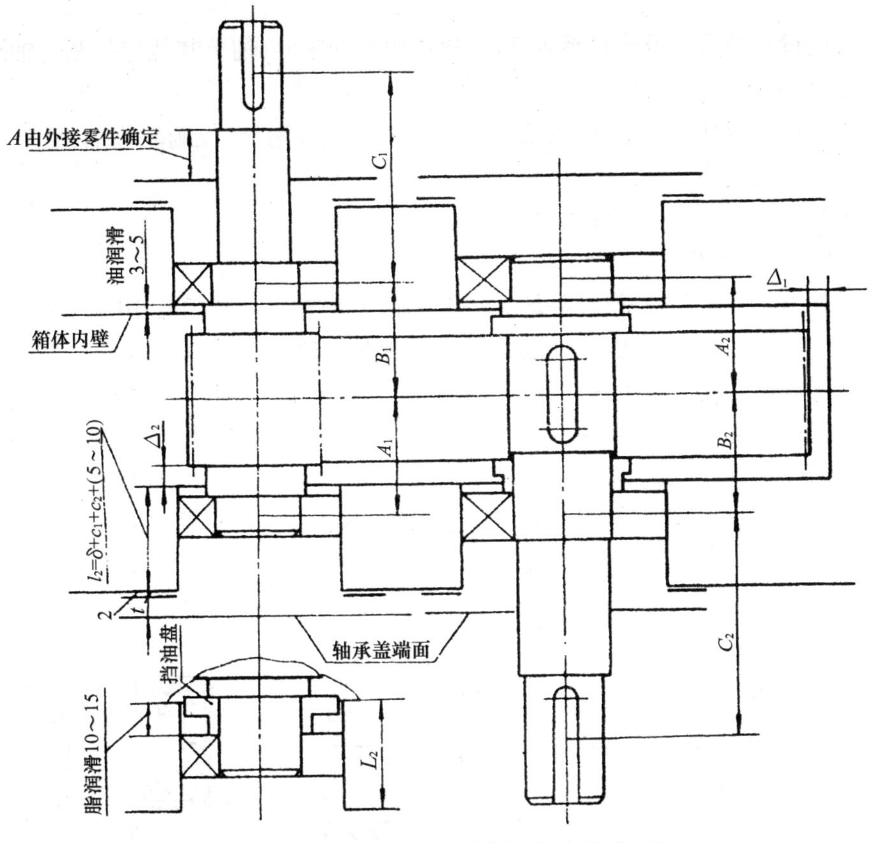

图 3.9　单级圆柱齿轮减速器初绘的装配草图

(4)确定轴承位置,如图 3.9,齿轮中心到轴承中心的距离:

$$(A_1、A_2、B_1、B_2)=\frac{1}{2}\times对应齿轮的宽度+\frac{1}{2}\times对应轴承的宽度+L+\Delta_2 \quad (3-7)$$

其中,当轴承用油润滑时,取 $L=3$ mm～5 mm;当轴承用脂润滑时,取 $L=10$ mm～15 mm。

(5)根据轴颈的直径和传动类型选定轴承,并根据手册画出轴承的轮廓尺寸,查出轴承的详细尺寸以备后用。

(6)根据内壁的位置确定轴承座的宽 L_2,如图 3.9。

$$L_2=\delta+c_1+c_2+(5\sim10)\text{mm} \quad (3-8)$$

式中 c_1,c_2 参照表 3－2。

(7)根据轴承孔的直径,查手册确定轴承盖的轮廓(见第二阶段)。

(8)确定轴外伸出端的长度 C_1、C_2,见图 3.9。C_1、C_2 的尺寸可结合图 3.5 中 A 的尺寸确定。其中,回转零件到端盖之间的距离根据外接零件的不同按标准查出,一般取为 15 mm～20 mm。

(9)根据教材内容可进行轴的弯扭合成强度及轴承、键的校核,若满足条件即可进行下面的步骤;否则,应增大轴径或改变轴承的型号,重新校核各零件。

(10)至此,可以确定轴的详细结构,用安全系数法精确校核轴的强度。

3.2.2 装配草图设计的第二阶段

本阶段的设计内容为设计轴系零部件(箱体内传动零件、轴上其他零件及与轴承支点结构有关的零件等)。

进行本阶段的设计工作时,应先设计主要零件后设计附件,先画轮廓后画细节,并同时在三个视图上交错绘图。

在本阶段应绘制出轴系零件的详细结构。

3.2.2.1 传动零件结构设计

齿轮结构形状与采用的材料、毛坯大小及制造方法有关。直径较小的齿轮可与轴做成一体,如图 3.10 所示,当齿顶圆或齿根圆小于轴的直径时(图 3.10(a)、(b)),必须用滚齿法加工齿轮。当齿根圆大于轴径并且 $X \geqslant 2.5\,m$(m 为模数)时,如图 3.11 所示,齿轮可与轴分开制造。直径较大时用腹板结构并在腹板上加孔,以便加工时装夹,还可以减轻质量,如图 3.12 所示,图(a)为锻造结构,图(b)为铸造结构。齿宽较大时,应加筋以提高齿轮的刚度。大型齿轮多用铸造或焊接的带有轮辐的结构,轮辐断面有各种形状及尺寸,可参考有关资料。齿轮轮毂宽度与轴直径有关,可大于或小于轮齿宽度,一般常等于轮齿宽度。带轮轮毂宽度小于轮毂宽度(相关内容参见教材)。

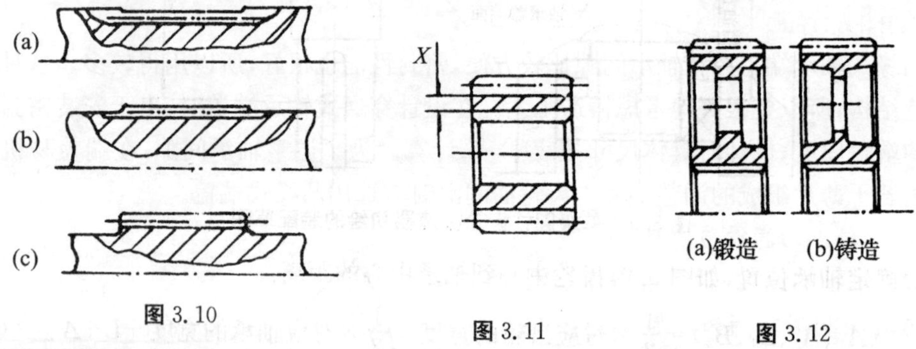

图 3.10　　图 3.11　　图 3.12

3.2.2.2 轴承端盖结构

轴承端盖用于固定轴承及调整轴承间隙并承受轴向力。轴承端盖有嵌入式和凸缘式两种。嵌入式轴承端盖结构简单,但密封性能差,调整轴承间隙比较麻烦,需要打开机箱盖,只宜用于不可调间隙的向心轴承。脂润滑时可选嵌入式端盖,如表 3-4 所示。

表 3-4　嵌入式轴承盖

$e_2 = 8 \sim 12$

$e_3 = 5 \sim 7$

$S_1 = 5 \sim 10$

$S_2 = 10 \sim 15$;

m 由结构确定;

$b = 8 \sim 10$;

$D_3 = D + e_2$,装有 O 形圈的,按 O 形圈外径取整;

D_5、d_1、b_1 等由密封尺寸确定;

H、B 按 O 形圈的沟槽尺寸确定

表 3－5　凸缘式轴承盖(mm)

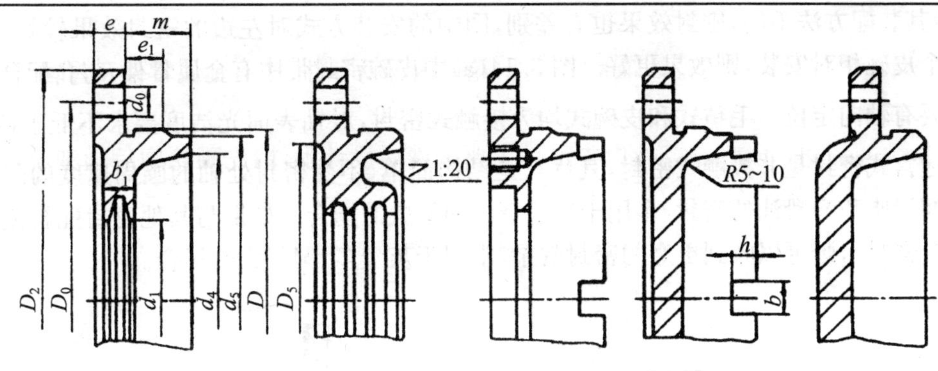

		轴承外径 D	螺钉直径 d_3	螺钉数目
$d_0=d_3+1$；	$d_5=D-(2\sim4)$；	45～65	6	4
$D_0=D+2.5d_3$；	$D_5=D_0-3d_3$；	70～100	8	4
$D_2=D_0+2.5d_3$；	b_1、d_1 由密封尺寸确定；	110～140	10	6
$e=1.2d_3$；	$b=5\sim10$；	150～230	12～16	6
$e_1\geqslant e$；	$h=(0.8\sim1)b$			
m 由结构确定；	d_3 为端盖的联接螺钉直径，尺寸见右表			
$D_4=D-(10\sim15)$；				

注：材料为 HT150

凸缘式轴承端盖调整轴承间隙比较方便，密封性能也很好，所以用得较多。这种端盖多用铸造结构，所以要很好地考虑铸造工艺。在设计穿通式轴承端盖时，由于安装密封件需要较大的端盖厚度，设计时具体尺寸按表 3－5 计算。为了调整轴承间隙，在端盖与机体之间放置由若干薄片组成的调整垫片。齿轮油润滑时应选用凸缘式端盖。

3.2.2.3　轴承的润滑与密封

根据轴颈的速度，轴承可以用润滑脂或润滑油润滑。当齿轮圆周速度小于 2 m/s 时，宜用润滑脂润滑；当齿轮圆周速度大于 2 m/s 时，一般可以靠机体内油的飞溅直接润滑轴承或利用经机体剖分面上的油沟流到轴承中的润滑油润滑，这时必须在端盖上开缺口，如表 3－4 中图所示的($b\times h$)。为防止装配时缺口没有对准油沟而使油路堵塞，可将端盖端部直径取小些。油沟的详细结构见图 3.13。

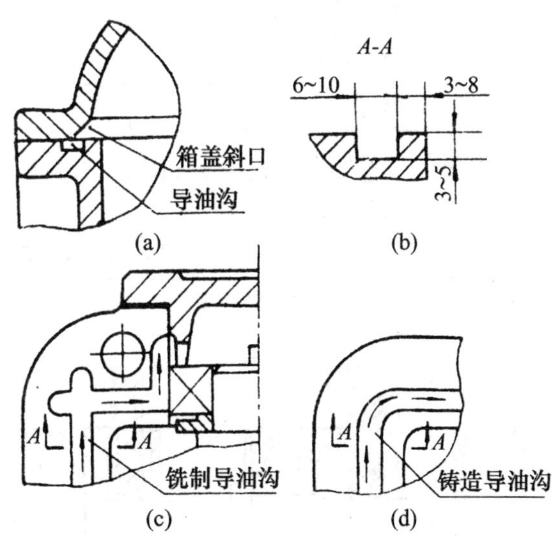

图 3.13　油沟的形式和尺寸

在输入、输出轴的外伸处，为防止灰尘、水汽及其他杂质渗入，引起轴承急剧磨损和腐蚀，以及润滑油外泄，都要求在端盖轴孔内安装密封件。

密封的形式很多，相应的密封效果也不同，常见的形式如图 3.14 所示。毛毡圈式密封如图 3.14(b),效果较差,但在脂润滑时也能可靠工作。皮碗式密封如图 3.14(a),效果较好,但其装配方法不同,密封效果也有差别,图中的安装方式对左边的密封效果较好。如采用两个皮碗相对安装,则效果更好。图 3.14(a)中皮碗密封带中有金属骨架,与孔配合安装,不需要有轴向定位。毛毡式和皮碗式均为接触式密封,对轴表面光洁度要求不低于$\overset{3.2}{\nabla}$。油沟和迷宫式密封是非接触式密封,其优点是结构简单,不受密封处轴的圆周速度的限制,适用于润滑脂和润滑油的密封,多用于环境清洁和干燥的场合。如果与其他密封配合使用(称为混合密封),则可以收到更好的密封效果,常用于灰尘多、湿气大的场合。

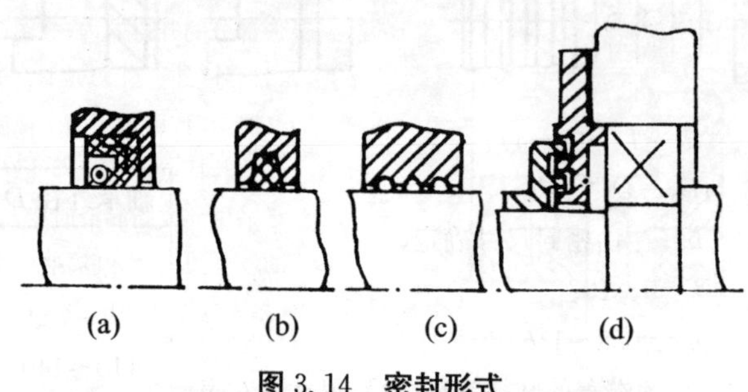

图 3.14　密封形式

密封形式的选择,主要是根据密封处轴的圆周速度、润滑剂的种类、工作温度、周围环境等决定的。各种密封适用的圆周速度见表 3－6。

表 3－6　各种密封使用的圆周速度

密封形式	使用的圆周速度(m/s)
粗羊毛毡圈	3 以下
半粗羊毛毡圈	5 以下
航空用毛毡圈	7 以下
弹簧皮碗	8 以下
迷宫	10 以下

常见的密封标准见表 3－7、表 3－8、表 3－9、表 3－10、表 3－11、表 3－12、表 3－13、表 3－14、表 3－15。

表 3－7　常见滚动轴承密封形式

		基本类型及应用示例	特点及应用
接触式密封	毡圈密封	(a)　(b)	其密封效果是靠矩形毡圈安装于梯形槽中所产生的径向压力来实现的。图(b)可补偿磨损后所产生的径向间隙,且便于更换毡圈。 其特点是结构简单、价廉,但磨损较快、寿命短。它主要用于轴承采用脂润滑时密封处的轴表面圆周速度较小的场合,对粗、半粗及航空用毡圈,其最大圆周速度分别为 3 m/s、5 m/s、7 m/s,工作温度 $t\leqslant$ 90℃,其结构尺寸参见表 3－8。

续表 3—7

		基本类型及应用示例	特点及应用
接触式密封	橡胶油封(皮碗)密封	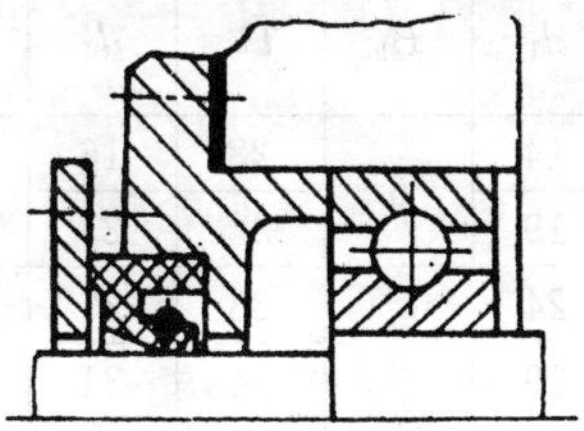 (a) 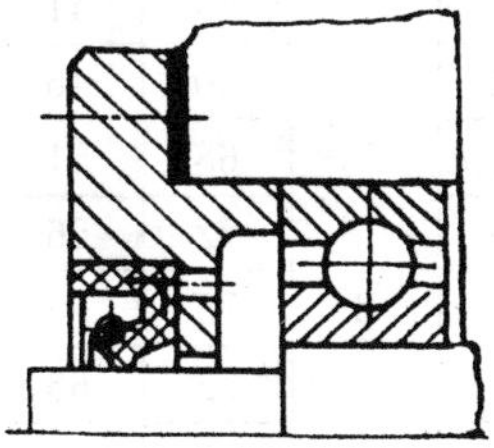 (b)	它是利用橡胶油封的唇形结构弹性和螺旋弹簧的压紧力，使唇形部分压紧在轴上而实现密封的。 J形橡胶油封分为无骨架的(如图(a))和带骨架的(如图(b))两种，前者必须用压板进行轴向固定，后者则靠过盈配合安装于轴承盖的孔中；而U形橡胶油封(参见表3—10)则直接安装于梯形槽中。若唇形部分的开口向内(如图(a))，则以防漏油为主；若开口向外(如图(b))，则以防尘为主。当要求既防漏油又防尘时，可采用两个橡胶油封背靠背安装的形式。 其特点是密封性能好、工作可靠。它主要用于轴承采用油或脂润滑时密封处的轴表面圆周速度较大的场合，其最大圆周速度可达7 m/s(磨削)或15 m/s(抛光)，工作温度 $t=-40℃\sim100℃$。密封圈和槽的尺寸可参见表3—9、表3—10、表3—11。
	O形橡胶密封圈密封	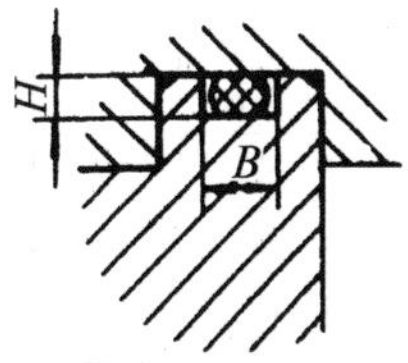 H B	它是利用安装沟槽，使密封圈受到预压缩而密封的。O形橡胶密封圈具有双向密封性能，其结构尺寸可参见表3—12。
非接触式密封	油沟密封槽密封	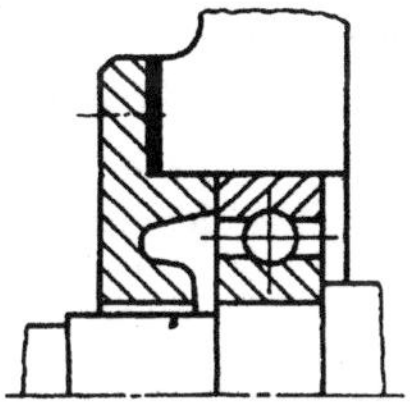 (a) 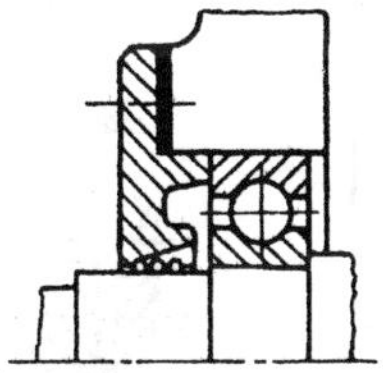 (b)	它是靠轴与轴承盖间的细小环形间隙充满油脂而密封的。图(a)为圆形间隙式密封，其间隙一般为0.2 mm～0.5 mm，密封处轴的最大圆周速度应小于5 m/s；图(b)为沟槽式密封(并开有回油槽)，其密封性能比前者要好，且轴的表面圆周速度不受限制。 其特点是结构简单，但密封性能不大可靠。它主要用于脂或稀油润滑且周围环境干净的轴承。间隙密封槽的尺寸参见表3—13。
	迷宫密封槽密封	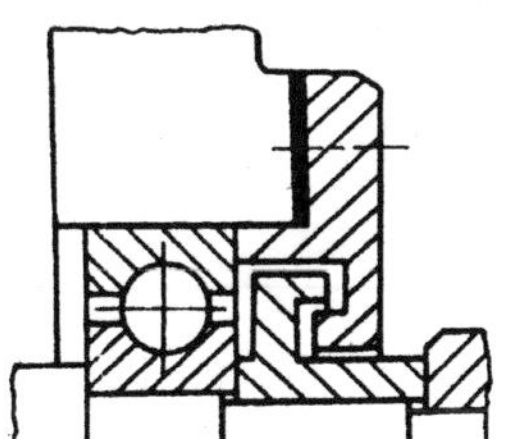	它是靠旋转件与静止件之间的狭窄曲路间隙充满油脂而密封的，密封处轴的表面圆周速度不受限制。 其特点是密封效果好，但结构较复杂，制造和安装不便，轴向迷宫不能用于轴有较大热伸长量和整体式轴承座中。它主要用于采用稀油或油脂润滑的轴承密封中，其结构尺寸参见表3—14。

表 3-8　毡圈及槽的尺寸(JB/ZQ 4606-1997)

毡圈

装毡圈的沟槽尺寸

标记示例：

毡圈 40　JB/ZQ 4606-1997

(d=40 的毡圈)

材料：半粗羊毛毡

轴径	毡圈			槽				
							B_{min}	
d	D	d_1	B_1	D_0	d_0	b	钢	铸铁
15	29	14	6	28	16	5	10	12
20	33	19		32	21			
25	39	24	7	38	26	6	12	15
30	45	29		44	31			
35	49	34		48	36			
40	53	39		52	41			
45	61	44	8	60	46	7		
50	69	49		68	51			
55	74	53		72	56			
60	80	58		78	61			
65	84	63		82	66			
70	90	68		88	71			
75	94	73		92	77			
80	102	78	9	100	82	8	15	18
85	107	83		105	87			
90	112	88		110	92			
95	117	93	10	115	97			
100	122	98		120	102			

注：本标准适用于线速度 v<5 m/s。

表 3-9　J 形无骨架橡胶油封(HG4-338-66)

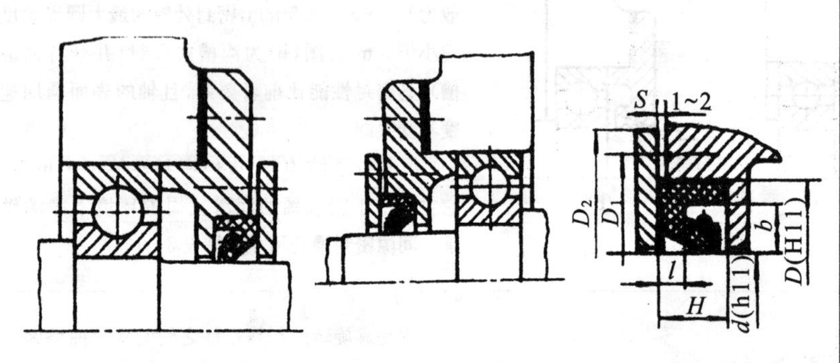

标记示例：d=50 mm、D=75 mm、H=12 mm，材料为耐油橡胶 1-1 的 J 形无骨架橡胶油封：J 形油封 50×75×12 橡胶 1-1　HG4-338-66

轴径 d	30～95 尺寸间隔 5
D	d+25
H	12
b	8
l	5
D_1	D+15
D_2	D+30
S	6～8

表 3－10　J 形骨架式橡胶油封(HG4－692－67)

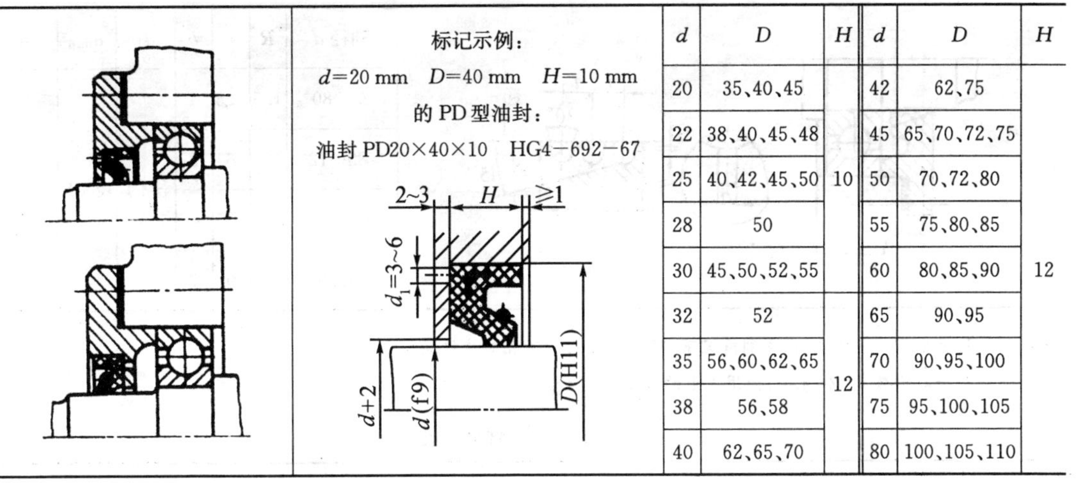

标记示例：

d=20 mm　D=40 mm　H=10 mm

的 PD 型油封：

油封 PD20×40×10　HG4－692－67

d	D	H	d	D	H
20	35、40、45	10	42	62、75	12
22	38、40、45、48		45	65、70、72、75	
25	40、42、45、50		50	70、72、80	
28	50		55	75、80、85	
30	45、50、52、55		60	80、85、90	
32	52	12	65	90、95	
35	56、60、62、65		70	90、95、100	
38	56、58		75	95、100、105	
40	62、65、70		80	100、105、110	

注：1. PD 是低速普通型的代号，适用于工作速度小于 6 m/s 的场合。

2. 为了便于拆卸油封，在壳体上应有 3～4 个直径为 d_1 的小孔。

表 3－11　U 形骨架式橡胶油封(HG4－339－66)

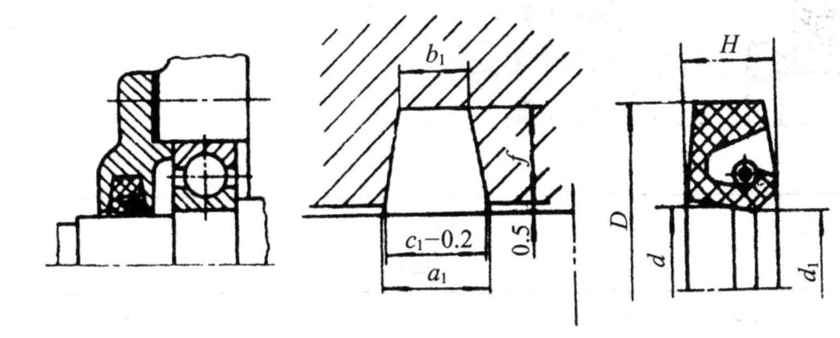

轴径 d	d_1	D	H	a_1	c_1	b_1	f	标记示例：
30～95 尺寸间隔 5	$d-1$	$d+25$	12.5	14	13.8	9.6	12.5	d=50 mm、D=75 mm、H=12.5 mm，材料为耐油橡胶 1－1 的 U 形无骨架橡胶油封： U 形油封 50×75×12.5 橡胶 1－1　HG4－339－66

表 3－12　O 形橡胶油封(GB 3452.1－1992)

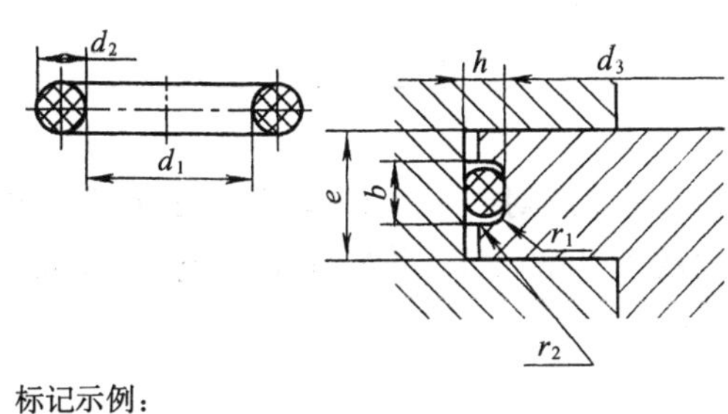

标记示例：

40×3.55G　GB 3452.1－92

(内径 d_1=40.0 mm，截面直径 d_2=3.55 mm 的通用 O 形密封圈，用途代号 G 表示为通用型)

沟槽尺寸(GB 3452.3－1988)					
d_2	$b_0^{+0.25}$	$h_0^{+0.10}$	d_3 偏差值	r_1	r_2
1.8	2.4	1.38	0 －0.04	0.2～0.4	0.1～0.3
2.65	3.6	2.07	0 －0.05	0.4～0.8	
3.55	4.8	2.74	0 －0.06		
5.3	7.1	4.19	0 －0.07	0.8～1.2	
7.0	9.5	5.67	0 －0.09		

表 3-13 油沟密封槽(JB/ZQ 4245-86)

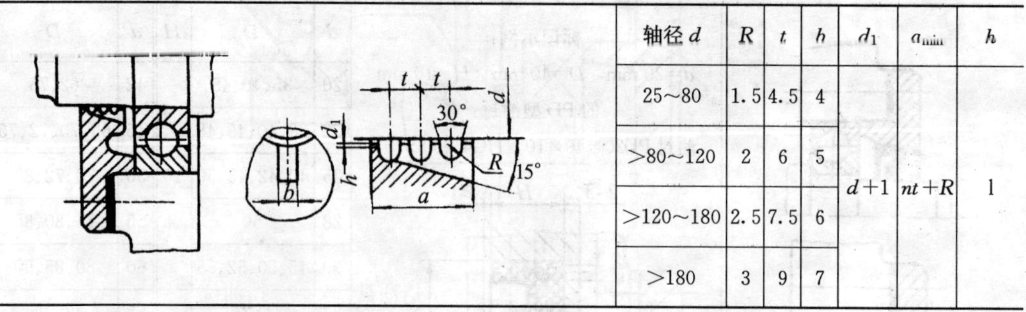

轴径 d	R	t	b	d_1	a_{min}	h
25~80	1.5	4.5	4	$d+1$	$nt+R$	1
>80~120	2	6	5			
>120~180	2.5	7.5	6			
>180	3	9	7			

注:1. 表中 R、t、b 尺寸,在个别情况下,可用于与表中不相对应的轴径上。

2. 一般槽数 $n=2\sim4$ 个,使用 3 个的较多。

表 3-14 迷宫密封槽

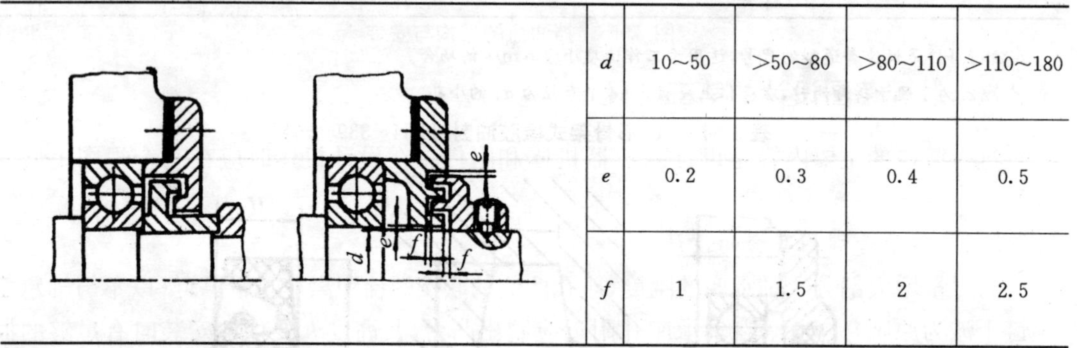

d	10~50	>50~80	>80~110	>110~180
e	0.2	0.3	0.4	0.5
f	1	1.5	2	2.5

表 3-15 组合式密封

结构形式示例	特点及应用
	图为离心式密封和油沟槽式密封的组合结构,离心式密封靠一截面为三角形的挡油盘来实现,组合后可提高其密封性能。 它适用于轴承采用油润滑及速度 $v>5$ m/s 的情况。

3.2.2.4 挡油盘的设计

当采用脂润滑时,应在轴承靠箱体内一侧设置挡油盘。对于采用油润滑的轴承,若考虑到直径较小的斜齿轮的轴向排油作用,会将过多的稀油冲向轴承,增加轴承的阻力,则要在轴承处设置挡油盘,如图 3.15 所示。

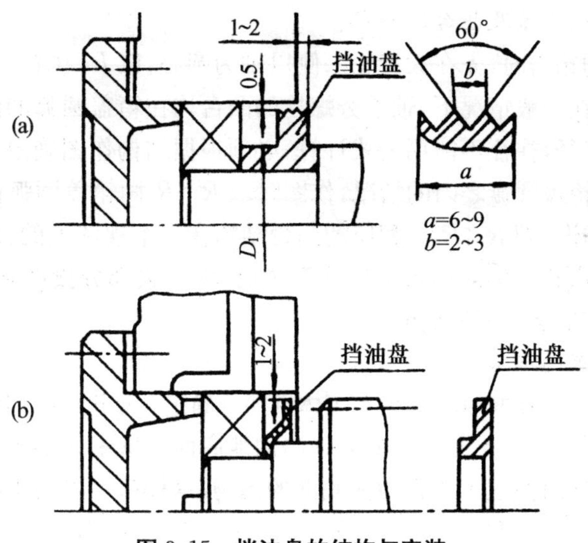

图 3.15　挡油盘的结构与安装

3.2.3　装配草图设计的第三阶段

这一阶段的主要内容是设计减速器机体和附件。在设计机体时应在三个视图上同时进行。

3.2.3.1　轴承旁螺栓凸台的设计

为尽量增大剖分式轴承座的刚度，座孔两侧的联接螺栓距离应尽量靠近(以不与轴承盖螺钉干涉为原则)。为此，在轴承座孔附近应制出凸台，其高度 h 要保证安装时有足够的扳手空间。

凸台的设计如图 3.16 所示，先在主视图上画出轴承盖的外径 D_2，然后在最大轴承盖一侧确定轴承旁螺栓的中心线，并使螺栓间距 $S \approx D_2$，再根据表 3－2 算出扳手空间的尺寸 C_1 和 C_2，在满足 C_1 的条件下用作图法定出凸台的高度 h。为了制造方便，箱体上各轴承座处的凸台应设计成同样高度。凸台侧面的拔模斜度通常取 1∶20。

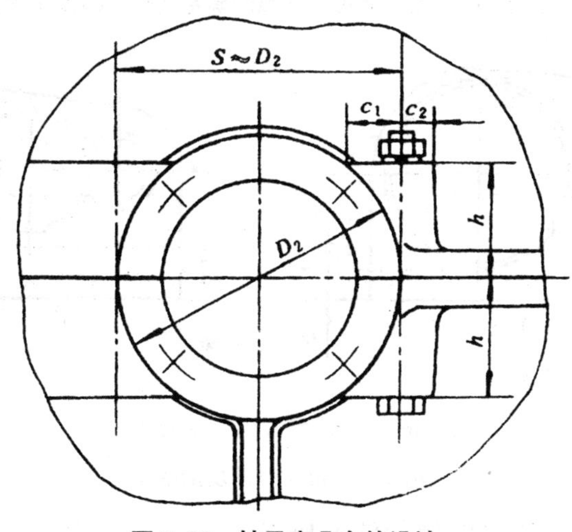

图 3.16　轴承旁凸台的设计

3.2.3.2　小齿轮一侧箱盖及凸台的确定

采用圆弧造型的箱盖时，先在大齿轮一侧以轴为圆心，以 $R=(d_{a2}/2)+\Delta_1+\delta_1$ 为半径，画出箱盖部分轮廓，在一般情况下，轴承旁螺栓的凸台均在箱盖圆弧的内侧。小齿轮所在一侧的外表面的圆弧半径，往往不能用公式计算，必须根据结构作图确定。如图 3.17 所示，图(a)所示为凸台位于箱盖圆弧之内的情况，作图时取 $R>R'$ 画箱盖圆弧；图(b)所示为凸台位于箱盖圆弧之外的情况，即 $R<R'$。相应的凸台结构在三个视图上的投影画法如图 3.17 所示。在主视图上，小齿轮一侧的箱盖结构确定之后，将有关部分投影到俯视图上，便可以画出箱体的内壁、外壁和凸缘等的结构。

3.2.3.3　箱体座高度的确定

箱体座高度 H 主要根据油池容积和箱体壁厚 δ 确定。如图 3.18 所示，以大齿轮齿顶圆为基准，在距离为 $H_1=30\ \text{mm}\sim50\ \text{mm}$ 处画出油池底面。这里所要求的距离是为了避免齿轮位置过低，齿轮回转时搅起沉积在油池底部的污物，这样就可以初步确定箱体座的高度

$$H\geqslant d_a/2+(30\sim50)+\delta+(3\sim5)\ \text{mm} \tag{3-9}$$

并将其圆整为整数，然后再验算油池容积是否满足按传递功率所确定的需油量。

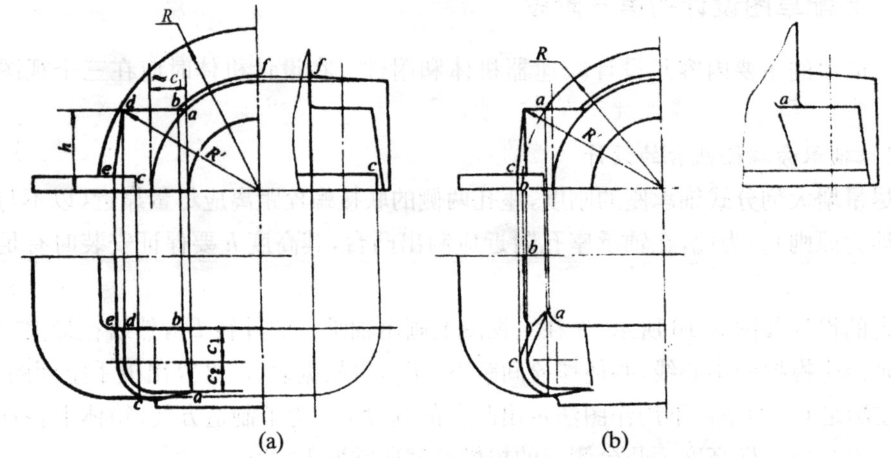

图 3.17　小齿轮一侧箱盖圆弧的确定及凸台的投影关系

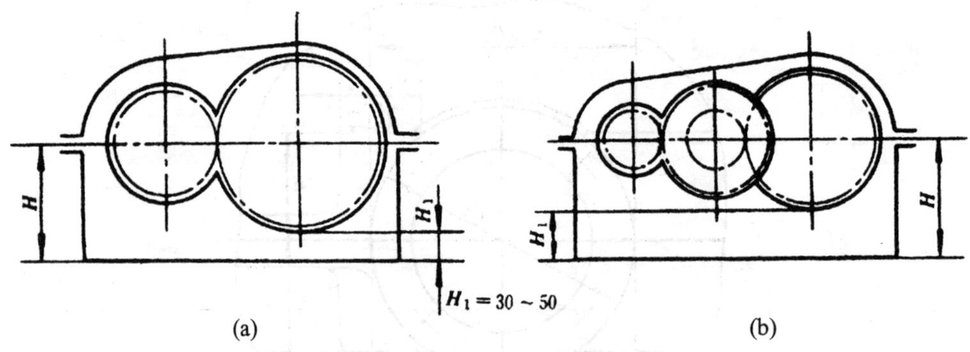

(a)单级减速器　(b)双级减速器

图 3.18　箱体座高度的确定

对圆柱齿轮减速器，油池中最低油面应保证浸没一个齿高 2.5 mm（齿轮模数 $m\geqslant5$ mm），当齿轮模数 $m\leqslant4$ 时，浸油深度不得小于 10 mm，考虑到使用过程中油不断蒸发消

耗，还应给出一个允许的最高油面。中、小型减速器的最高油面一般较最低油面高出5 mm～10 mm。

按照油面线位置和箱体与油池有关的尺寸，可算出实际装油量 V，V 不应小于传动的需油量 $[V]$，以保证油温不会太高，即 $V \geqslant [V]$。单级减速器每传动 1 kW 功率的需油量为 0.35 L～0.7 L（低粘度油取小值，高粘度油取大值）；多级减速器的需油量按级数成比例地增加。若计算时，发现 $V<[V]$，则应将箱底线下移，以增大油池的深度直至满足要求。

3.2.3.4　凸缘联接螺栓的布局

布局箱盖与箱座联接凸缘的螺栓组时，应注意距离不宜过大，一般间距取 150 mm～200 mm，且均匀对称。布置时也应保证足够的扳手空间。

3.2.3.5　减速器附件设计

为了检查传动件的啮合、注油排油、油面指示、通气及装拆吊运等情况，减速器常具有以下几种零件或装置，通称为附件。

(1)窥视孔及盖板。

减速器顶部要开窥视孔，以便检查传动件啮合情况、润滑情况、接触斑点及齿侧间隙等。窥视孔应设在能观察到传动零件啮合区的位置，并有足够的大小，以便手能伸入进行操作。

减速器内的润滑油也由窥视孔注入，为了减少油的渣滓，可在窥视孔口装一过滤网。

窥视孔要有盖板，机体上开窥视孔处应凸起一块，以便机械加工出支承盖板的表面，并用垫片加强密封。盖板常用钢板或铸铁制成，用 M6～M10 螺钉固定。中小尺寸的窥视孔及盖板的结构和尺寸可参考表 3－16。

表 3－16　窥视孔及盖板的结构和尺寸

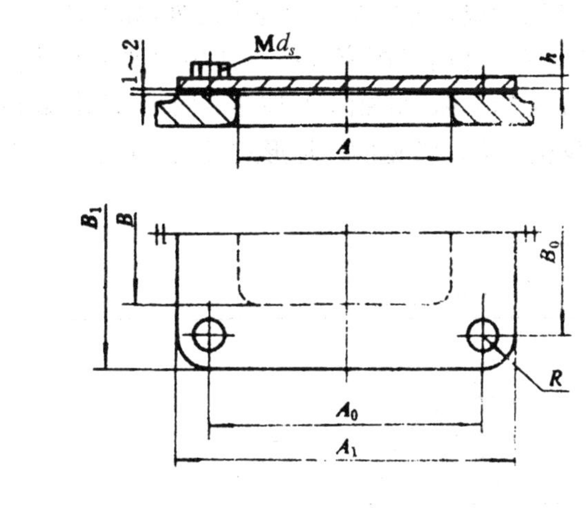

A	100　120　150　180　200
A_1	$A+(5\sim6)d_4$
A_0	$\frac{1}{2}(A+A_1)$
B	$B_1-(5\sim6)d_4$
B_1	箱体宽度－(15～20)
B_0	$\frac{1}{2}(B+B_1)$
d_s	M6～M8
R	5～10
h	1.5～2(A3 钢)，5～8(铸铁)

表 3－17　**螺塞及封油垫**

d	M14×1.5	M16×1.5	M20×1.5
D_0	22	26	30
L	22	23	28
l	12	12	15
a	3	3	4
D	19.6	19.6	25.4
S	17	17	22
D_1	≈0.95S		
d_1	15	17	22
H	2		

注：封油垫材料为石棉橡胶纸、工业用革；螺塞材料为 Q235。

(2)放油螺塞。

机体底部设有放油螺塞，用于排出污油。放油孔的位置在油池的最低处，并安排在减速器不与其他部件靠近的一侧，以便放油。放油孔用螺塞堵住，因此孔端处机体应凸起一块，经机械加工成为螺塞头的支承面，并加封油圈以加强密封。放油孔及其尺寸可参考表 3－17。为便于放油，应让箱座内底面有一定的斜度，并使油塞螺纹低于箱体内底面。

(3)油标。

油标用来检查油面的高度，因此常在减速器便于观察油面及油面稳定之处（如低速级传动齿轮一侧）装有油标。油标有各种结构形式，有的已制定国家标准。常用的油标有油标尺、圆形油标、长形油标等，一般多用带有螺纹结构的油标，用油标时，应使油标孔座的倾斜位置便于加工，并保证油标装拆时不与机体凸缘发生干涉。常见的油标形式及尺寸见表3－18、表 3－19、表 3－20。

表 3－18　**圆形油标**(GB/T 1160.1－1989)

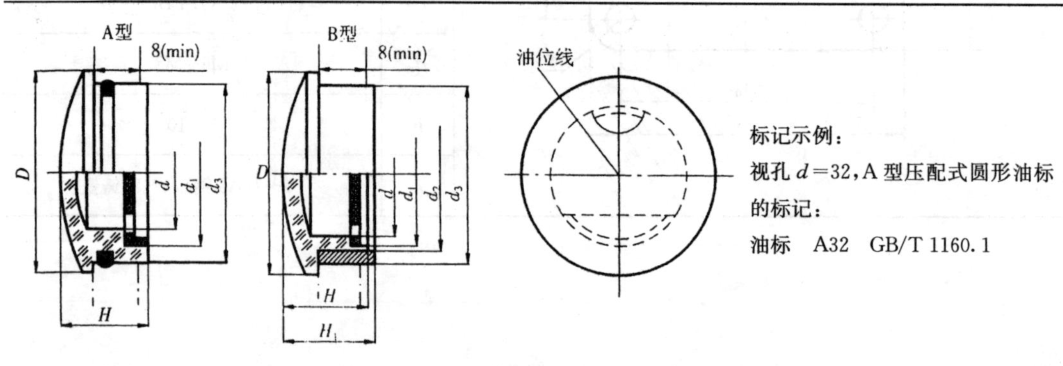

续表 3－18

d	D	d_1 基本尺寸	d_1 极限偏差	d_2 基本尺寸	d_2 极限偏差	d_3 基本尺寸	d_3 极限偏差	H	H_1	O形橡胶密封圈(按 GB/T 3452.1)
12	22	12	−0.050 −0.160	17	−0.050 −0.160	20	−0.065 −0.195	14	16	15×2.65
16	27	18		22	−0.065 −0.195	25				20×2.65
20	34	22	−0.065 −0.195	28		32	−0.080 −0.240	16	18	25×3.55
25	40	28		34	−0.080 −0.240	38				31.5×3.55
32	48	35	−0.080 −0.240	41		45		18	20	38.7×3.55
40	58	45		51	−0.100 −0.290	55	−0.100 −0.290			48.7×3.55
50	70	55	−0.100 −0.290	61		65		22	24	—
63	85	70		76		80				

表 3－19　长形油标(GB/T 1161－1989)

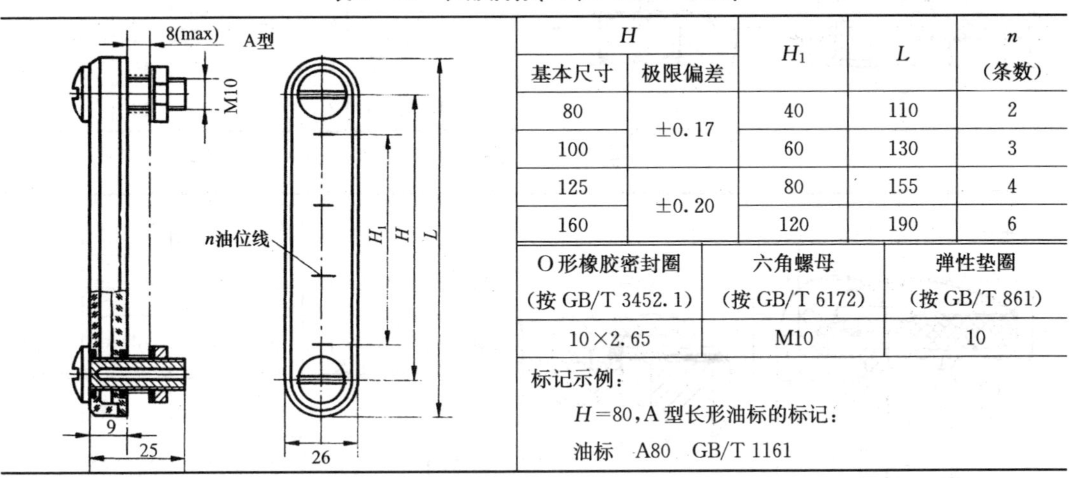

H 基本尺寸	H 极限偏差	H_1	L	n(条数)
80	±0.17	40	110	2
100		60	130	3
125	±0.20	80	155	4
160		120	190	6

O形橡胶密封圈(按 GB/T 3452.1)	六角螺母(按 GB/T 6172)	弹性垫圈(按 GB/T 861)
10×2.65	M10	10

标记示例：

H=80，A 型长形油标的标记：

油标　A80　GB/T 1161

注：B 型长形油标见 GB/T 1161－1989。

表 3－20　油标尺寸

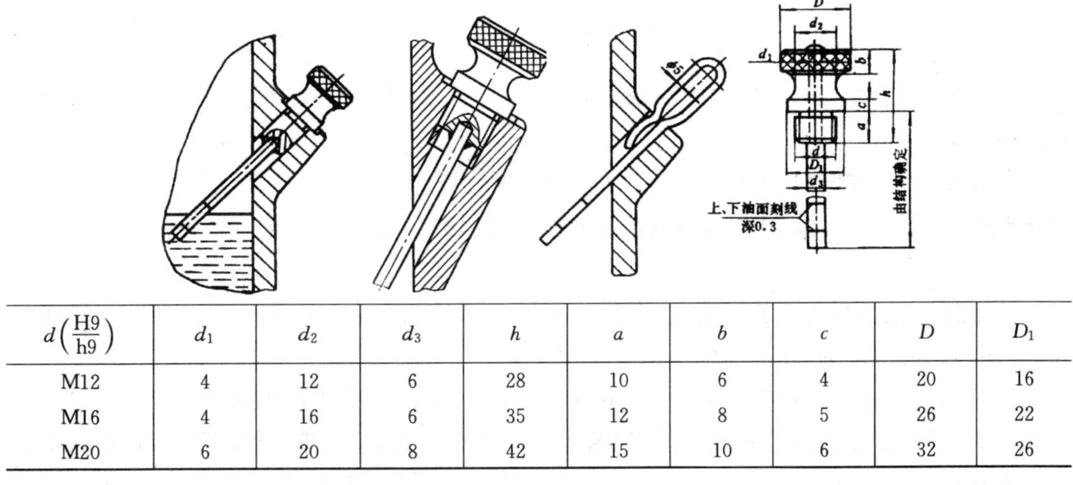

$d\left(\frac{H9}{h9}\right)$	d_1	d_2	d_3	h	a	b	c	D	D_1
M12	4	12	6	28	10	6	4	20	16
M16	4	16	6	35	12	8	5	26	22
M20	6	20	8	42	15	10	6	32	26

(4)通气器。

减速器运转时，机体内温度升高，气压增大，对减速器密封极为不利。所以多在机箱盖顶部或窥视孔盖上安装通气器，使机体内热涨气体自由溢出，以保证机体内外压力均衡，提高机体有缝隙处的密封性能。

简易的通气器常用带孔螺钉制成，但通气孔不要直通顶部，以免灰尘进入，这种通气器一般用于比较清洁的场合。

较完善的通气器内部一般做成各种回路，并有金属网，可以避免停车后灰尘随空气进入机体，中小型减速器常用的通气器结构及尺寸可见表 3-21、表 3-22。

表 3-21 通气器

d	D	D_1	S	L	l	a	d_1
M12×1.25	18	16.5	14	19	10	2	4
M16×1.5	22	19.6	17	23	12	2	5
M20×1.5	30	25.4	22	28	15	4	6
M22×1.5	32	25.4	22	29	15	4	7
M27×1.5	38	31.2	27	34	18	4	8

表 3-22 通气器

d	d_1	d_2	d_3	d_4	D	h	a	b
M18×1.5	M33×1.5	8	3	16	40	40	12	7
M27×1.5	M48×1.5	12	4.5	24	60	54	15	10
d	c	h_1	R	D_1	S	k	e	f
M18×1.5	16	18	40	25.4	22	6	2	2
M27×1.5	22	24	60	39.6	32	7	2	2

注：S 为螺母扳手的宽度。

(5)起盖螺钉。

为了便于起盖，在机盖侧边的凸缘上常有 1～2 个起盖螺钉。在起盖时可先拧动此螺钉顶起机盖。

起盖螺钉上的螺纹长度要大于凸缘的厚度，螺钉杆的端部要做成圆柱形或半圆形，以免顶坏螺纹，如图 3.19，起盖螺钉的直径与凸缘联接螺栓相同。

(6)定位销。

为了保证轴承座孔的装配精度，在机体联接凸缘的长度方向上两端各安装一个圆锥定位销，两销距离尽量远，以提高定位精度。

定位销的直径一般取为 $d=(0.7\sim0.8)d_2$，d_2 为机盖与机座联接螺栓的直径。其长度应大于上、下机体联接凸缘的总厚度，如图 3.19。定位销是在上、下机体用螺栓联接紧固后，镗制轴承座孔之前加工的。选择定位销的位置时，要考虑钻、铰销孔的方便，并且不能妨碍邻近联接螺栓的装拆，并尽量对角布置。

(7)环首螺钉、吊环和吊钩。

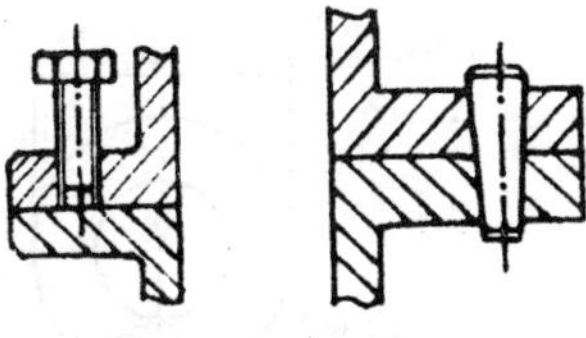

图 3.19　起盖螺钉与定位销

为了拆卸和搬运的方便，应在减速器上装有环首螺钉、吊环或者铸出吊钩。环首螺钉为标准件，可按提起质量由手册查出，由于环首螺钉承受较大的载荷，故在装配时必须把螺钉完全拧入，使其台肩抵紧机盖上的支承面，常见标准见表 3－23、表3－24。

表 3－23　吊耳及吊钩

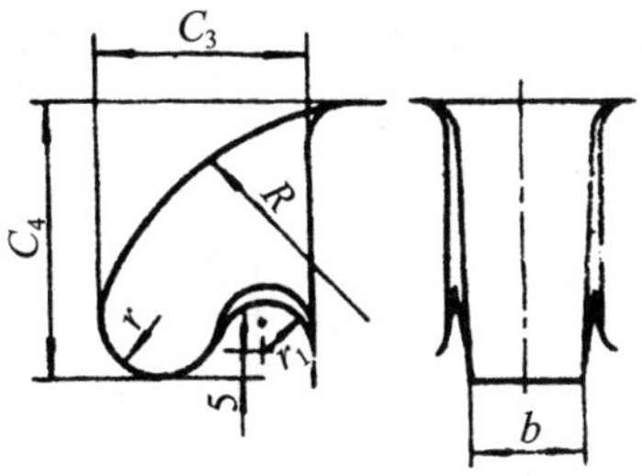

图例	名称及尺寸
	吊耳(起吊箱盖用)
	$C_3=(4\sim5)\delta_1$； $C_4=(1.3\sim1.5)C_3$； $b=2\delta_1$； $R=C_4, r_1=0.2C_3, r=0.25C_3$； δ_1 为箱盖壁厚
	吊耳环(起吊箱盖用)
	$d=(1.8\sim2.5)\delta_1$； $R=(1\sim1.2)d$； $e=(0.8\sim1)d$； $b=2\delta_1$
	吊钩(起吊整机用)
	$B=C_1+C_2$； $H\approx0.8B$； $h\approx0.5H$； $r\approx0.25B$； $b=2\delta$； δ 为箱座厚度 C_1、C_2 为扳手空间尺寸

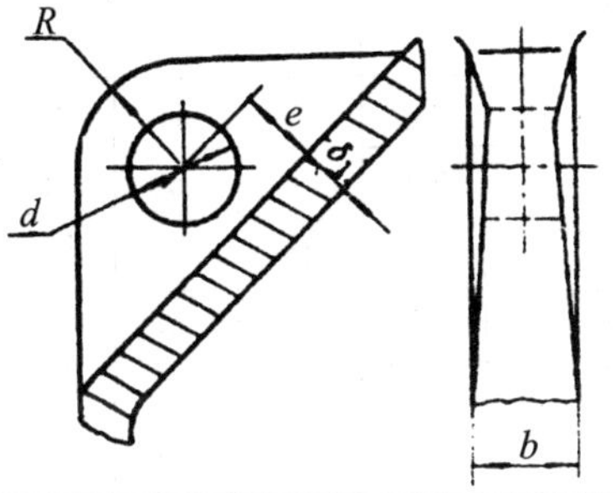

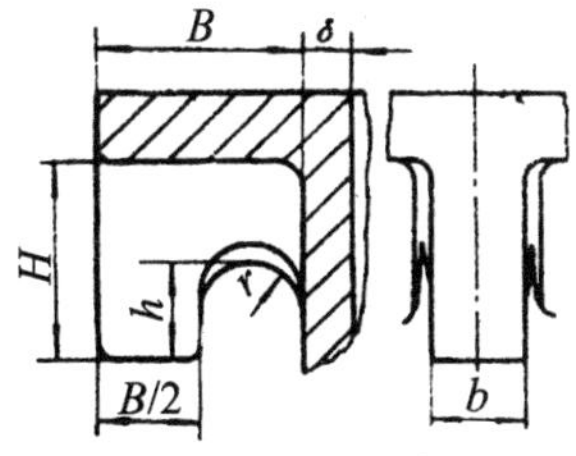

表 3-24　吊环螺钉(GB 825-1988)

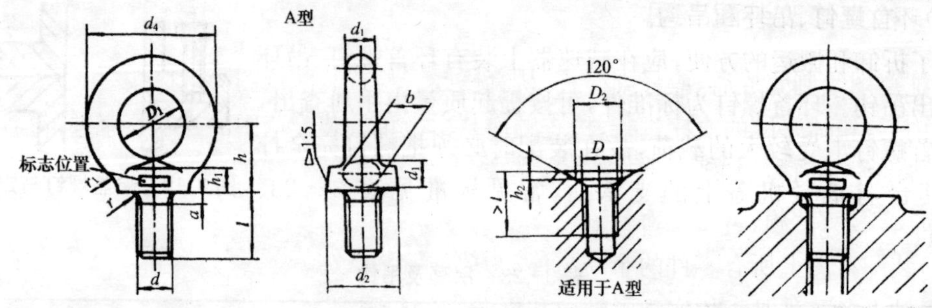

标记示例：螺纹规格 d=M20，材料为 20 钢，经正火处理，不经表面处理的 A 型吊环螺钉：螺钉(GB 825-1988 M20)

螺纹规格 $d(D)$		M8	M10	M12	M16	M20	M24	M30
d_1 最大		9.1	11.1	13.1	15.2	17.4	21.4	25.7
D_1 公称		20	24	28	34	40	48	56
d_2 最大		21.1	25.1	29.1	35.2	41.4	49.4	57.7
h_1 最大		7	9	11	13	15.1	19.1	23.2
h		18	22	26	31	36	44	53
d_4 参考		36	44	52	62	72	88	104
r_1		4	4	6	6	8	12	15
r 最小		1	1	1	1	1	2	2
l 公称		16	20	22	28	35	40	45
a 最大		2.5	3	3.5	4	5	6	7
b 最大		10	12	14	16	19	24	28
D_2 公称最小		13	15	17	22	28	32	38
h_2 公称最小		2.5	3	3.5	4.5	5	7	8
最大起吊重量(kN)	单螺钉起吊	1.6	2.5	4	6.3	10	16	25
	双螺钉起吊 (45°(max))	0.8	1.25	2	3.2	5	8	12.5

减速器重量 W(kN)与中心距 a 的关系(供参考)

一级圆柱齿轮减速器						二级圆柱齿轮减速器					
a	100	160	200	250	315	a	100×140	140×200	180×250	200×280	250×355
W	0.26	1.05	2.1	4	8	W	1	2.6	4.8	6.8	12.5

注：1. 螺钉采用 20 或 25 钢制造，螺纹公差为 8g。

2. 表中螺纹规格 d 均为商品规格。

3.2.4 检查修改装配草图

装配草图绘制完成后，应仔细检查，认真修改。检查装配草图一般应按“由主到次”、“先(箱体)内后(箱体)外”的次序进行，检查顺序基本上可按装配草图的绘制顺序进行。

检查的主要内容如下：

3.2.4.1 设计、结构、工艺方面

(1)装配草图上所有零件的布局与传动方案是否一致。

(2)轴上各零件是否均实现了轴向和周向定位和固定。

(3)轴上零件是否能顺利地进行装配和拆卸。

(4)轴承轴向游隙和传动件(小圆锥齿轮、蜗杆)的轴向位置能否调整。

(5)齿轮和轴承的润滑、减速器的密封能否保证。

(6)箱体结构的合理性与工艺性。

①轴承旁螺栓与轴承孔不可相交(干涉)；

②联接螺栓布局的合理性；

③各联接螺栓处是否有足够的扳手空间；

④减速器箱体同一轴上的两轴承孔能否一次镗出；

⑤减速器附件的位置是否恰当。例:由窥视孔的位置能否观察到啮合情况，油标尺能否取出，油塞的位置能否让油全部流出。

(7)铸件铸造圆角、拔模斜度、最小厚度、加强筋等的合理性。

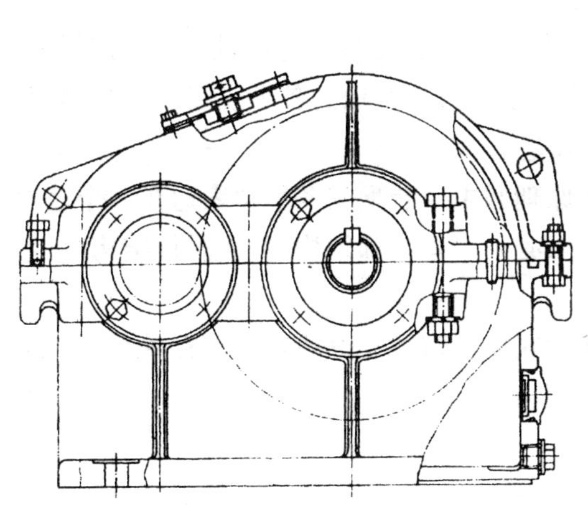

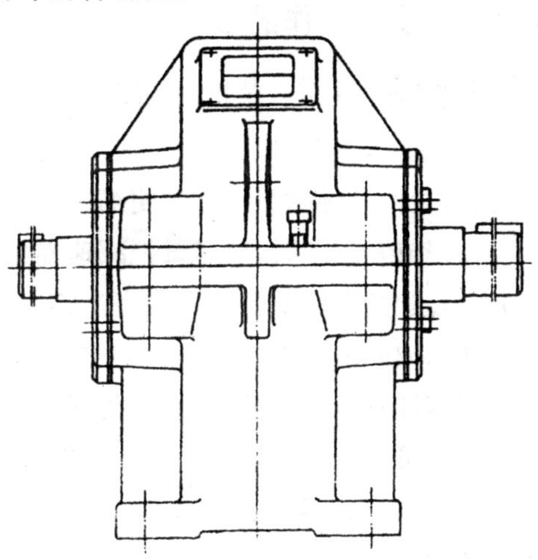

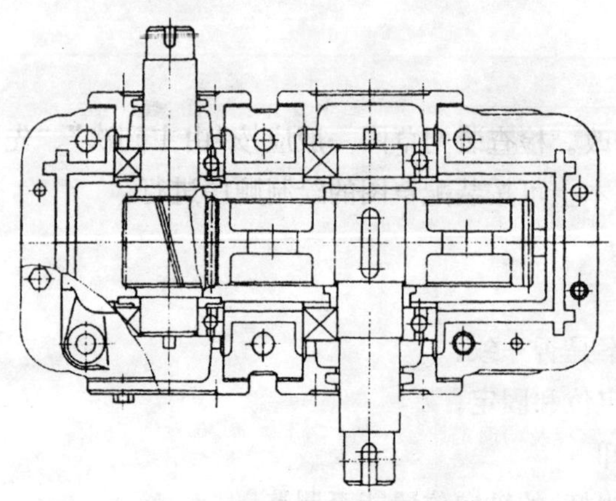

图 3.20　单级圆柱齿轮减速器装配草图

3.2.4.2　制图方面

(1)各零件的外形及相互位置关系是否表达清楚。

(2)投影关系是否正确。

(3)螺纹联接、键联接的画法是否符合标准。

最后完成减速器装配草图的样图如图 3.20,在此基础上就可以完成最后的装配工作图。

3.3　绘制装配工作图

3.3.1　设计工作的步骤

本阶段的设计是在装配草图设计的基础上进行的,其最终目的是提供生产装配用的、正式的、完整的装配工作图。在这张装配图上,包括了减速器结构的各个视图、主要尺寸和配合、技术条件、零件编号、零件明细表和标题栏等基本内容。

在完成装配图时,应尽量把减速器的工作原理和主要装配关系集中表达在一个基本视图上。装配图上应避免用虚线表达零件的结构,必须表达内部结构时(如附件结构)可用局部剖视图或向视图来表达。

根据课程设计的教学要求,装配图上的螺栓联接、键联接、滚动轴承等在关系表达清楚的基础上可以用简化画法。设计工作可按以下步骤进行。

3.3.1.1　标注主要尺寸和配合

装配图上应标注的主要尺寸如表 3—25 所示。

表 3—25　减速器装配图上应标注的尺寸

尺寸类别	作用	标注尺寸项目	备注
特性尺寸	反映减速器的技术性能。	齿轮传动中心距及偏差。	齿轮传动中心距的偏差见本书附录。根据精度等级及中心距尺寸确定。

续表 3—25

尺寸类别	作用	标注尺寸项目	备注
配合尺寸	反映配合零件的基本尺寸、配合方式和精度等级，是设计零件图和选择装配方法的依据。	传动件(齿轮、带轮、链轮、联轴器等)与轴的配合尺寸；轴承与轴承座孔的配合尺寸。	减速器主要零件的推荐用配合参见表 3—25。
安装尺寸	为设计支承件(如机架、电动机座)、外接零件提供联系尺寸。	箱体底面尺寸(长和宽)；地脚螺栓孔的定位尺寸和直径；减速器的中心高；轴外伸端的配合长度、直径及端面定位尺寸。	
外形尺寸	表示减速器的大小，便于考虑所需空间的大小及工作范围，供设备布局及装箱运输时参考。	减速器的总长、总宽和总高。	

在标注的尺寸中，配合尺寸的配合方式和精度的选择对减速器的工作性能、加工工艺及制造成本等有很大关系，设计时应认真考虑。表 3—26 列出了减速器主要零件的推荐用配合，可供设计时参考。

表 3—26　减速器主要零件的推荐用配合

配合零件	推荐用配合		装配方法
传动零件与轴、联轴器与轴	一般情况	$\frac{H7}{r6}$、$\frac{H7}{n6}$	用压力机
	要求对中性良好及很少装拆	$\frac{H7}{n6}$	用压力机 (较紧的过渡配合)
	较常拆卸	$\frac{H7}{m6}$、$\frac{H7}{k6}$	用手锤打入 (一般的过渡配合)
轴承内圈与轴(内圈旋转)	轻负荷 $P\leqslant 0.07C$ C 为轴承额定载荷	j6，k6	用温压法或压力机
	正常负荷 $P>0.07C\sim 0.15C$	k6，m6，n6	
	重负荷 $P>0.15C$	n6，p6，r6	
轴承外圈与座孔 (外圈不旋转)	H7		用木锤或徒手装拆
轴承套杯与座孔	$\frac{H7}{h6}$、$\frac{H7}{js6}$		徒手装拆
轴承盖与座孔	$\frac{H7}{h8}$、$\frac{H7}{f8}$		

3.3.1.2　写出减速器的技术特性

在装配图上的适当位置，写出减速器的技术特性，其具体内容和列表方式参照表 3－27 所示。

表 3－27　减速器的技术特性

<table>
<tr><th colspan="2">输入轴</th><th rowspan="2">减速器效率 η</th><th rowspan="2">总传动比 i</th><th colspan="7">传动特性</th></tr>
<tr><th>输入功率(kW)</th><th>输入转速(r/min)</th><th></th><th>i</th><th>Z_1</th><th>Z_2</th><th>m_n</th><th>β</th><th>精度等级</th></tr>
<tr><td rowspan="2"></td><td rowspan="2"></td><td rowspan="2"></td><td rowspan="2"></td><td>高速级</td><td></td><td></td><td></td><td></td><td></td><td></td></tr>
<tr><td>低速级</td><td></td><td></td><td></td><td></td><td></td><td></td></tr>
</table>

3.3.1.3　编写技术条件

装配图的技术条件要求用文字来说明在视图上没有表达或无法表达的有关装配、调整、检查、润滑、维修、保养等方面的内容。正确编写技术条件，是保证减速器可靠工作的前提。在减速器装配图上，通常写出的技术条件的内容及条目可参考相应的参考图。

一级圆柱齿轮减速器的技术要求如下：

(1)装配前所有零件用煤油清洗，滚动轴承用汽油清洗，箱体内壁涂耐油油漆；

(2)齿面接触斑点按齿高不得小于 40%，按齿长不得小于 50%设计；

(3)调整轴承时应留有 0.2 mm～0.5 mm 的热补偿间隙；

(4)减速器剖分面、各接触面及密封处均不允许漏油，剖分面允许涂以密封油漆或水玻璃，不允许使用任何填料；

(5)箱座内装 30$^{\#}$ 机械油至规定高度；

(6)表面涂灰色油漆。

3.3.1.4　对零件进行编号

对零件进行编号可以采用两种方法：一是不分标准件和非标准件，统一按序编号；二是将标准件和非标准件分别进行编号。不管采用哪种方法，图上相同的零件只应有一个编号。独立的组件(如滚动轴承、油标)可作为一个零件进行编号。零件编号应符合国家制图标准。

3.3.1.5　编制零件明细表和标题栏

明细表是减速器所有零件的详细目录，编制明细表也是最后确定材料及标准件的过程。编制时应尽量减少材料和标准件的品种和规格。明细表的内容应包括：序号、零件名称、数量、材料、规格和标准代号、备注等。明细表的格式如下：

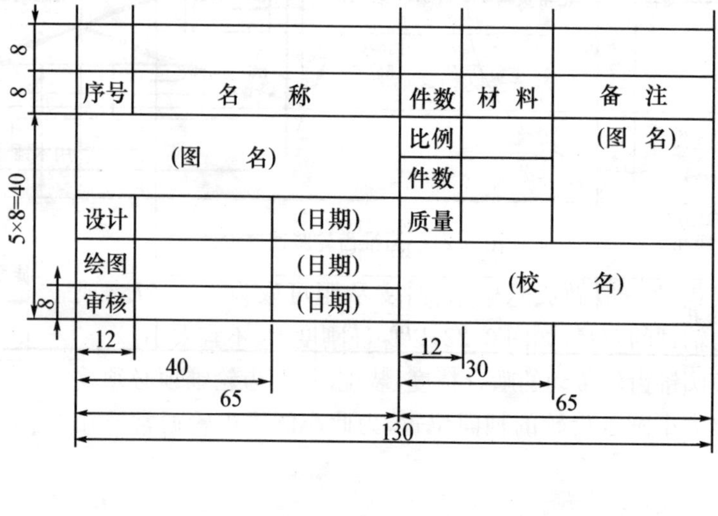

<table>
<tr><td></td><td colspan="2"></td><td></td><td></td><td></td></tr>
<tr><td>序号</td><td colspan="2">名　　称</td><td>件数</td><td>材 料</td><td>备　注</td></tr>
<tr><td colspan="3" rowspan="2">(图　　名)</td><td>比例</td><td></td><td rowspan="3">(图　名)</td></tr>
<tr><td>件数</td><td></td></tr>
<tr><td>设计</td><td></td><td>(日期)</td><td>质量</td><td></td></tr>
<tr><td>绘图</td><td></td><td>(日期)</td><td colspan="3" rowspan="2">(校　　名)</td></tr>
<tr><td>审核</td><td></td><td>(日期)</td></tr>
</table>

8　8　5×8=40　8　12　40　65　12　30　65　130

3.3.1.6 检查装配图

画好装配图后，应仔细检查图纸的设计质量。检查的主要内容包括：

(1)视图的数量是否足够，能否清楚地表达减速器的工作原理和装配关系；

(2)各零件的结构是否合理，其加工、装拆、润滑与密封是否存在问题；

(3)尺寸标注是否正确，配合和精度选择是否恰当；

(4)技术条件和技术特性是否需要补充完善，编制是否正确；

(5)零件编号有无遗漏或重复，标题栏和明细表的填写是否正确；

(6)制图是否符合国家制图标准。

绘制完成的装配工作图可见附录部分。

3.4 圆锥齿轮减速器和蜗杆减速器装配图设计要点

这两种减速器的设计步骤和圆柱齿轮减速器的设计步骤一样，也分三个阶段进行，现仅就设计过程中的不同点加以说明。

3.4.1 圆锥齿轮减速器

现以圆锥齿轮减速器为例说明其设计特点。

(1)设计一级圆锥齿轮减速器时，有关结构尺寸参照图 3.2、表 3－1、表 3－2，圆锥－圆柱齿轮减速器按圆柱齿轮的中心距计算壁厚及地脚螺栓的直径。

在确定机体内壁与圆锥大齿轮轮毂端面距离Δ_2时，应估计轮毂的宽度 L，可取 $L=(1.6\sim1.8)e$，待轴径确定后再作必要的修正。小圆锥齿轮轮毂端面与机体内壁距离Δ_1可取为 10 mm～15 mm，见图 3.21。

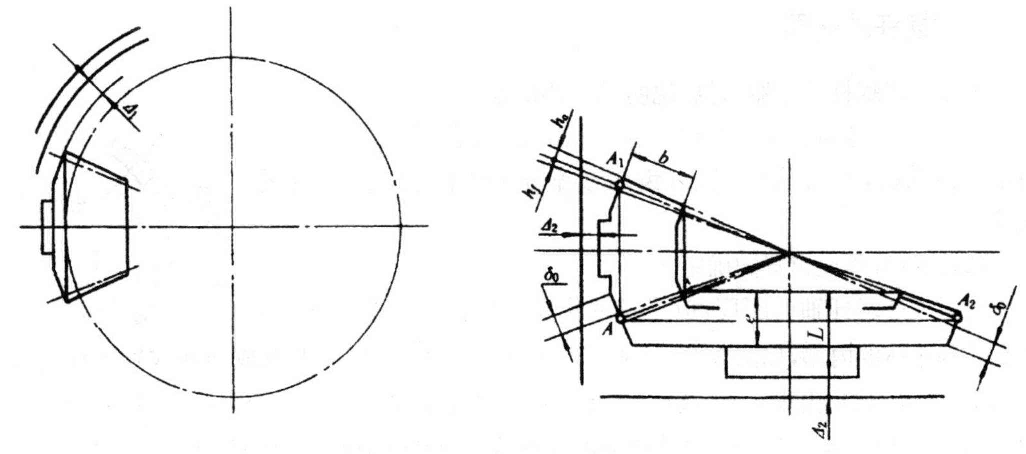

图 3.21 圆锥齿轮减速器设计

(2)小圆锥齿轮一般做成悬壁结构，支承距可取为 $L_1\approx2L_2$，或 $L_1\approx2.5d$，d 为轴颈的直径，如图 3.22，以保证刚度 L_1 不宜太小。

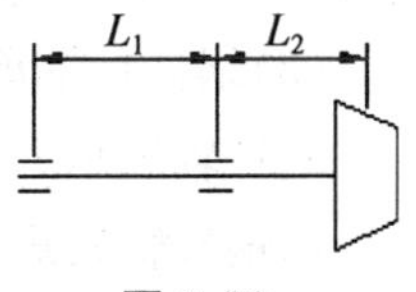

图 3.22

(3)为保证圆锥齿轮传动的啮合精度，装配时，两齿轮锥顶必须重合，因此要调整大小圆锥齿轮的轴向位置，为此小圆锥齿轮通常放在套杯内，用套杯的凸缘端面与轴承座外端面之间的一组垫片来调整小圆锥齿轮的轴向位置。此外，利用套杯结构也便于固定轴承，套杯的结构见表 3－28。小圆锥齿轮轴所采用的轴承安装方式及轴向间隙调整有多种方案，请参照相应的规范选择。

表 3－28　套杯的结构

结构图	尺寸
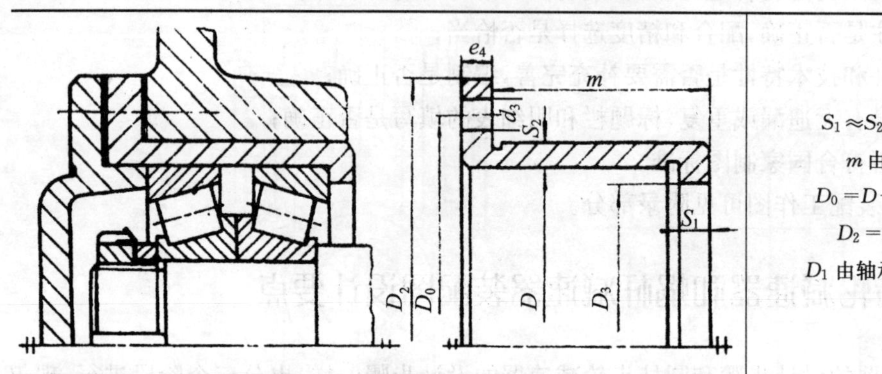	$S_1 \approx S_2 \approx e_4 = 7 \sim 12$； m 由结构确定； $D_0 = D + 2S_2 + 2.5d_3$； $D_2 = D_0 + 2.5d_3$； D_1 由轴承安装尺寸确定

注：材料为 HT150。

(4)小圆锥齿轮为悬臂结构时，轴承润滑比较困难，可用润滑脂润滑，并在小圆锥齿轮与轴承之间加挡油板，以防润滑脂流失；当采用油润滑时，常在机座上开输油沟，将油导入轴承。

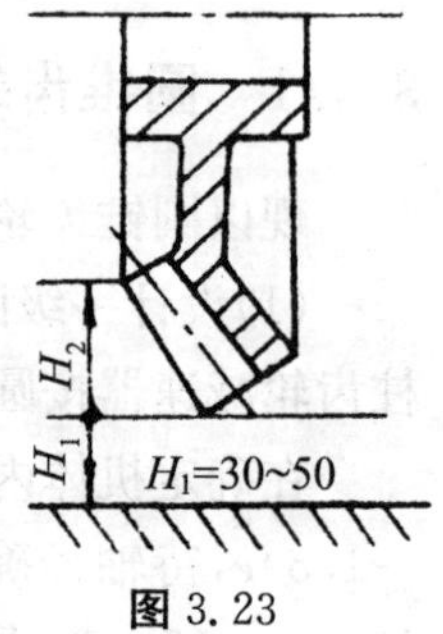

图 3.23

(5)决定机座的高度，要考虑大圆锥齿轮的浸油深度。通常应将整个齿宽（至少半个齿宽）浸入油中，根据所需的油量，即可算出机座的高度，但齿顶离底面不应小于 30 mm～50 mm，如图 3.23。

(6)设计机盖时，采用圆弧形表面必须注意机盖内壁不要与小圆锥齿轮相碰并留有足够的间隙，如图 3.24。

3.4.2　蜗杆减速器

现以一级蜗杆减速器为例，说明其设计特点。

(1)蜗杆减速器有关的结构尺寸参照图 3.3、表 3－1、表 3－2，当多级传动时，经常取低速级（齿轮或蜗轮）的中心距计算有关尺寸。

图 3.24

(2)蜗杆轴承座位置的确定。

为了提高蜗杆轴的刚度，应尽量减小支点距离。为此，轴承座体常伸到箱体的内部，如图 3.25。内伸部分的凸台直径 D_1 一般取成凸缘式轴承座的外径 D_2，即 $D_1 = D_2$（D_2 由表 3－1 查得）。在设计内伸部分时，要注意使轴承座与蜗轮顶圆之间的距离$\Delta_1 \geqslant 12$ mm～15 mm，在结构上可将轴承座内端做成斜面以满足要求，这样就可以定出轴承内伸部分端面 A 的位置及主视图中心线的位置。

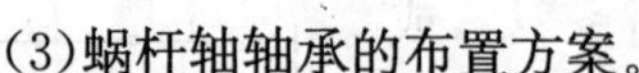

(3)蜗杆轴轴承的布置方案。

蜗杆轴轴承的布置方案，应根据蜗杆的长短、轴向力的大小及转速的高低来确定。

当蜗杆轴较短（支点距小于 300 mm）时，可采用两端固定的布置方案；当蜗杆轴较长时，由于热膨胀伸长量大，如采用两端固定的方案，将使轴承承受附加的轴向力，影响轴承的正常工作，这时，常采用一端固定一端游动的布置方案。为了便于加工，游动端也常采用套杯的结构，或选用外径与座孔相同的轴承。设计套杯时，应注意使其外径大于蜗杆的直径，否则无法装配蜗杆。蜗杆支承部件的具体结构见有关参考图。

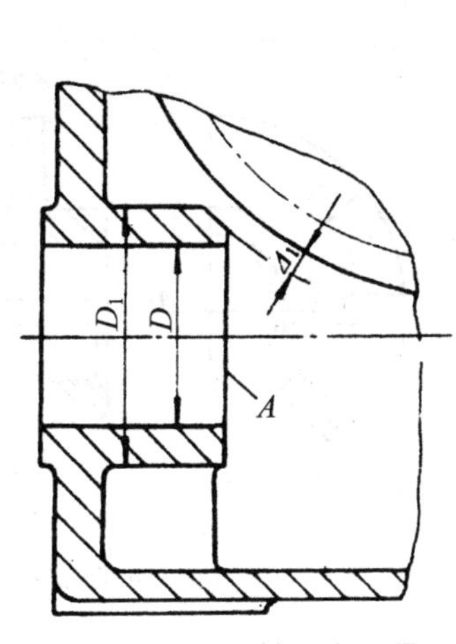

图 3.25　确定轴承座位置

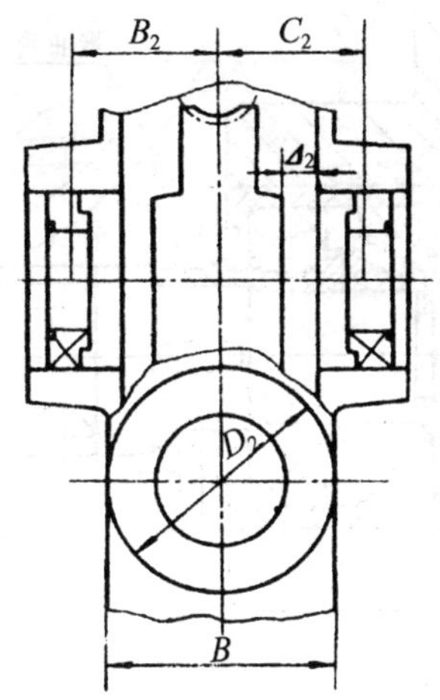

图 3.26　蜗轮轴支点的确定

(4)蜗轮轴支点距的确定。

蜗轮轴支点距与箱体宽度 B 有关，如图 3.26，箱体宽度一般取 $B \approx D_2$，D_2 为蜗杆轴的轴承盖外径。有时为了缩小蜗轮轴支点距和提高刚度，也可以使 B 小于 D_2。

(5)蜗轮轴轴承的布置方案。

由于蜗轮上的轴向力较小，支点距离较短，轴的热伸长量不大，因此常采用两端固定的方式。

图 3.27 为单级蜗杆减速器的装配草图。

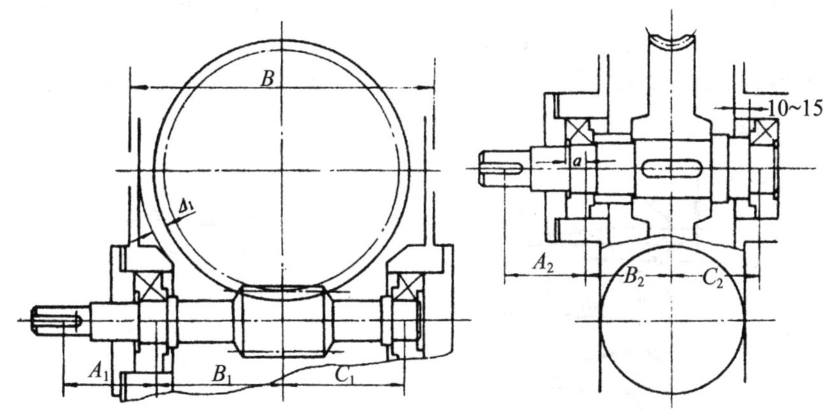

图 3.27　单级蜗杆减速器初绘的装配草图

(6)浸油润滑时，应使蜗杆(蜗杆在下时)或蜗轮(蜗轮在下时)浸入油中$(0.75\sim1)h$(h 为齿高或螺牙高)。对于下置式蜗杆，最好使油面不要超过滚动轴承最低滚动体的中心，以免浸油过多，降低轴承效率。当蜗杆圆周速度 $V>4$ m/s～5 m/s 时，为了避免蜗杆直接浸入油中，增加搅油损失，可在蜗杆轴上装溅油轮，如图 3.28，使油飞溅进行润滑。同时也减少轴承的浸油深度。

蜗杆转动时，将油压向一侧，冲入轴承影响轴承寿命，为此，在蜗杆轴上多装有挡油板(可与溅油轮做成一体，如图 3.28)，防止油对轴承产生冲击，也有助于防止蜗杆轴伸出处漏油。

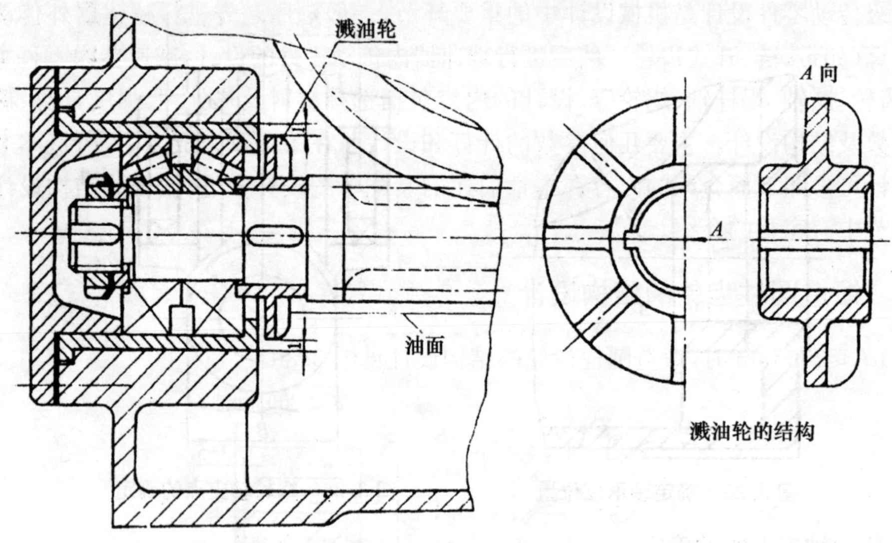

图 3.28　溅油轮的设计

在蜗杆上置时，蜗杆轴的轴承润滑比较困难，一般用润滑脂润滑。有时也采取措施将机体内的油引入轴承。具体结构见附图。

在高速情况下，蜗轮轴的轴承采用飞溅油润滑。在低速时可用润滑脂润滑，或用刮油板将油从蜗轮侧面刮下导入轴承，刮油板的结构见附图。

(7)蜗杆传动效率低，发热量大，当热平衡计算不符合要求时，可扩大散热面积，常在机体上加散热片，散热片的位置一般取垂直方向。当加散热片还不能满足要求时，可在蜗杆轴端部加风扇，以加快空气的流通。设计散热片时应考虑铸造工艺，便于拔模，如图 3.29。此外，还可以在油池内设计蛇形管，用冷却水冷却润滑油，或改用循环油系统，这些方法均可以降低减速器的工作温度。

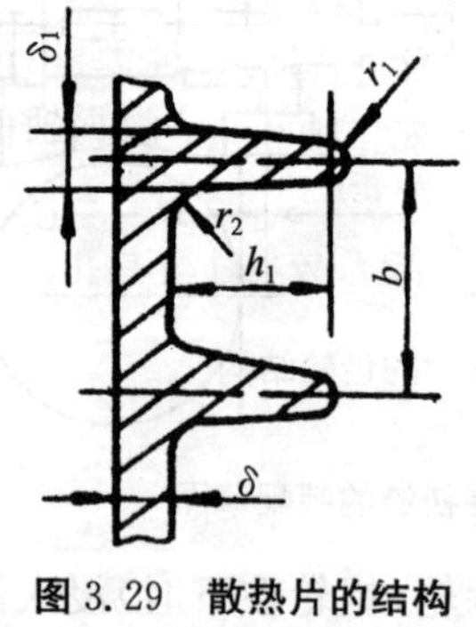

δ 为箱体壁厚，查表 3－1

$\delta_1=(0.8\sim1)\delta$

$h_1=(2.5\sim5)\delta$

$r_1=(0.25\sim0.5)\delta$

$r_2=(0.5\sim0.9)\delta$

$b=(2\sim3)\delta$

图 3.29　散热片的结构

3.5 传动零件结构设计

各级传动零件设计是机械设计中的重要环节，一般顺序是先进行减速器外传动零件的设计计算（如带、链、开式齿轮），然后进行减速器内传动零件的设计，减速器内零件主要包括齿轮、齿轮轴、轴、蜗杆轴、蜗轮等，设计的内容包括选择材料及热处理、强度计算、确定主要几何参数及结构设计。主要几何参数的计算和设计可在第二章完成之后进行（本书从略），结构设计可参照下面介绍的内容在本章前述的装配草图设计中进行，轴的结构设计在第三章 3.2 节中有完整的介绍。

3.5.1 锻造圆柱齿轮的结构设计

(1) $d_a \leqslant 200$ mm 时，锻造圆柱齿轮的结构设计见图 3.30。

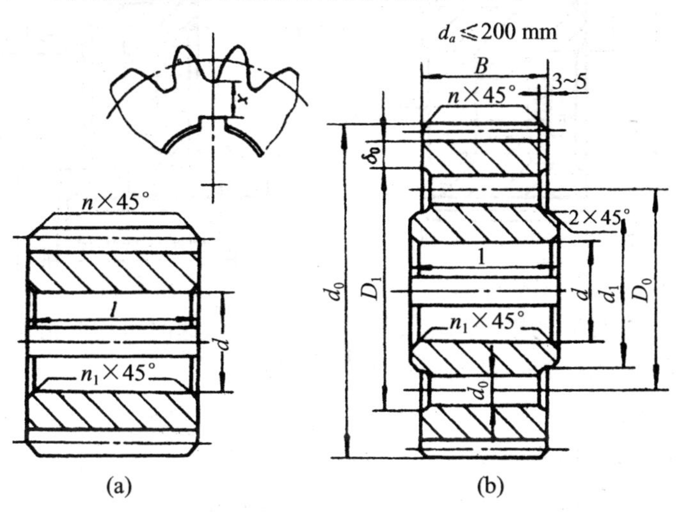

当 $x \leqslant 2.5m_t$ 时，应将齿轮与轴做成一体；

当 $x > 2.5m_t$ 时，应将齿轮做成如图 (a) 或图 (b) 所示的结构；

$d_1 \approx 1.6d$；

$l = (1.2 \sim 1.5)d \geqslant B$；

$\delta_0 = (2.5 \sim 4)m_n \geqslant 8$ mm；

$D_1 = d_a - 10m_n$；

$D_0 = 0.5(D_1 + d_1) \geqslant 10$ mm；

$n = 0.5m_n$，n_1 根据轴的过渡圆角确定；

当 d_0 较小时，不钻孔。

图 3.30　$d_a \leqslant 200$ mm 时的齿轮结构

(2)$d_a>200$ mm 时，锻造圆柱齿轮的结构设计见图 3.31。

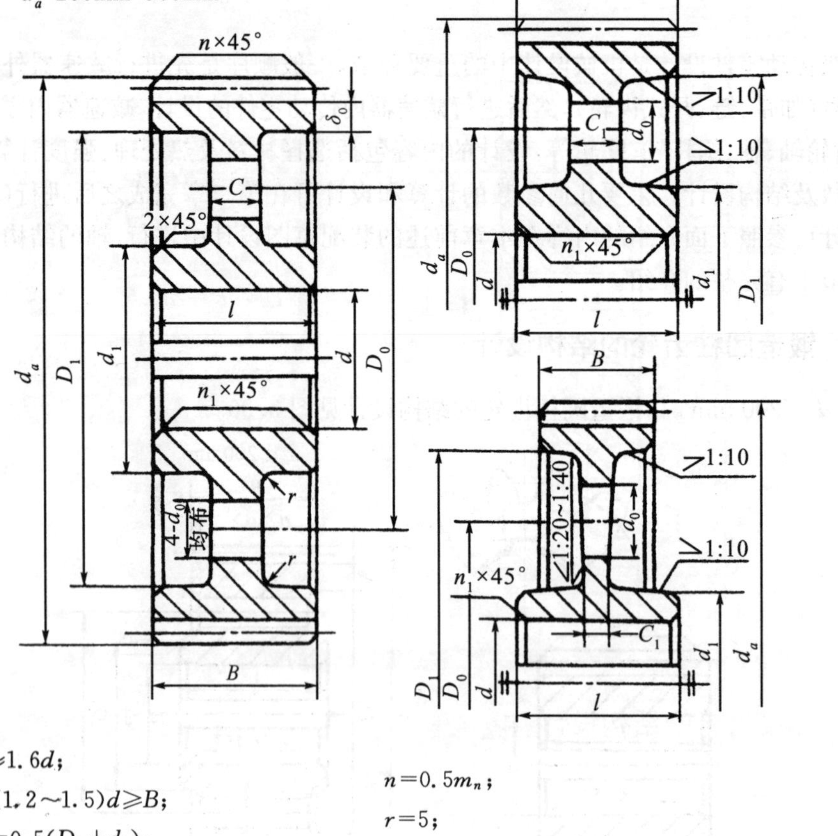

$d_1\approx1.6d$；

$l=(1.2\sim1.5)d\geqslant B$；

$D_0=0.5(D_1+d_1)$；

$d_0=0.25(D_1-d_1)\geqslant10$ mm；

$C=0.3B$；

$C_1=(0.2\sim0.3)B$；

$n=0.5m_n$；

$r=5$；

n_1 根据轴的过渡圆角确定；

$\delta_0=(2.5\sim4)m_n\geqslant8$ mm；

$D_1=d_f-2\delta_0$；

左图为自由锻：所有表面都需机械加工；

右图为模锻：轮毂内表面、轮毂外表面及辐板表面都不需机械加工。

图 3.31　$d>200$ mm 时齿轮结构

3.5.2 铸造圆柱齿轮的结构设计

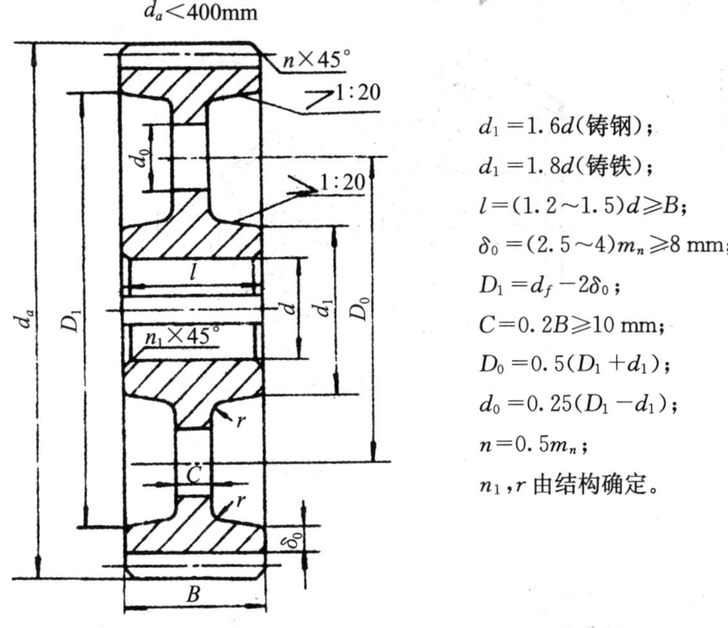

$d_1=1.6d$(铸钢)；

$d_1=1.8d$(铸铁)；

$l=(1.2\sim1.5)d\geqslant B$；

$\delta_0=(2.5\sim4)m_n\geqslant8$ mm；

$D_1=d_f-2\delta_0$；

$C=0.2B\geqslant10$ mm；

$D_0=0.5(D_1+d_1)$；

$d_0=0.25(D_1-d_1)$；

$n=0.5m_n$；

n_1，r 由结构确定。

图 3.32 铸造圆柱齿轮的结构

3.5.3 焊接齿轮的结构设计

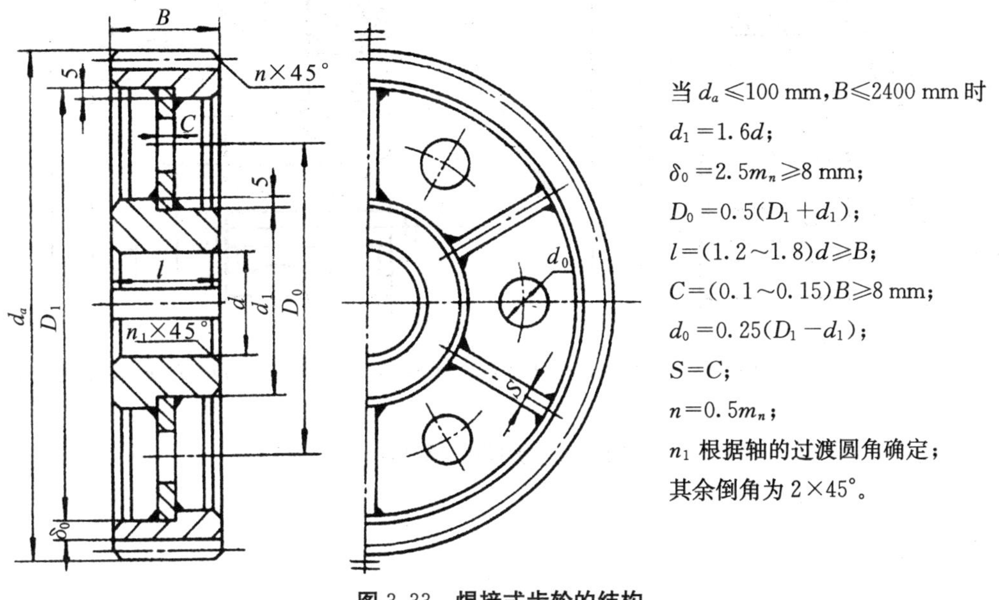

当 $d_a\leqslant100$ mm，$B\leqslant2400$ mm 时

$d_1=1.6d$；

$\delta_0=2.5m_n\geqslant8$ mm；

$D_0=0.5(D_1+d_1)$；

$l=(1.2\sim1.8)d\geqslant B$；

$C=(0.1\sim0.15)B\geqslant8$ mm；

$d_0=0.25(D_1-d_1)$；

$S=C$；

$n=0.5m_n$；

n_1 根据轴的过渡圆角确定；

其余倒角为 2×45°。

图 3.33 焊接式齿轮的结构

3.5.4 铸造圆锥齿轮的结构设计

(1)小圆锥齿轮的结构设计见图 3.34。

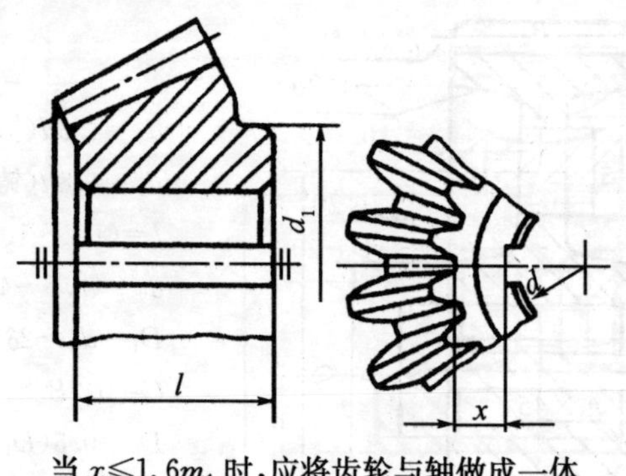

当 $x \leqslant 1.6m_t$ 时,应将齿轮与轴做成一体

图 3.34 小圆锥齿轮结构

(2)大圆锥齿轮的结构设计见图 3.35。

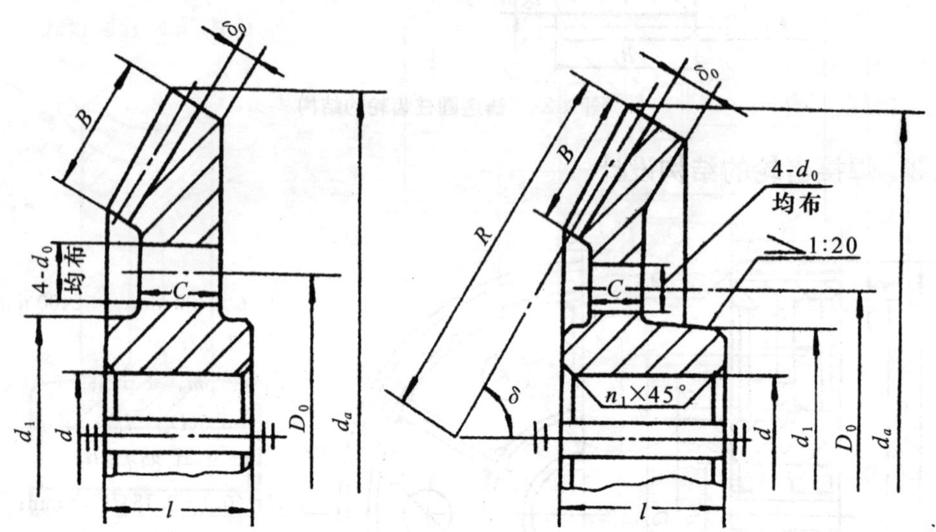

$d_1 = 1.6d$； $l = (1.0 \sim 1.4)d$； $\delta_0 = (2.5 \sim 4) \geqslant 10$ mm； $C = (0.1 \sim 0.17)l$； D_0、d_0、n_1 由结构确定

图 3.35 大圆锥齿轮结构

3.5.5 蜗轮的结构设计

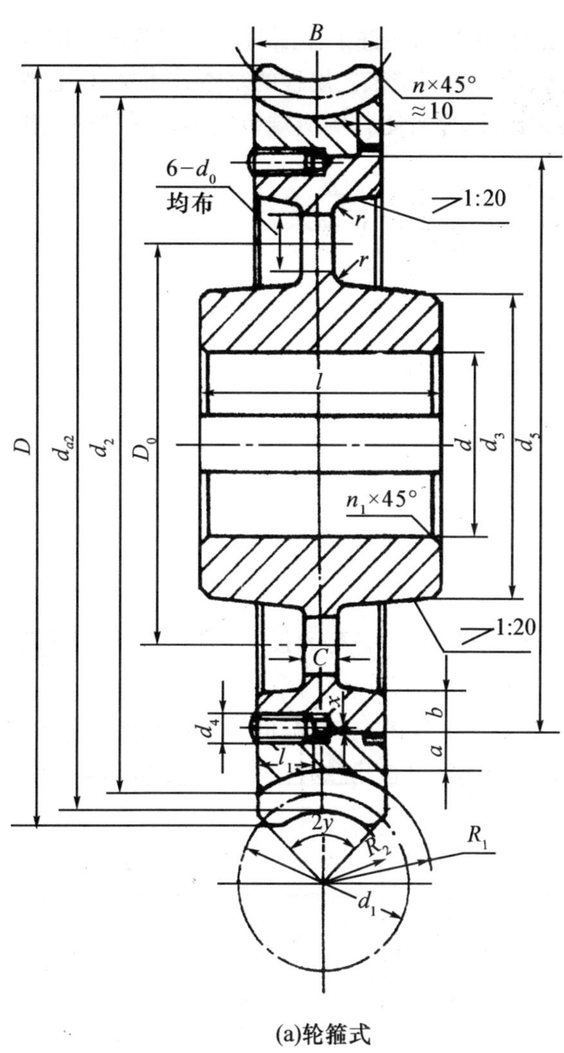

(a)轮箍式

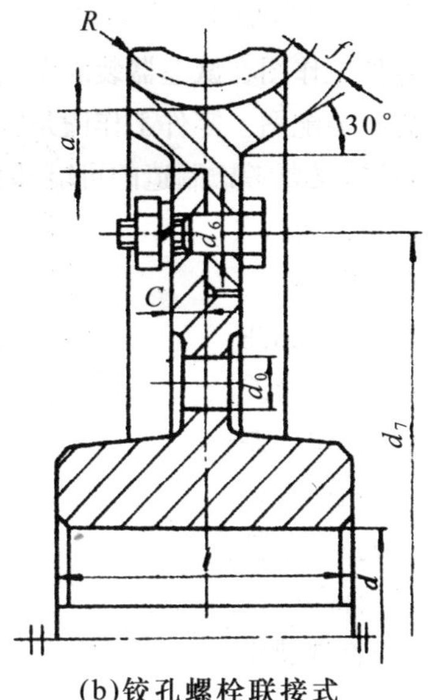

(b)铰孔螺栓联接式

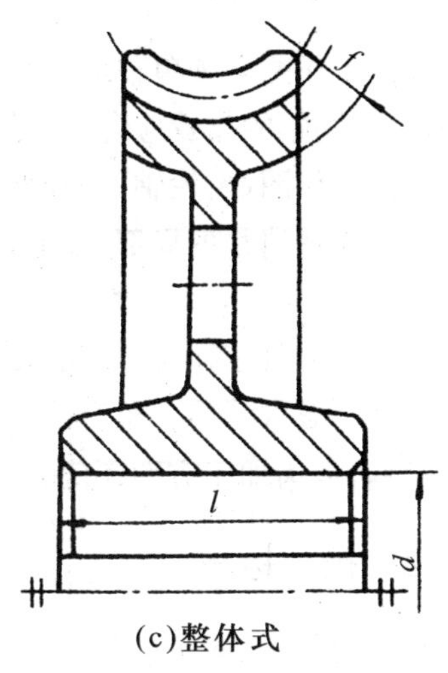

(c)整体式

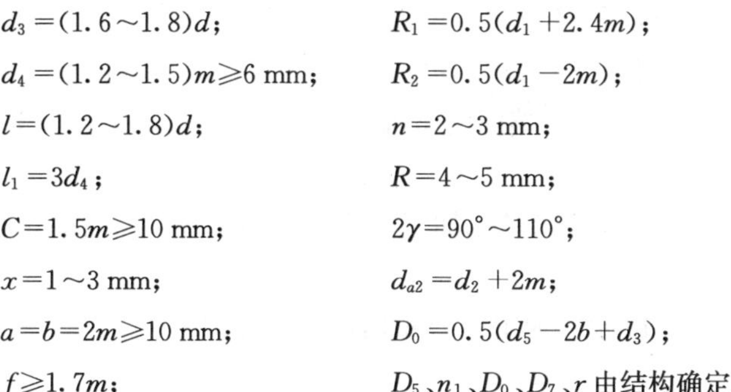

$d_3=(1.6\sim1.8)d$；

$d_4=(1.2\sim1.5)m\geqslant6$ mm；

$l=(1.2\sim1.8)d$；

$l_1=3d_4$；

$C=1.5m\geqslant10$ mm；

$x=1\sim3$ mm；

$a=b=2m\geqslant10$ mm；

$f\geqslant1.7m$；

$R_1=0.5(d_1+2.4m)$；

$R_2=0.5(d_1-2m)$；

$n=2\sim3$ mm；

$R=4\sim5$ mm；

$2\gamma=90°\sim110°$；

$d_{a2}=d_2+2m$；

$D_0=0.5(d_5-2b+d_3)$；

D_5、n_1、D_0、D_7、r 由结构确定；

$d_6=(0.075\sim0.12)d\geqslant5$ mm；

D_w 值：

当 $Z_1=1$ 时，$D_w\leqslant d_{a2}+2m$；

当 $Z_1=2\sim3$ 时，$D_w\leqslant d_{a2}+1.5m$；

当 $Z_1=4$ 时，$D_w\leqslant d_{a2}+m$；

B 值：

当 $Z_1=1\sim3$ 时，$B\leqslant0.75d_{a1}$；

当 $Z_1=4$ 时，$B\leqslant0.67d_{a1}$。

图 3.36 蜗轮结构

3.6 传动零件工作图

零件工作图在减速器装配图完成后绘制，在绘制零件工作图时若发现装配图的设计问题应修改装配图。零件工作图是零件制造、检验和制定工艺规程的基本技术文件，它既反映设计意图，又要考虑制造的可能和合理性。因此，零件工作图应规范完整。零件的工作图应包括以下内容：

(1)视图；

(2)尺寸标注；

(3)尺寸公差；

(4)形位公差；

(5)粗糙度；

(6)技术条件；

(7)标题栏；

(8)特殊要求。

3.6.1 视图选择

零件工作图必须单独地绘制在一个标准图纸中，以必要的投影图和剖视图表明零件的结构形式，图幅的布置应合理，尽量采用 1∶1 的比例尺。

轴的工作图(齿轮轴、蜗杆轴)一般只需要一个视图，在有键槽处可增加必要的剖视图，对于不易表达清楚的局部，如退刀槽、砂轮越程槽、中心孔、蜗杆齿形等，必要时应绘制局部放大图。

齿轮的零件工作图一般需要两个视图才能完整地表示齿轮的几何形状与轮坯的各部分尺寸及加工要求。对于组合式蜗轮工作图，一般可以把轮缘和轮芯画在一起以表达蜗轮的整体结构，但为加工方便还应分别绘制轮缘和轮芯的零件工作图。

3.6.2 尺寸标注

尺寸是加工、测量、安装的主要依据，标注尺寸时应同时考虑工艺基准、测量安装基准，尽量保证基准统一。轴类零件中心孔(中心线)是径向尺寸的主要基准，在轴线方向上基准可以是轴环处或两轴端。对齿轮类零件标注尺寸时，以轴孔的中心线为基准。在垂直于轴线的视图上标出各径向尺寸，齿宽方向上的尺寸则以端面为基准标注尺寸，齿轮的分度圆是设计的基本尺寸应标出。

图面上应标注供加工测量用的足够尺寸，尽可能避免加工时再作任何计算，包括倒角、过渡圆角、铸造圆角、退刀槽、越程槽等。

在标注轴向尺寸时，应避免封闭尺寸链，以便让加工误差积累在非重要尺寸上。

3.6.3 尺寸公差

尺寸公差标注应考虑整个机器的精度及各尺寸在整个机器中的重要程度。

对轴类零件而言，凡有配合要求的径向尺寸（如轴头与齿轮孔，轴颈与轴承孔，轴与套筒，轴与联轴器孔等）均应标注尺寸公差，如轴头与齿轮孔的配合尺寸为 $\Phi 60\ \frac{H7}{r6}$，则齿轮孔的尺寸公差为 Φ60H7，应根据附录查出 H7 的值，在齿轮零件工作图上标成 $\Phi 60_{0}^{0.03}$，不能简单地标成 Φ60H7，而在轴的零件工作图上应标成 $\Phi 60_{+0.041}^{+0.060}$。

轴上的键槽和轮毂上的键槽均应标注键槽宽度方向和深度方向的尺寸公差，为测量方便在键深方向上应标注 $d-t$ 的尺寸及其公差，注意此时的公差与标准中给出的公差符号相反。在齿轮工作图中应标出齿顶圆直径的极限偏差，在锥齿轮工作图中应标出轮冠距和顶锥角极限偏差，在蜗轮工作图中应标出蜗轮喉圆直径 d_{a2} 及其公差，蜗轮中间平面与基准面的距离及公差 $\pm f_x$，咽喉母圆中心到轮轴线的距离及公差 $\pm f_a$。

3.6.4 形位公差

工作图上应标注出必要的形位公差，以保证减速器的装配质量及工作性能。应标注的形位公差主要有：

(1)轴颈的圆度、圆柱度，对中心轴线的跳动度；

(2)轴头的跳动度；

(3)受力轴肩对中心轴线的垂直度；

(4)键槽的平行度（轴键槽、轮毂键槽）；

(5)齿轮、蜗杆、蜗轮顶圆轴线的跳动度；

(6)齿轮、蜗杆、蜗轮端面的跳动度。

3.6.5 粗糙度

零件的所有加工表面均应标注粗糙度，未加工表面可以统一标注。粗糙度的标注应按各加工面的加工方法和精度等级要求标注，不应标注出与加工实际情况不符甚至不可能达到的粗糙度等级，粗糙度标准参见附录。齿轮表面的粗糙度应根据齿轮的加工精度而定。

3.6.6 技术条件

在图中不能使用图形和符号标出的，而在制造时又必须遵循的要求和条件，可在技术要求中用文字说明，技术条件一般包括：

(1)材料及毛坯；

(2)热处理及表面硬度；

(3)对加工的要求，如是否保留中心孔，是否要求配作及加工的先后次序等；

(4)未注明圆角、倒角等的说明。

3.6.7 明细表

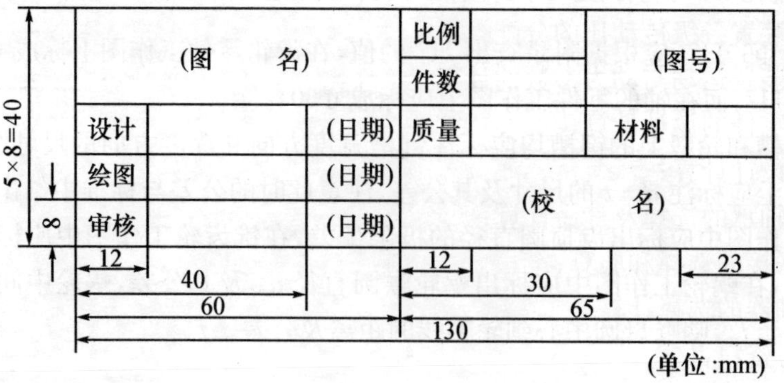

(图　　名)			比例		(图号)	
			件数			
设计		(日期)	质量		材料	
绘图		(日期)	(校　　名)			
审核		(日期)				

5×8=40；8；12；40；60；12；30；65；23；130

(单位:mm)

3.6.8 参数表

齿轮(蜗轮、蜗杆)工作图应有参数表,参数表一般画在图纸的右上角,参数表中应包括主要参数(如:模数、齿数、压力角、顶高系数、螺旋方向)及主要检验项目。齿轮误差项目虽多,但没有必要全部列出,根据工作要求和生产条件在三个公差组中各选一个或几个检验项目来检定和验收。主要的检验项目有:

(1)齿轮精度等级:

一般按齿轮的硬度及线速度而定,该精度在齿轮的强度计算中已经给出,或参考表14－16。

(2)中心距极限偏差$\pm f_a$查表14－27。

(3)周节极限偏差$\pm f_{pt}$、周节累积公差F_p等的公差与极限偏差查表14－18。

(4)F_β、$f_{f\beta}$和$f_{H\beta}$偏差允许值查表14－19。

(5)F_i''和f_i''公差值查表14－20。

(6)最小齿轮侧隙$j_{bn\,min}$的公差查表14－21。

(7)切向齿径向进刀公差b_r查表14－22。

(8)齿轮分度圆弦齿厚和弦齿高公差查表14－23。

(9)齿轮公法线长度W_k^*查表14－24,假想齿数系数查表14－25,公法线长度修正值ΔW_n^*查表14－26。

3.7 编写说明书

3.7.1 设计计算说明书的内容

设计计算说明书以计算内容为主。对于机械传动装置设计类课题来说,说明书所包括的内容大致如下:

(1)目录(标题及页码);

(2)设计任务书;

(3)传动方案的拟定(或分析);

(4)电动机的选择;

(5)传动装置各级传动比的分配;

(6)传动装置运动与动力参数的计算;

(7)传动零件的设计计算;

(8)轴的设计计算;

(9)滚动轴承的选择及寿命计算;

(10)键联接的选择和验算;

(11)联轴器的选择计算;

(12)参考资料目录。

一般说明书中还可包括一些技术说明,如在装配和拆卸过程中的注意事项,传动零件和滚动轴承的润滑方法及润滑剂的选择等。此外,说明书的后面也可以附上由设计者撰写的设计小结。

3.7.2 编写说明书的基本要求

设计计算说明书应在全部计算及全部图纸完成后进行整理与编写。编写时要注意以下基本要求:

3.7.2.1 编写的规范化

设计计算说明书必须用钢笔或圆珠笔书写在符合规定格式的用纸上,并装订成册和填写封面。

3.7.2.2 计算的正确性

对所有的设计计算要求正确无误,为此应注意以下几点:

(1)计算的已知条件和力学模型必须正确;

(2)计算公式及重要数据的来源必须可靠;

(3)计算的过程必须条理清楚,具体的演算过程可以略去,但数据运算必须准确,数据处理(如标准化、精确值、圆整等)应符合要求;

(4)应附有与计算有关的必要插图(如在轴的设计计算中应绘制轴的结构简图、受力图、弯矩图和转矩图等);

(5)对计算结果应有简短的结论(如在强度计算中,应有应力计算的结论:"低于许用应力"或"$\sigma<[\sigma]$"等)。

3.7.2.3 内容的完整性

编写完后,应检查设计计算说明书中所包括的内容是否完整。

此外,对设计计算说明书的编写应行文精练、书写工整。

第 4 章　计算机辅助设计简介

4.1　计算机辅助设计概述

4.1.1　计算机辅助设计的发展历程

自从 1946 年世界上出现第一台电子数字计算机以来，计算机科学的发展十分迅速，20 世纪 60 年代计算机图形学技术较好地解决了计算机处理图形的问题之后，使计算机在工程技术方面的应用得到了长足的发展。目前在宇航、机械、船舶、汽车、电子、化工产品、水坝、桥梁建筑等众多工程设计中已经广泛使用计算机辅助设计。计算机辅助设计(computer aided design)简称 CAD，它是利用计算机系统来辅助设计人员进行工程或产品设计，使设计人员能更快、更好、更完善地设计出产品的一种技术。

作为一门新兴学科，计算机辅助设计的历史可以追溯到 20 世纪 60 年代。1963 年，美国麻省理工学院(MIT)在计算机辅助设计领域做了开拓性的工作，在美国计算机联合会的年会上发表了五篇论文，将 CAD 描述为：设计师坐在 CRT 控制台前，用光笔操作，从概念设计到生产设计以至于制造，都可以实现人机对话；设计师可以随心所欲地对计算机所显示的图形进行增、删、改。利用他们所设计的系统，人们可以在 10～15 分钟内完成通常要花几个星期才能做完的设计。不久，美国通用汽车公司和 IBM 公司率先设计了 DAC－1 系统，利用计算机设计汽车前窗玻璃的型线，这是 CAD 运用的最早的例子。随着计算机技术以及数据库、软件工程、计算机图形学、计算机网络、通讯等技术的发展，CAD 软件的开发经历了一个蓬勃发展的时期。不同的工程领域各自开发了具有一定通用性的计算机辅助设计软件，如 AutoCAD、UG、CATIA、PRO/E 等计算机辅助设计软件在机械、汽车、船舶领域得到广泛应用。同时，随着电子技术的发展，人们研制成功一大批功能较强、使用方便的 CAD 外部设备，如数字化仪、光笔、绘图仪、扫描仪、硬拷贝等。

我国的 CAD/CAM 技术是从 20 世纪 70 年代起步的，近几年来在 CAD 研究方面也做了大量工作，在机床主轴设计、汽车外形设计、汽轮机叶片设计及冲压模具设计等方面均已研制了一些可供实用的 CAD 软件。在机械零件设计方面，一些通用零件，例如齿轮传动、三角胶带传动、滚动轴承及滑动轴承等零部件的设计也已有较成熟的应用软件。

4.1.2　计算机辅助设计在机械设计中的作用

计算机辅助设计是人和计算机结合成一体来进行设计。人机结合既可以发挥人的主导作用，又可以充分利用计算机的能力，其结果比单独由人或者完全依靠计算机来完成设计要好得多。在计算机辅助设计中，如果计算机无法完成或不易完成的工作就不用计算机而由人来完成。如果适合计算机完成的工作就由计算机完成。由于计算机具有无与伦比的高速、高精度、大容量等优点，使其在机械设计中发挥着越来越大的作用。

计算机辅助设计是建立在计算机硬件和相应的软件技术的基础上，吸收了与设计技术相关的其他学科的理论和技术，如数值分析、计算几何与图形学、信息处理、有限元方法、优化技术、可靠性设计、系统工程以及设计方法学而形成的一门应用技术，是对传统设计方法的革新。CAD 系统主要具备以下功能：

(1)科学计算与分析。利用 CAD 能进行各种大量而且复杂的工程分析与计算、优化设计、动态模拟，如产品的强度与刚度计算、结构参数计算及效验计算等。在 CAD 中，可将这些计算公式建成数学模型，编制成计算机软件，由计算机高速、精确地完成设计计算，而且计算过程可以反复迭代逐渐趋近一个最优解。CAD 可以使设计人员从繁琐重复的设计劳动中解放出来，投身于新技术开发研究和新理论研究，从而加快新产品开发速度。

(2)图形处理。利用 CAD 能进行几何构型、绘制二维交互式图形、三维几何造型、图形输入、图形输出、显示、修改、自动绘图。

(3)数据处理。CAD 有完善的数据库系统，能对设计、计算、绘图中所使用的大量信息的存取、查找、加工和处理。产品和工程设计中的信息量是非常大的，而且信息的形式、属性、关系也是多样而复杂的，CAD 依靠工程数据库及其管理系统，能实现对这些工程信息的存储、管理、传递和共享。

(4)模拟与试验。CAD 可以实现设计者在显示屏幕上边设计、边修改和验算，并且可以进行模拟试验(虚拟装配)，如通过物体碰撞试验，可以验证部件之间是否干涉等，这些工作都可由相应的软件来完成。

(5)文件编制。在 CAD 中能编制各种技术文档资料，如材料明细表等。

(6)人工智能。即将 CAD 与专家系统结合，形成所谓的智能 CAD，能仿照人类专家进行逻辑推理、判断与决策等。

4.1.3 计算机辅助设计中的软件

计算机辅助设计系统由硬件和软件两部分组成。由于计算机硬件具有通用性，很多计算机专业教材已有详细的讲解，本书不再赘述。现对计算机辅助设计中的软件加以分析，以便读者对计算机辅助设计软件有一个较完整的认识。

CAD 系统的软件是决定该系统的效率与使用是否方便的关键因素。软件的功能直接影响设计的质量、系统效率的高低、使用是否方便可靠等。CAD 系统的软件基本上可以分为三类：系统软件、支撑软件、应用软件。

4.1.3.1 系统软件

系统软件是与计算机硬件直接联系且供用户使用的软件，用于计算机的管理、维护、控制和运行，提供了整个 CAD 系统内部的支持功能、控制存储操作、指令执行与外围设备的动作，起着扩充计算机功能，合理调度硬件资源的作用。系统软件有两个重要特点：一是公用性，无论是哪个应用领域，无论是哪个计算机用户都要用到它们；二是基础性，应用软件要用系统软件来编写、实现，并且要在系统软件支持下运行。因此系统软件是应用软件赖以工作的基础。目前 CAD 系统软件常用的操作系统有 DOS、UNIX、WINDOS 等。

另外，用户在支撑软件的基础上开发应用软件时，还需要一些必要的编译软件、通信软件和数据管理软件。具体如下：

(1)编辑编译软件。指设计人员利用CAD进行设计和编写程序时的设计语言。编辑编译软件可以让设计人员把自己的设计思想变成计算机所能接受的格式，并编译执行。目前常用的编译软件有FORTRAN,BASIC,C++,PASCAL,COBOL等。

(2)通讯软件。几台计算机通过通讯线路可以连成计算机网络(computer network)，可达到共享网络中包括计算机硬件、软件和数据在内的资源。网络中某台计算机若有CAD系统，那么其他计算机或终端也可以使用它，但该计算机与其他计算机或终端之间所进行的通讯需要硬件和软件的支持，这类软件叫通讯软件。

(3)数据库管理系统(DBMS)。为了适应数据处理和信息交换的需要，数据库管理系统(DBMS)应运而生，它是在操作系统的基础上建立的操纵和管理数据库的软件。数据库除了保证数据资源共享、信息保密、安全之外，还要尽量减少库内数据的重复。用户使用数据库，都是通过数据库管理系统，因此它是用户与数据库的接口。

4.1.3.2 支撑软件

支撑软件是CAD的核心软件，它以系统软件为基础，使用户能在它的基础上进行应用软件的开发。对一般用户来说，现在已很少自己花精力去开发这些软件，而是到市场上去选购。支撑软件主要包括：几何建模软件、图形处理软件、有限元建模与分析软件、机械模拟软件和仿真软件等。与机械设计直接相关的支撑软件主要有：AutoCAD软件、PRO-E软件、UG软件、CATIA软件。它们是通用的交互式软件，其功能齐全、使用方便、性能价格比高，是目前国内外最为流行的计算机辅助设计与绘图软件。

4.1.3.3 应用软件

支撑软件具有功能完善、适用性强的特点，但当针对某种或某一类专用零件如化工容器的设计时，依然不能满足用户的专业化要求。这时，用户需要组织软件开发人员和专业技术人员在支撑软件的基础上开发适应特殊要求的应用软件，如在AutoCAD软件基础上开发的齿轮设计CAD、冲裁模CAD、化工容器设计CAD等。一般来讲，应用软件专业性更强，设计质量更高，设计周期更短，但一般不能脱离开发母体的支撑软件。

规划一个计算机辅助设计系统时要考虑许多因素，首先是该系统的设计目标和应用范围，其次还要考虑价格因素。CAD系统的应用软件功能的强弱直接关系到二次开发工作量的大小，它对CAD系统的生产效率和使用效果有直接影响，对一个较大的CAD系统的软件评价应综合考虑以下几个方面的因素：

(1)具备同时满足CAD和工程计算要求的分时、多用户、多任务的操作系统，具备常用的高级语言。

(2)数据库应能同时管理和维护图形数据和非图形数据，允许多用户同时工作，具有相关性，兼有通用数据库的能力(工程设计管理、事务管理、设备物资管理)。

(3)应能较好地满足本系统的通讯要求，并能与其他常用机型联成网络。

(4)交互式图形系统必须具有基本的图形运算和编辑功能；具有绘制二维和三维图形的功能；可以自动标注尺寸，易于书写说明书，注释和编辑各种报表；具有较强的交互能力和手段，具有较强的彩色图形显示及绘图功能等。

4.2 常用的计算机辅助设计软件

4.2.1 AutoCAD 软件

AutoCAD 是由美国 Autodesk 公司于 20 世纪 80 年代初为微机上应用 CAD 技术而开发的绘图程序软件包，经过不断地完善，现已成为国际上流行的绘图工具。

AutoCAD 可以绘制任意的二维和三维图形，并且同传统的手工绘图相比，用 AutoCAD 绘图速度更快、精度更高，它已经在航空航天、造船、建筑、机械、电子、化工、美工、轻纺等很多领域得到了广泛应用，并取得了丰硕的成果和巨大的经济效益。

AutoCAD 具有良好的用户界面，通过交互菜单或命令行方式便可以进行各种操作。用户可以使用它来创建、浏览、管理、打印、输出、共享设计图形。它的多文档设计环境，让非计算机专业人员也能很快地学会使用，在不断实践的过程中更好地掌握它的各种应用和开发技巧，从而不断提高工作效率。

AutoCAD 具有广泛的适应性，它可以在各种操作系统支持的微型计算机和工作站上运行，并支持分辨率由 320×200 到 2048×1024 的 40 多种图形显示设备，30 多种数字仪和鼠标器，以及数十种绘图仪和打印机，这就为 AutoCAD 的普及创造了条件。

AutoCAD 的发展过程可分为初级阶段、发展阶段、高级发展阶段、完善阶段和进一步完善阶段。从 1982 年 11 月首次推出的 AutoCAD 1.0 版本，到 2005 年推出的 AutoCAD 2006 版本，其间共经历了 20 余个版本。

AutoCAD 的主要特点如下：

(1)直观的用户界面、下拉菜单、图标、易于使用的对话框等。

(2)丰富的二维绘图、编辑命令以及建模方式、新颖的三维造型功能。

(3)多样的绘图方式，可以通过交互方式绘图，也可以通过编程自动绘图。

(4)能够对光栅图像和矢量图形进行混合编辑。

(5)产生具有照片真实感的着色，且渲染速度快、质量高。

(6)多行文字编辑器与标准的 Windows 系统下的文字处理软件工作方式相同，并支持 Windows 系统的 TrueType 字体。

(7)数据库操作方便且功能完善。

(8)强大的文件兼容性，可以通过标准的或专用的数据格式与其他 CAD、CAM 系统交换数据。

(9)提供了许多 Internet 工具，使用户可通过 AutoCAD 在 Web 上打开、插入或保存图形。

4.2.2 UG 软件简介

UG(Unigraphics)软件是集 CAE/CAD/CAM 为一体的三维参数化软件，广泛应用于航空航天、汽车、造船、通用机械和电子等工业领域。1976年,McDOUGLAS Automation公司(现在的波音公司)收购UG软件的CAD/CAM/CAE系统的开发商——United Computer公司,UG雏形产品问世;1983年UGⅡ进入市场;1995年UG的Windows NT版本发布;2002年UG NX 1.0版本发布。通过不断的技术创新,UG软件先后吸收了实体建模、复合建模、装配干涉检查等先进的理念,一直保持在计算机辅助设计领域的领先地位。

UG的功能模块以及主要功能如下:

(1)UG/Gateway(UG入口)。UG/Gateway是UG的基本模块,包括打开、创建、存储等文件操作;着色、消隐、缩放等视图操作;视图布局;图层管理;绘图及绘图机队列管理;空间漫游,可以定义漫游路径,生成电影文件;表达式查询;特征查询;模型信息查询、坐标查询、距离测量;曲线曲率分析;曲面光顺分析;实体物理特性自动计算;用于定义标准化零件族的电子表格功能;按可用于互联网主页的图片文件格式生成UG零件或装配模型的图片文件,这些格式包括:CGM、VRML、TIFF、MPEG、GIF和JPEG;输入、输出CGM、UG/Parasolid等几何数据;Macro宏命令自动记录、回放功能;User Tools用户自定义菜单功能,使用户可以快速访问其常用功能或二次开发的功能。

(2)UG/Solid Modeling(UG实体建模)。UG实体建模提供了草图设计、各种曲线生成、编辑、布尔运算、扫掠实体、旋转实体、沿导轨扫掠、尺寸驱动、定义、编辑变量及其表达式、非参数化模型后参数化等工具。

(3)UG/Features Modeling(UG特征建模)。UG特征建模模块提供了各种标准设计特征的生成和编辑,如各种孔、键槽、凹腔、方形、圆形、异形、方形凸台、圆形凸台、异形凸台、圆柱、方块、圆锥、球体、管道、杆、倒圆、倒角,模型抽空产生的薄壁实体;模型简化(Simplify),用于压铸模设计等;实体线、面提取,用于砂型设计、拔锥;特征编辑:删除、压缩、复制、粘贴等;特征引用,阵列,特征顺序调整,特征树等工具。

(4)UG/Free Form Modeling(UG自由曲面建模)。UG具有丰富的曲面建模工具,包括直纹面、扫描面、通过一组曲线的自由曲面、通过两组类正交曲线的自由曲面、曲线广义扫掠、标准二次曲线方法放样、等半径和变半径倒圆、广义二次曲线倒圆、两张及多张曲面间的光顺桥接、动态拉动调整曲面、等距或不等距偏置、曲面裁剪、编辑、点云生成、曲面编辑。

(5)UG/User Defined Feature(UG用户自定义特征)。UG/User Defined Feature用户自定义特征模块是提供交互式方法来定义和存储基于用户自定义特征(UDF)概念的,便于调用和编辑零件族,形成用户专用的UDF库,从而提高用户设计建模的效率。该模块包括从已生成的UG参数化实体模型中提取参数、定义特征变量、建立参数间的相关关系、设置变量缺省值、定义代表该UDF的图标菜单的全部工具。在UDF生成之后,UDF即变成可通过图标菜单被所有用户调用的用户专有特征,当把该特征添加到设计模型中时,其所有预设变量参数均可编辑并将按UDF建立时的设计意图而变化。

(6)UG/Drafting(UG工程绘图)。UG工程绘图模块提供了自动视图布置、剖视图、各向视图、局部放大图、局部剖视图、自动或手工尺寸标注、形位公差、粗糙度符合标注、支持GB、标准汉字输入、视图手工编辑、装配图剖视、爆炸图、明细表自动生成等工具。

(7)UG/Assembly Modeling(UG装配建模)。UG装配建模提供了并行的自上而下和自下而上的产品开发方法；装配模型中零件数据是对零件本身的链接映像，保证装配模型和零件设计完全双向相关，并改进了软件操作性能，减少了存储空间的需求，零件设计修改后装配模型中的零件会自动更新，同时可在装配环境下直接修改零件设计；可实现坐标系定位、逻辑对齐、贴合、偏移等灵活的定位方式和约束关系；在装配中安放零件或子装配件，并可定义不同零件或组件间的参数关系；参数化的装配建模提供描述组件间配合关系的附加功能，也可用于说明通用紧固件组和其他重复部件；可进行装配导航、零件搜索、零件装机数量统计、调用目录和参考集、装配部分着色显示、调用标准件库、控制重量、在装配层次中快速切换，直接访问任何零件或子装配件；生成支持汉字的装配明细表，当装配结构变化时装配明细表可自动更新；具有并行计算能力，支持多 CPU 硬件平台。

(8)UG/Advanced Assemblies(UG 高级装配)。UG 高级装配模块提供了如下功能：增加产品级大装配设计的特殊功能；允许用户灵活过滤装配结构的数据调用控制；高速大装配着色；大装配干涉检查功能；可进行管理、共享和检查以确定复杂产品布局的数字模型，完成全数字化的电子样机装配；对整个产品、指定的子系统或子部件进行可视化和装配分析；定义各种干涉检查工况储存起来多次使用，并可选择以批处理方式运行；软、硬干涉的精确报告；对于大型产品，设计组可定义、共享产品区段和子系统，以提高从大型产品结构中选取进行设计更改的部件时软件运行的响应速度；具备并行计算能力，支持多 CPU 硬件平台，可充分利用硬件资源。

(9)UG/Sheet Metal Design(UG 钣金设计)。UG 钣金设计模块可实现如下功能：复杂钣金零件生成；参数化编辑；定义和仿真钣金零件的制造过程；展开和折叠的模拟操作；生成精确的二维展开图样数据；展开功能可考虑可展和不可展曲面情况，并根据材料中性层特性进行补偿。

(10)UG/Senario for FEA(UG 有限元前后置处理)。UG 有限元前后置处理模块可完成如下操作：全自动网格划分，交互式网格划分，材料特性定义，载荷定义和约束条件定义，NASTRAN 接口，有限元分析结果图形化显示，结果动画模拟，输出等线图、云图，进行动态仿真和数据输出。

(11)UG/FEA(UG 有限元解算器)。UG 有限元解算器可进行线性结构静力分析、线性结构动力分析、模态分析等操作。

(12)UG/ANSYS Interface(UG/ANSYS 软件接口)。UG/ANSYS 软件接口完成全自动网格划分、交互式网格划分、材料特性定义、载荷定义和约束条件定义、ANSYS 接口、有限元分析结果图形化显示、结果动画模拟、输出等值线图、云图。

(13)UG/CAM BASE(UG 加工基础)。UG 加工基础模块提供如下功能：在图形方式下观测刀具沿轨迹运动的情况、进行图形化修改，如对刀具轨迹进行延伸、缩短或修改等；点位加工编程功能，用于钻孔、攻丝和镗孔等；按用户需求进行灵活的用户化修改和剪裁，定义标准化刀具库，加工工艺参数样板库，使初加工、半精加工、精加工等操作常用参数标准化，以减少培训时间并优化加工工艺。

(14)UG/Post Execute 后置处理(UG/Post Builder 加工后置处理)。UG/Post Execute 和 UG/Post Builder 共同组成了 UG 加工模块的后置处理。UG 的加工后置处理模块使用

户可方便地建立自己的加工后置处理程序，该模块适用于目前世界上几乎所有主流 NC 机床和加工中心，该模块在多年的应用实践中已被证明适用于 2～5 轴或更多轴的铣削加工、2～4 轴的车削加工和电火花线切割。

(15) UG/Nurbs Path Generator（UG/Nurbs 样条轨迹生成器）。UG/Nurbs Path Generator 样条轨迹生成器模块允许在 UG 软件中直接生成基于 Nurbs 样条的刀具轨迹数据，使得生成的轨迹拥有更高的精度和光洁度，而加工程序量比标准格式减少 30%～50%，实际加工时间则因为避免了机床控制器的等待时间而大幅度缩短。该模块是希望使用具有样条插值功能的高速铣床(FANUC 或 SIEMENS)用户必备工具。

(16)UG/Lathe(UG 车削)。UG 车削模块有如下功能：提供粗车、多次走刀精车、车退刀槽、车螺纹和钻中心孔；控制进给量、主轴转速和加工余量等参数；在屏幕上模拟显示刀具路径，可检测参数设置是否正确、生成刀位原文件(CLS)。

(17)UG/Core & Cavity Milling(UG 型芯、型腔铣削)。UG 型芯、型腔铣削可完成粗加工单个或多个型腔；沿任意类似型芯的形状进行粗加工大余量的去除；对非常复杂的形状产生刀具运动轨迹，确定走刀方式；通过容差型腔铣削加工设计精度低、曲面之间有间隙和重叠的形状，而构成型腔的曲面可达数百个；发现型面异常时，可以自行更正，或者在用户规定的公差范围内加工出型腔。

(18)UG/Planar Milling(UG 平面铣削)。UG 平面铣削模块的功能如下：多次走刀轮廓铣、仿形内腔铣、“Z”形走刀铣削；规定避开夹具和进行内部移动的安全余量；提供型腔分层切削、凹腔底面小岛加工；对边界和毛料几何形状进行定义，显示未切削区域的边界，提供一些操作机床辅助运动的指令，如冷却、刀具补偿和夹紧等。

(19)UG/Fixed Axis Milling(UG 定轴铣削)。UG 定轴铣削模块的功能如下：产生三轴联动加工刀具路径；选择加工区域、多种驱动方法和走刀方式，如沿边界切削、放射状切削、螺旋切削及用户定义方式切削，在沿边界驱动方式中又可选择同心圆和放射状走刀等多种走刀方式，提供逆铣、顺铣控制以及螺旋进刀方式，自动识别前道工序未能切除的未加工区域和陡峭区域，以便用户进一步清理这些地方；UG 固定轴铣削可以仿真刀具路径，产生刀位文件，用户可接受并存储刀位文件，也可删除并按需要修改某些参数后重新计算。

(20)UG/Flow Cut (UG 自动清根)。自动找出待加工零件上满足“双相切条件”的区域，一般情况下这些区域正好就是型腔中的根区和拐角。用户可直接选定加工刀具，UG/Flow Cut 模块将自动计算对应于此刀具的“双相切条件”区域，将其作为驱动几何，自动生成一次或多次走刀的清根程序。当出现复杂的型芯或型腔加工时，该模块可减少精加工或半精加工的工作量。

(21)UG/Variable Axis Milling(UG 可变轴铣削)。UG/Variable Axis Milling 可变轴铣削模块支持定轴和多轴铣削功能，可加工 UG 造型模块中生成的任何几何体，并保持主模型相关性。该模块提供多年工程使用验证的 3～5 轴铣削功能，能实现刀轴控制、走刀方式选择和刀具路径生成。

(22)UG/Sequential Milling(UG 顺序铣)。UG 顺序铣模块可实现如下功能：控制刀具路径生成过程中的每一步骤的情况；支持 2～5 轴的铣削编程；和 UG 主模型完全相关，以自动化的方式获得类似 APT 直接编程一样的绝对控制；允许用户交互式地一段一段地生成刀具路径，并保持对过程中每一步的控制；提供的循环功能使用户可以仅定义某个曲面上最内和最外的刀具路径，由该模块自动生成中间的步骤；该模块是 UG 数控加工模块中如自动清根等功能一样的 UG 特有模块，适合于高难度的数控程序编制。

(23)UG/Wire EDM(UG 线切割)。UG 线切割支持如下功能：UG 线框模型或实体模型；进行 2 轴和 4 轴线切割加工、多种线切割加工方式，如多次走刀轮廓加工、电极丝反转和区域切割；支持定程切割；使用不同直径的电极丝和功率大小的设置；可以用 UG/Post processing 通用后置处理器来开发专用的后处理程序，生成适用于某个机床的机床数据文件。

(24)UG/Vericut(UG 切削仿真)。UG/Vericut 切削仿真模块是集成在 UG 软件中的第三方模块，它采用人机交互方式模拟、检验和显示 NC 加工程序，是一种方便的验证数控程序的方法。由于省去了试切样件，可节省机床调试时间，减少刀具磨损和机床清理工作。通过定义被切零件的毛坯形状，调用 NC 刀位文件数据，就可检验由 NC 生成的刀具路径的正确性。UG/Vericut 可以显示出加工后并着色的零件模型，用户可以很容易地检查出不正确的加工情况。作为检验的另一部分，该模块还能计算出加工后零件的体积和毛坯的切除量，因此就容易确定原材料的损失。Vericut 提供了许多功能，其中有对毛坯尺寸、位置和方位的完全图形显示，可模拟 2～5 轴联动的铣削和钻削加工。

(25)UG/Manager(UG 管理器)。UG/Manager 管理器模块是 UG 软件项目组级的数据管理模块，提供数据管理功能和并行工程能力。UG/Manager 可在网络上浮动运行，在安装 UG/Manager 之后，原 UG 软件在操作系统下存取设计模型的文件操作被换为针对产品数据库的存取功能，而 UG 软件其他运行功能和未安装 UG/Manager 前完全一样。在 UG/Manager 中，系统管理员可分配项目组成员角色，定义每个成员的权限，提供数据版本管理、安全管理、广义查询、存取保护等功能，同时，进入 UG/Manager 数据库中的产品数据可通过 Netscape 或 IE 等浏览器访问，提高了设计数据的利用率，改进用户组织对设计信息的发布和访问能力。UG/Manager 是 UG 企业级数据管理方案 iMAN 的子集，可在需要时无缝升级为企业级数据管理系统。

(26)UG/Open(UG 二次开发)。UG/Open 二次开发模块为 UG 软件的二次开发工具集，便于用户进行二次开发工作，利用该模块可对 UG 系统进行用户化剪裁和开发，满足用户的开发需求。UG/Open 包括以下几个部分：UG/Open Menuscript 开发工具，对 UG 软件操作界面进行用户化开发，无须编程即可对 UG 标准菜单进行添加、重组、剪裁或在 UG 软件中集成用户自己开发的软件功能；UG/Open UIStyle 开发工具是一个可视化编辑器，用于创建类似 UG 的交互界面，利用该工具，用户可为 UG/Open 应用程序开发独立于硬件平台的交互界面；UG/Open API 开发工具，提供 UG 软件直接编程接口，支持 C、C++、Fortran 和 Java 等主要高级语言；UG/Open GRIP 开发工具是一个类似 APT 的 UG 内部开发语言，利用该工具用户可生成 NC 自动化或自动建模等用户的特殊应用。

(27)UG/Data Exchange(UG 数据交换)。UG/Data Exchange 数据交换模块提供基于 STEP、IGES 和 DXF 标准的双向数据接口功能。

(28)UG/CAST Online(UG 联机自学软件)。UG/CAST Online 是一套 UG 联机自学软件系统,该系统覆盖从建模、制图、装配到加工等 UG 软件的主要模块,为用户提供了一个集联机讲解、自动主题帮助、解题示范和学员练习于一体的高效 UG 自学环境,可提高学习速度和效率,节约培训费用和时间。

(29)UG/WAVE(UG 产品级参数化设计)。UG/WAVE(What if Alternative Value Engineering) 产品级参数化设计技术,适用于汽车、飞机等复杂产品的设计。UG/WAVE 技术使产品总体设计更改自上而下自动传递。该技术可用于从产品初步设计到详细设计的每个阶段。UG/WAVE 技术帮助用户找出驱动产品设计变化的关键设计变量,并将这些变量放入 UG/WAVE 顶层控制结构中,子部件和零件的设计则与这些变量相关,对这些变量的更改将自动更新顶层结构和与其相关的子部件和零件。由于 UG 采用基于变量几何的复合建模技术,这些关键设计变量既可以是数值变量,也可以是如一根样条曲线或空间曲面的广义变量,数值变化、形状变化都能根据 UG/WAVE 的控制传递到相关的子部件和零件设计中去。UG/WAVE 技术的使用符合参数化产品的设计过程和规则,即先总体设计后详细设计,局部设计决策服从总体设计决策。而过去的参数化技术多是局限于零件本身的参数化上,对于整个产品的参数关系管理非常困难。UG/WAVE 提供了解决了大型产品设计中的设计更改控制问题的方案,是面向产品级的并行工程技术,有利于提高设计的重复利用率。

(30)UG/Scenario for Motion+(UG 运动机构)。UG/Scenario for Motion+运动机构模块提供机构设计、分析、仿真和文档生成功能,可在 UG 实体模型或装配环境中定义机构,包括铰链、连杆、弹簧、阻尼、初始运动条件等机构定义要素,定义好的机构可直接在 UG 中分析,可进行各种研究,包括最小距离、干涉检查和轨迹包络线等选项,同时可实际仿真机构运动。用户可以分析反作用力,图解合成位移、速度、加速度曲线。反作用力可输入有限元分析,并可提供一个综合的机构运动连接元素库。UG/Mechanisms 与 MDI/ADAMS 无缝连接,可将前处理结果直接传递到 MDI/ADAMS 进行分析。

(31)UG/Routing(UG 管路设计)。UG/Routing 管路设计模块提供管路中心线定义、管路标准件、设计准则定义和检查功能,在 UG 装配环境中进行管路布置和设计,包括硬、软管路、暗埋线槽、接头、紧固件设计。该模块可自动生成管路明细表、管路长度等关键数据,可进行干涉检查。系统本身包括 200 多种系列管路标准零件库,并可由用户根据需要添加或更改,用户还可以定义设计或修改准则,系统将按定义的规则进行自动检查(如最小弯曲半径等)。

(32)UG/Wiring(UG 电气布线)。UG/Wiring 电气布线模块是一个用于生成电气布线数据的三维设计工具。该模块为电气布线设计员、机械工程师、电气工程师和工艺人员提供生成电气布线系统虚拟样机的能力。该模块接受包括原理图设计模块生成的逻辑连接信息,可自动计算电缆长度和捆扎线束直径。该模块将布线中心转换为实体,以进行干涉检查。UG/Harness 还提供自动检查弯曲半径和自动生成材料明细表的功能。

(33)UG/Die Engineering(UG 冲压模具工程)。UG/Die Engineering 模具工程,是 UG 面向汽车钣金件冲压模具设计而推出的一个模块,其功能包括冲压工艺过程定义,冲压工序件的设计，如工艺补充面的设计、拉伸压料面的设计等，以帮助用户完成冲压模具的设计。

(34)UG/in-Shape(UG逆向工程)。UG/in-Shape是UG公司推出的面向逆向工程的软件模块，其理论基础是Paraform公司的技术基础，使用的是一种叫“rapid surfacing”(快速构面)的方法，提供一套方便的工具集，接收各种数据来重构曲面模型，这一技术目前已被许多知名公司如GM、Ford、Lear、Boeing、Trim System Inc.等所采用。

UG系统提供了一个基于过程的产品设计环境，使产品开发从设计到加工真正实现了数据的无缝集成，从而优化了企业的产品设计与制造。UG的面向过程驱动技术是虚拟产品开发的关键技术，在面向技术的环境中，用户的全部产品以及精确的数据模型能够在产品开发全过程的各个环节保持关联，从而有效地实现并行工程。该软件不仅具有强大的实体造型、曲面造型、虚拟装配和生成工程图的模块功能，还可以在设计过程中进行有限元分析、动力学分析和仿真模拟，提高设计的可靠性。同时它还可以通过对三维模型直接生成数控代码，用于产品的加工。另外，可以通过UG/Open GRIP、UG/open API等二次开发语言，实现用户开发的CAD系统。具体特点如下：

①具有良好的用户界面，绝大多数功能可以通过鼠标完成；进行对象操作时具有自动推理功能；在进行每步操作时，都有相应的提示信息，便于用户做出正确的选择。

②引入了复合建模的概念，将实体建模、曲面建模、线况建模、半参数化和参数化建模的概念融为一体。

③用基于特征的建模与编辑方法作为实体造型的基础，形象直观。

④具有统一的数据库，真正实现CAD、CAM、CAE等模块间的无数据交换的自由切换。

⑤出图功能强。可以十分方便地从三维实体建模直接生成二维工程图。能根据ISO标准和国家标准标注尺寸、形位公差和汉字说明，并直接对实体实现旋转剖、阶梯剖和轴侧图切挖，增强了绘制工程图的实用性。

⑥以parasolid为实体建模核心，实体造型功能处于领先地位。

⑦提供了界面良好的二次开发工具GRIP(Graphical Interactive Programming)和UFUNC(User Function)，并且通过高级语言接口，使UG的图形功能与高级语言的计算功能紧密地联系起来。

4.2.3 CATIA简介

CATIA是英文Computer Aided Tri-Dimensional Interface Application的缩写，是一种主流的CAD/CAE/CAM一体化软件。该软件是由法国Dassault公司(法国达索飞机公司)开发，后被美国的IBM公司收购。从1982年到1988年，CATIA相继发布了1版、2版、3版，并于1993年发布了功能强大的4版，现在的CATIA软件分为4版和5版两个系列。4版应用于UNIX平台，5版应用于UNIX和Windows两种平台。为了使软件能够易学易用，Dassault System于1994年开始重新开发全新的CATIA 5版，新的5版界面更加友好，功能也日趋强大，并且开创了CAD/CAE/CAM软件的一种全新风格。与UG、EUCLID相比，该软件在曲面造型方面具有独特的优势，因而广泛应用于航天、汽车等行业的复杂曲面造型设计中。CATIA软件的曲面造型技术为这类零部件的设计提供了先进、方便、快捷的手段，使汽车的设计更趋完美，设计周期越来越短，极大地提高了汽车的开发效率。CATIA起源于航空工业，其最大的标志客户即美国波音公司，波音公司通过CATIA建立起了一整套无纸飞机生产系统，在飞机CAD/CAM中全面使用计算机技术，使Boeing 777成为“无纸飞机”，取得了重大的成功。

CATIA软件的组成或功能如下：

(1)装配设计(ASS)。CATIA装配设计可以使设计师建立并管理基于3D的零件机械装配件。装配件可以由多个主动或被动模型中的零件组成。零件间的接触自动地对连接进行定义，方便了CATIA对运动机构产品进行早期分析。基于先前定义零件的辅助零件定义和依据其之间接触进行自动放置，可加快装配件的设计进度，后续应用可利用此模型进行进一步的设计、分析、制造等。

(2)Drafting(DRA)。CATIA制图产品是2D线框和标注产品的一个扩展。制图产品使用户可以方便地建立工程图样，并为文本、尺寸标注、客户化标准、2D参数化和2D浏览功能提供一整套工具。

(3)Draw-Space(2D/3D) Integration(DRS)。CATIA绘图－空间(2D/3D)集成产品将2D和3D CATIA环境完全集成在一起。该产品使设计师和绘图员在建立2D图样时从3D几何中生成投影图和平面剖切图。通过用户控制模型间2D到3D的相关性，系统可以自动地由3D数据生成图样和剖切面。

(4)CATIA特征设计模块(FEA)。CATIA特征设计产品通过把系统本身提供的或客户自行开发的特征用同一个专用对话结合起来，从而增强了设计师建立棱柱件的能力。这个专用对话着重于一个类似于一族可重新使用的零件或用于制造的设计过程。

(5)钣金设计(Sheet Metal Design)。CATIA钣金设计产品使设计和制造工程师可以定义、管理并分析基于实体的钣金件。采用工艺和参数化属性，设计师可以对几何元素增加像材料属性这样的智能，以获取设计意图并对后续应用提供必要的信息。

(6)高级曲面设计(ASU)。CATIA高级曲面设计模块提供了便于用户建立、修改和光顺零件设计所需曲面的一套工具。高级曲面设计产品的强项在于其生成几何的精确度和其处理理想外形而无需关心其复杂度的能力。无论是出于美观的原因还是技术的原因，曲面的质量都是很重要的。

(7)白车身设计(BWT)。白车身设计产品对设计类似于汽车内部车体面板和车体加强筋这样复杂的薄板零件提供了新的设计方法。可使设计人员定义并重新使用设计和制造规范，通过3D曲线对这些形状的扫掠，便可自动地生成曲面，结果可生成高质量的曲面和表面，并避免了耗时的重复设计。该新产品同时是对CATIA-CADAM方案中已有的混合造型技术的补充。

(8)CATIA与ALIAS互操作模块(CAI)。对于外形至关重要的行业，比如汽车、摩托车及日用消费品，CATIA-ALIAS数据互操作接口可在CATIA和Wavefrant的ALIAS间提供有效的数据交换，它提高了风格造型过程的效率，同时保证这些行业的设计师与工程师间更方便地协调设计。该解决方案很大程度上避免了导致耗时的模型清理的数据传输错误，结果使行业设计师和工程师可以提高产品质量和缩短项目完成时间。

(9)CATIA 逆向工程模块(CGO)。该产品可使设计师将物理样机转换到 CATIA Designs 下并转变为字样机,同时将测量设计数据转换为 CATIA 数据。该产品同时提供了一套有价值的工具来管理大量的点数据,以便进行过滤、采样、偏移、特征线提取、剖截面和体外点剔除等。由点数据云团到几何模型支持由 CATIA 曲线和曲线生成点数据云团。反过来,也可由点数据云团生成 CATIA 曲线和曲面。

(10)自由外形设计(FRF)。CATIA 自由外形设计产品提供给设计师一系列工具,来实施风格及外形定义及复杂的曲线和曲面定义。对 NURBS 的支持使得曲面的建立和修形以及与其他 CAD 系统的数据交换更加轻而易举。

(11)创成式外形建模(GSM)。创成式外形建模产品是曲面设计的一个工具,通过对设计方法和技术规范的捕捉和重新使用,可以加速设计过程,在曲面技术规范编辑器中对设计意图进行捕捉,使用户在设计周期中的任何时候能方便快速地实施重大设计更改。

(12)整体外形修形(GSD)。CATIA 整体外形修形提供了一套工具,使用户在 CATIA 模型中使用表皮、面、曲面对复杂的外形进行连续的修形。用户在工具编目中选取合适的工具,以此对 CATIA 元素进行操作。这些整体和非线性修形(比如拉伸、弯曲和扭曲等)仍使 CATIA 元素保持特征线和几何等的连续性。用户控制包括位置公差、曲面细分行修改程度等一些关键性的"承前启后"的参数。

(13)曲面设计(SUD)。CATIA 曲面设计模块使设计师能够快速方便地建立并修改曲面几何。它也可作为曲面、面、表皮和闭合体建立和处理的基础。曲面设计产品有许多自动化功能,包括分析工具,加速分析工具,可加快曲面设计过程。

(14)电气设备和支架造型(ELD)。CATIA 电气设备和支架造型产品为设计师提供了建立电气标准件库的工具。以此产品建立的库可用于 CATIA 电气束安装产品。

(15)电缆布线路径定义(SPD)。使用 CATIA 系统路径定义产品,用户可以在 CATIA 数字化样机中为像管路或电线束这样的元素定义一个 3D 网络。系统可自动寻找最佳的网络路径,并自动地检查每个结点的连接性,同时把路径与支持约束联系起来考虑。系统也可对用户定义的规则进行检查,以保证符合技术要求。

(16)电线束安装(ELW)。CATIA 电线束安装产品允许用户在大型的或复杂的装配件中方便地设计和铺设 3D 线束。该产品的若干特点可使铺设电线束的设计、连接、修改和分析自动化。在同 CATIA 电气设备和支架造型产品所建立的设备一起优化使用时,电线束安装可使用户处理电线束的参数和约束,而系统对几何图形进行管理。

(17)电气生成模板(ELG)。使用以电线束安装产品建立的 3D 设计也可以同时使用以电气设备和支架造型产品所建立的库中等电气和支架零件,电气生成模板产品可计算并分析线束的 2D 模板布局。

(18)装配模拟(Fitting Simulation)。CATIA 装配模拟产品可使用户定义零件装配或拆卸过程中的轨迹。使用动态模拟,系统可以确定并显示碰撞及是否超出最小间隙。用户可以重放零件运动轨迹,以确认设计更改的效果。

(19)空间分析(SPA)。CATIA 空间分析产品允许汽车、航空航天、造船和设备行业的机械设计师检查零件干涉和验证 CATIA 3D 元素之间的间隙。该产品为快速方便地在混合环境下辨别和确定相关干涉提供了集成化的工具。

(20)ANSYS 接口(ANSYS Interface)。CATIA ANSYS 接口产品能对 CATIA 有限元模型生成器所建立的模型进行预处理,以供 ANSYS 求解器使用。ANSYS 接口产品将 ANSYS 这个通用求解器集成到 CATIA 环境中,包括对 ANSYS 求解器生成的数据进行后处理,以便用 CATIA 科学管理模块进行描述。

(21)有限元模型生成器(FEM)。该产品同时具有自动化网格划分功能,可方便地生成有限元模型。有限元模型生成器具有开放式体系结构,可以同其他商品化或专用求解器进行接口。该产品同 CATIA 紧密地集成在一起,简化了 CATIA 客户的培训,有利于在一个 CAD/CAM/CAE 系统中完成整个有限元模型的造型和分析。

(22)CATIA 机构设计运动分析模块(KIN)。CATIA 运动机构产品可使用户通过真实化仿真设计并验证机构的运动状况,基于新的或现有的零件几何,运动机构可以建立许多 2D 和 3D 连接,来分析加速度、干涉、速度、间隙等。

(23)科学表示管理器(SPM)。该产品主要用于有限元求解器如 CATIA ELFINI 求解器产品等所产生的计算结果的后置处理。科学表示管理器的图形显示使其可以描述基于网格的数据。用户可以用许多方法包括对结果的着色、标注、重叠显示和模拟等手段处理和显示这些生成数据。

(24)制造基础框架(Manufacturing Infrastructure)。CATIA 制造基础框架产品是所有 CATIA 数控产品的基础,其中包含的 NC 工艺数据库(NC Technological Database)存放所有刀具、刀具组件、机库、材料和切削状态等信息。该产品提供对走刀路径进行重放和验证的工具,用户可以通过图形化显示来检查和修改刀具轨迹;同时可以定义并管理机械加工的 CATIA NC 宏,并且建立和管理后处理代码和语法。

(25)注模和压模加工辅助器(Mold and Die Machining Assistant)。CATIA 注模和压模加工辅助器产品将加工像注模和压模这样的零件的数控程序的定义自动化。这种方法简化了程序员的工作,系统可以自动生成 NC 文件。

(26)多轴加工编程器(Multi-Axis Machining Programmer)。CATIA 多轴加工编程器产品对 CATIA 制造产品系列提出新的多轴编程功能,并采用 NCCS(数控计算机科学)的技术,以满足复杂 5 轴加工的需要。这些产品为从 2.5 轴到 5 轴铣加工和钻加工的复杂零件制造提供了解决方案。

(27)轴半加工编程器(Prismatic Machining Programmer)。CATIA 2 轴半加工编程器产品提供专用于基本加工操作的 NC 编程功能的输入。基于几何图形,用户通过查询工艺数据库(Technological Data Base)可建立加工操作。在工艺数据库中存放着公司专用的制造工艺环境。这样,机器、刀具、主轴转速、加工类型等加工要素可以得到定义。

(28)STL 快速样机(STL Rapid Prototyping)。STL 快速样机是一个专用于 STL(Stereolithographic)过程生成快速样机的 CATIA 产品。

(29)曲面加工编程器(Surface Machining Programmer)。CATIA 曲面加工编程器产品可使用户建立 3 轴铣加工的程序,将 CATIA NC 铣产品的技术与 CATIA 制造平台结合起来,这样就可以存取制造库,并使机械加工标准化,这些都是在 CATIA 制造综合环境中进行的，该环境将有关零件、几何、毛坯、夹具、机床等参数信息结合起来，为公司机械加工提供了详细的描述。

(30)刀具库存取(Tool-shop Access)。CATIA 刀具库存取为用户提供一个实时环境，以运行和管理将 CATIA 刀具轨迹转换成机器专业的 NC 代码文件所需的各种作业。用户可以编辑、拷贝、更名、删除和存储自己的 NC 文件。该程序可使用户检查批处理作业执行报告，改变作业执行的优先级，从作业队列中删除不需要的作业等。

(31)2D Wireframe and Annotation(DR2)。CATIA 2D 线架和标注产品为快速方便地建立、分析和修改 2D 几何及对 2D 和 3D CATIA 模型进行显示提供了工具。作为降低费用的一种手段，该产品允许建立基本的几何图形和标注。

(32)3D 参数化变量造型器(PA3)。设计师可以对 CATIA 几何增加参数数据，并捕捉到设计意图，加快产品开发。这项技术使设计更改的处理自动化，它使得在维持原有设计意图和约束不变的前提下，在快速开发设计替代时具有更大的灵活性。

(33)三维线框(WF3)。CATIA 3D 线架是 CATIA 系统几何造型的关键产品。据此用户可以建立、修改并分析 3D 几何。3D 线架产品对构造在许多设计系统中并不常见的 3D 几何提供了处理方法。

(34)4D 漫游器(4D Navigator)。CATIA 4D 漫游器可使用户在机械和建筑 CAD 模型中进行可视化漫游。它允许在装配早期，就对设计进行交互式和动画可视化检测。4D 漫游器提供控制功能，以简化漫游和参数调整。

(35)CATIA 目标管理器 (COM)。CATIA 目标管理器产品包含所有 CATIA 解决方案产品和配置所需的基础框架和共同特点。该产品提供了共享用户界面、数据管理和环境控制等特点，这些对 CAD/CAM/CAE 系统的有效操作是有益的。

(36)动态草绘器(DYS)。CATIA 动态草图器可作为一个工具在用户快速草绘 2D 轮廓图并将其作为 3D 设计的一部分时使用。用户可以直接操作共面实体几何并且编辑形状、改变自由度或修改相关约束。动态草绘器在 2D 窗口中不断地分析几何以检查约束冲突。通过对轮廓几何约束的自动记忆，该产品可以捕捉到设计意图。

(37) DXF/DWG Interface (DXF)。CATIA DXF/DWG 转换器可使用户在 Micro CADAM /6000 和 CATIA-CADAM 制图之间进行模型的输入或输出。

(38)精确实体建模(SOE)：CATIA 精确实体产品提供了对类似于数控加工和有限元分析这样的后续应用所需的实体造型定义。许多分析工具和构造实体几何技术在进行设计和优化设计时有所帮助。

(39)IGES 集成接口：CATIA/IGES 集成接口通过中性 IGES 格式同其他 CAD/CAM/CAE 系统双向交换数据，支持行业标准的 IGES 功能。

(40)库管理(LIB)。CATIA 库文件产品存放、检索和管理几何部件，以备在 CATIA 模型中重复使用。部件制造可能希望与其客户共享他们库的拷贝。此库的存在促使客户在总装时使用制造商的部件。

(41)STEP AP214 接口。STEP AP214 基础框架接口将 CATIA 模型数据转换成 AP(应用协议)214 STEP(产品模型数据交换标准)文件格式，同样可将 AP214 STEP 文件格式数据转换成 CATIA 模型数据，以实现异构 CAD/CAM 系统间的数据交换。

(42)CATweb 浏览器:CATweb 浏览器的连接通过普通的电话线同一个“简单配置”的客户机连接便可实现。用户可以访问 CATIA 数据库、远程注解、三维几何图形及进行干涉检查。

4.2.4 PRO/E 简介

Pro/ENGINEER 是美国参数技术公司(Parametric Technology Corporation，简称 PTC)的旗舰产品。1988 年，该公司推出了 Pro/ENGINEER 的最初版本。Pro/ENGINEER 是一套大型三维参数驱动(参数化)CAD/CAM 集成软件，集多种功能模块于一体，涵盖了零件设计、零件装配、零件制造、钣金件设计、NC 加工、模具开发与设计制造、有限元分析、机构运动仿真、PDM(产品数据管理)等多个方面。自 20 世纪 80 年代首次问世以来，Pro/ENGINEER 就引起了人们的极大兴趣，特别受机械方面的工程技术人员的青睐。Pro/ENGINEER 以其参数驱动而名扬业界，并迅速广泛应用于航空航天、机械、电子、模具、汽车、家电、玩具等行业。在中国，Pro/ENGINEER 于 20 世纪 90 年代开始在华东和东南沿海经济发达地区得到应用。尤其是在模具设计与制造业，它大大缩短了模具设计与制造的周期，改善了模具的质量，提高了模具的寿命，因而给企业带来了相当可观的收益。

Pro/ENGINEER 常用的模块和主要功能如下：

(1)草绘模块(Sketch)。平面草图是三位模型的基础，草绘模块为平面草图的绘制提供了一个平台。

(2)零件模块(Part)。零件模块是比较常用的一个模块，实体零件的设计基本上是在这个模块中完成的。

(3)装配模块(Assembly)。当零件模型建立完成之后，就可通过该模块把相关零件按实际要求组装在一起。在装配模块中也可以创建零件模块。

(4)制造模块(Manufacturing)。制造模块中又包括很多子模块，其中常用的是 NC 加工模块(包含 NC Assembly 和 NC Part)、钣金(Sheetmetal)件设计模块、模具(Mold)模块(包含 Cast Cavity、Mold Cavity、Dieface 三个子模块)。

(5)工程图(Drawing)模块。该模块可以根据零件或装配模型快速地自动生成工程图。

Pro/ENGINEER 的特点可概括为：

①参数化建模。参数化建模是 Pro/ENGINEER 的一大特色，又因为 Pro/ENGINEER 是基于特征的实体化模型系统，它的参数化在很多方面都体现出来，包括特征尺寸的更改可以引起特征的变化；特征与特征之间可以建立数学函数关系，使特征之间出现一种互动关系；特征之间存在依赖关系(如父子关系)。

②数据的全相关。Pro/ENGINEER 系统中的数据是全相关的，所谓全相关就是改变某个模型的有关尺寸或特征，那么这种改变便会自动在诸如零件模型、装配模型、工程图模型等体现出来，这就给绘图设计带来了极大的方便，减少了许多重复性的工作。

③基于特征建模。所谓特征就是指机械设计和加工中常用的一些术语，例如拔模、倒角、切剪、打孔等。Pro/ENGINEER 基于特征的建模过程就是根据产品特征和设计者的设

计意图，用一些基本特征通过添加或切除等方法建构起零件模型。

④数据库单一。Pro/ENGINEER 中模型的所有数据与资料都保存在同一个数据库中，读取数据的操作也是统一从数据库中进行。

除上所述外，涵盖了零件设计、装配设计、工程图设计、模具设计、钣金件设计、NC 加工、机构运动仿真、有限元分析的全过程的全面的功能也构成了 Pro/ENGINEER 的一个重要特点。

附录Ⅰ 设计举例[①]

设计题目:单筒卷扬机传动装置

原始数据:工作机输入功率 P_g=4.45 kW

工作机输入轴转速 n_g=36 r/min

工作条件:单班制连续工作,使用年限为 4 年,工作中有轻微冲击,齿面允许少量点蚀,要求电动机轴线与鼓轮轴线平行。

工作示意图:如图 1 所示

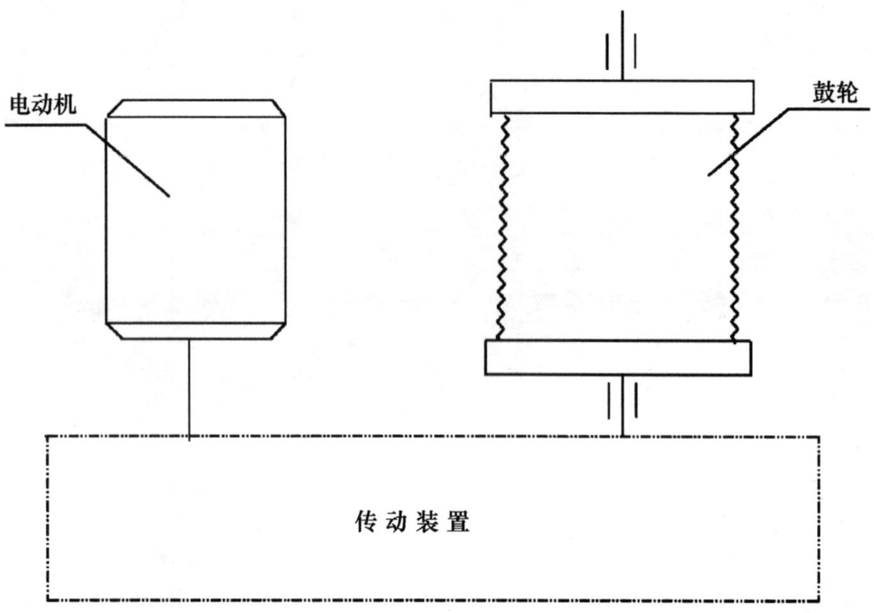

图 1

① 本例图表数据及公式依据教材《机械设计》(邱宣怀主编,第四版)。

设计步骤

设 计 过 程	计算结果
一、确定传动方案 根据工作要求，可拟定几种传动方案，如图 2 所示。 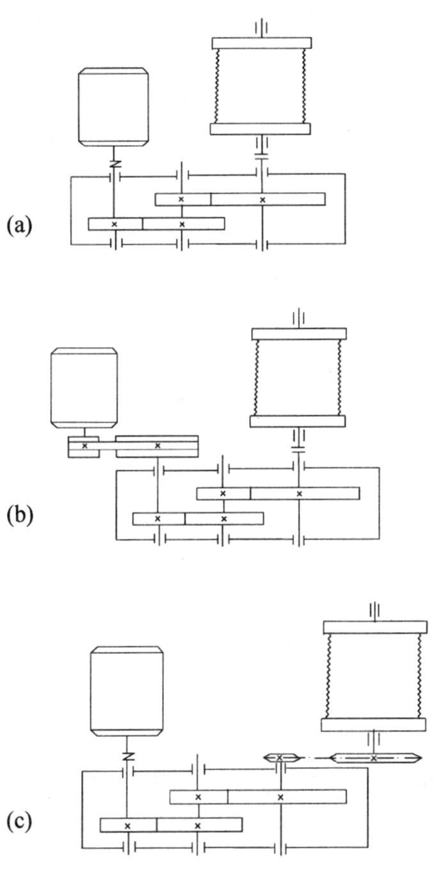 **图** 2 (a)图所示为电动机直接与两级圆柱齿轮减速器相联结，圆柱齿轮易于加工，但减速器的传动比和结构尺寸较大。 (b)图所示为第一级用带传动，后接两级圆柱齿轮减速器。带传动能缓冲、吸振，过载时起安全保护作用，但结构上宽度和长度尺寸较大，且带传动不宜在恶劣环境下工作。 (c)图所示为两级圆柱齿轮减速器后接一级链传动，链传动结构较紧凑，可在恶劣环境下工作，但振动噪声较大。 综合考虑本题要求，工作环境一般但有轻微冲击，可选择方案(b)。	选择方案(b)

设 计 过 程	计算结果
二、选择电动机	
传动装置总效率	
$\eta=\eta_1 \cdot \eta_2^3 \cdot \eta_3^2\eta_4=0.96\times0.99^3\times0.97^2\times0.99=0.8677$	$\eta=86.77\%$
其中，$\eta_1=0.96$ 为带传动效率	
$\eta_2=0.99$ 为一对滚动轴承效率	
$\eta_3=0.97$ 为一级圆柱齿轮传动效率	
$\eta_4=0.99$ 为刚性联轴器效率	
电动机所需功率	
$P_d=P_g/\eta=4.45/0.8677=5.13$ kW	$P_d=5.13$ kW
其中，$P_g=4.45$ kW，为工作机输入功率	
确定电动机型号：Y132M2－6	电动机 Y132M2－6
其有关参数如下：	
额定功率 $P=5.5$ kW	额定功率 5.5 kW
电动机满载转速 $n_m=960$ r/min	满载转速 960 r/min
电动机轴伸出直径 $D=38$ mm	
电动机轴伸出长度 $L=80$ mm	
三、运动学和动力学计算	
1. 总传动比及其分配	
总传动比 $i=n_m/n_g=960/36=26.67$	
$i=i_1 \cdot i_2 \cdot i_3=2.5\times2.8\times3.81=26.67$	总传动比 $i=26.67$
其中，$i_1=2.5$，为带传动传动比	带传动 $i_1=2.5$
$i_2=2.8$，为减速器高速级传动比	高速级 $i_2=2.8$
$i_3=3.81$，为减速器低速级传动比	低速级 $i_3=3.81$
2. 减速器各轴转速计算（根据轴的转速大小依次编号为Ⅰ、Ⅱ、Ⅲ轴）	
$n_{\mathrm{I}}=n_m/i_1=960/2.5=384.0$ r/min	
$n_{\mathrm{II}}=n_{\mathrm{I}}/i_2=384.0/2.8=137.14$ r/min	
$n_{\mathrm{III}}=n_{\mathrm{II}}/i_3=137.14/3.81=35.99$ r/min	
3. 减速器各轴功率计算	
$P_{\mathrm{I}}=P_d\eta_1=5.13\times0.96=4.93$ kW	
$P_{\mathrm{II}}=P_{\mathrm{I}}\eta_2\eta_3=4.93\times0.99\times0.97=4.73$ kW	
$P_{\mathrm{III}}=P_{\mathrm{II}}\eta_2\eta_3=4.73\times0.99\times0.97=4.54$ kW	

设计过程	计算结果

减速器各轴功率、转速、转矩列表如下：

轴号	功率 P(kW)	转速 n(r/min)	转矩 T(N·m)
Ⅰ	4.93	384.0	122.61
Ⅱ	4.73	137.14	329.38
Ⅲ	4.54	35.99	1204.69

四、带传动设计

1. 确定V带型号和带轮直径

工作情况系数 K_A：由表11－5确定 —— $K_A=1.1$

计算功率 P_c：$P_c=K_A P_d=1.1\times5.13=5.64$ kW　(11－19) —— $P_c=5.64$ kW

选带型号：由图11.15 —— A型

小带轮直径：由表11－6，$D_{1\min}=75$ mm —— 取 $D_1=112$ mm

大带轮直径：

$n_1=n_m$

设 $\varepsilon=0.01$，

$$D_2=(1-\varepsilon)\frac{D_1 n_1}{n_2}\qquad(11-15)$$

$$=(1-0.01)\times\frac{112\times960}{384}=277.2\text{ mm}$$

取 $D_2=280$ mm

大带轮转速：

$n_1=n_m$

$$n_2=(1-\varepsilon)\frac{D_1 n_1}{D_2}=(1-0.01)\times\frac{112\times960}{280}=380.16\text{ r/min}$$

$n_2=380.16$ r/min

2. 计算带长

求 D_m：$D_m=\frac{D_1+D_2}{2}=\frac{112+280}{2}=196$ mm

求Δ：$\Delta=\frac{D_2-D_1}{2}=\frac{280-112}{2}=84$ mm

初取中心距：$a=500$ mm

带长：

$$L=\pi D_m+2a+\frac{\Delta^2}{a}\qquad(11-2)$$

$$=\pi\times196+2\times500+\frac{84^2}{500}=1629.86\text{ mm}$$

基准长度：由图11.4得 $L_d=1600$ mm —— $L_d=1600$ mm

3. 求中心距和包角

中心距：

$$a=\frac{L-\pi D_m}{4}+\frac{1}{4}\sqrt{(L-\pi D_m)^2-8\Delta^2}\qquad(11-3)$$

$$=\frac{1600-\pi\times196}{4}+\frac{1}{4}\sqrt{(1600-\pi\times196)^2-8\times84^2}=485\text{ mm}$$

$a=485$ mm

设 计 过 程	计算结果
小轮包角：	
$\alpha_1 = 180° - \frac{D_2 - D_1}{a} \times 57.3°$ (11−4)	
$= 180° - \frac{280-112}{485} \times 57.3° = 160.15° > 120°$	$\alpha_1 = 160.15°$
4. 求带根数	
带速：$v = \frac{\pi D_1 n_1}{60 \times 1000} = \frac{\pi \times 112 \times 960}{60 \times 1000} = 5.63$ m/s	$v = 5.63$ m/s
传动比：$i = n_1/n_2 = 960/380.16 = 2.53$	$i = 2.53$
带根数：由表 11−8，$P_0 = 1.18$ kW；由表 11−7，$k_\alpha = 0.95$；由表 11−12，$k_L = 0.99$；由表 11−10，$\Delta P_0 = 0.11$ kW	
$z = \frac{P_c}{(P_0 + \Delta P_0) k_\alpha k_L}$ (11−22)	
$= \frac{5.64}{(1.18 + 0.11) \times 0.95 \times 0.99} = 4.65$	取 $z = 5$
5. 求轴上载荷	
张紧力：	
由表 11−4，$q = 0.10$ kg/m，则	
$F_0 = 500 \frac{P_c}{vz} \left(\frac{2.5 - k_\alpha}{k_\alpha}\right) + qv^2$ (11−21)	
$= 500 \times \frac{5.64}{5.63 \times 5} \left(\frac{2.5 - 0.95}{0.95}\right) + 0.10 \times 5.63^2 = 166.62$ N	$F_0 = 166.62$ N
轴上载荷：	
$F_Q = 2zF_0 \sin\frac{\alpha_1}{2}$ (11−23)	
$= 2 \times 5 \times 166.62 \times \sin\frac{160.15°}{2} = 1642.71$ N	$F_Q = 1642.71$ N
带轮结构设计：带轮宽度 $B = (z-1)e + 2f = 80$ mm（其余略）	$B = 80$ mm
五、圆柱齿轮传动的设计计算（以高速级为例）	
1. 选择齿轮材料	
小齿轮　40Cr　调质　$HB_1 = 260$	
大齿轮　45　调质　$HB_2 = 240$	
2. 初步计算	
齿宽系数 ψ_d：由表 12−13，取 $\psi_d = 1$	$\psi_d = 1$
接触疲劳极限 $\sigma_{H\lim}$：由图 12.17(c)	
$\sigma_{H\lim 1} = 720$ MPa	$\sigma_{H\lim 1} = 720$ MPa
$\sigma_{H\lim 2} = 590$ MPa	$\sigma_{H\lim 2} = 590$ MPa
初步计算的许用接触应力$[\sigma_H]$：	

设 计 过 程	计算结果
$[\sigma_{H_1}]=0.9\sigma_{H\lim1}=0.9\times720=648$ MPa (12-15)	$[\sigma_{H_1}]=648$ MPa
$[\sigma_{H_2}]=0.9\sigma_{H\lim2}=0.9\times590=531$ MPa	$[\sigma_{H_2}]=531$ MPa
A_d 值：由表 12-16，取 $A_d=82$（估计 $\beta=10°$）	$A_d=82$
初步计算小轮直径 d_1：	
$d_1\geqslant A_d\sqrt[3]{\dfrac{T_{\mathrm{I}}}{\psi_d[\sigma_{H_2}]^2}\cdot\dfrac{u+1}{u}}=82\times\sqrt[3]{\dfrac{122.61\times1000}{1\times531^2}\cdot\dfrac{2.8+1}{2.8}}$	$d_1=70$ mm
$=68.78$ mm (12-14)	
初步确定齿宽：$b=\psi_d d_1=1\times70=70$ mm	$b=70$ mm
3. 齿面接触疲劳强度计算	
圆周速度 v：	
$v=\dfrac{\pi d_1 n_{\mathrm{I}}}{60\times1000}=\dfrac{\pi\times70\times384.0}{60\times1000}=1.41$ m/s	$v=1.41$ m/s
精度等级：由表 12-6	选 9 级精度
齿轮齿数 Z：	
取 $Z_1=23$，则 $Z_2=i_2Z_1=2.8\times23=64.4$	$Z_1=23$，$Z_2=65$
模数 m：	
$m_t=\dfrac{d_1}{Z_1}=\dfrac{70}{23}=3.0435$	$m_t=3.0435$ mm
初选螺旋角 $\beta=10°$	
$m_n=m_t\cos\beta=3.0435\cos10°=2.997$	
由表 12-3，取 $m_n=3$ mm	$m_n=3$ mm
螺旋角 β：$\beta=\arccos\dfrac{m_n}{m_t}=\arccos\dfrac{3}{3.0435}=9.7°$（和估计值接近）	$\beta=9.7°$
使用系数 K_A：由表 12-9	$K_A=1.25$
动载荷系数 K_v：由图 12.9	$K_v=1.15$
齿间载荷分配系数 $K_{H\alpha}$：	
由表 12-10，先求	
$F_t=\dfrac{2T_{\mathrm{I}}}{d_1}=\dfrac{2\times122.61\times1000}{70}=3503.14$ N	
$\dfrac{K_A F_t}{b}=\dfrac{1.25\times3503.14}{70}=62.56$ N/mm<100 N/mm	
$\varepsilon_\alpha=\left[1.88-3.2\left(\dfrac{1}{Z_1}+\dfrac{1}{Z_2}\right)\right]\cos\beta$ (12-6)	
$=\left[1.88-3.2\times\left(\dfrac{1}{23}+\dfrac{1}{65}\right)\right]\times\cos9.7°$	$\varepsilon_\alpha=1.67$
$\varepsilon_\beta=\dfrac{b\sin\beta}{\pi m_n}=\dfrac{70\times\sin9.7°}{\pi\times3}=1.25$ （表 12-8）	$\varepsilon_\beta=1.25$
$\varepsilon_\gamma=\varepsilon_\alpha+\varepsilon_\beta=1.67+1.25=2.92$ （表 12-8）	$\varepsilon_\gamma=2.92$

设 计 过 程	计算结果
$\alpha_t=\arctan\dfrac{\tan\alpha_n}{\cos\beta}=\arctan\dfrac{\tan20^\circ}{\cos9.7^\circ}=20.27^\circ$ (表 12-8)	$\alpha_t=20.27^\circ$
$\cos\beta_b=\cos\beta\cos\alpha_n/\cos\alpha_t=\cos9.7^\circ\cos20^\circ/\cos20.27^\circ=0.99$	
由此得:$K_{H\alpha}=K_{F\alpha}=\varepsilon_\alpha/\cos^2\beta_b=1.67/0.99^2=1.70$	$K_{H\alpha}=1.70$
齿向载荷分布系数 $K_{H\beta}$:由表 12-11	
$K_{H\beta}=A+B\left[1+0.6\left(\dfrac{b}{d_1}\right)^2\right]\left(\dfrac{b}{d_1}\right)^2+C\cdot10^{-3}b$ $=1.17+0.16\times\left[1+0.6\times\left(\dfrac{70}{70}\right)^2\right]\times\left(\dfrac{70}{70}\right)^2+0.61\times10^{-3}\times70$ $=1.47$	$K_{H\beta}=1.47$
载荷系数 K:	
$K=K_A K_v K_{H\alpha}K_{H\beta}=1.25\times1.15\times1.7\times1.47=3.59$ (12-5)	$K=3.59$
弹性系数 Z_E:由表 12-12	$Z_E=189.8$
节点区域系数 Z_H:由图 12.16	$Z_H=2.47$
重合度系数 Z_ε:由式 12-31,因 $\varepsilon_\beta=1.25>1$,取 $\varepsilon_\beta=1$,故	
$Z_\varepsilon=\sqrt{\dfrac{4-\varepsilon_\alpha}{3}(1-\varepsilon_\beta)+\dfrac{\varepsilon_\beta}{\varepsilon_\alpha}}=\sqrt{\dfrac{1}{1.67}}=0.77$	$Z_\varepsilon=0.77$
螺旋角系数 Z_β:$Z_\beta=\sqrt{\cos\beta}=\sqrt{\cos9.7^\circ}=0.99$ (12-32)	$Z_\beta=0.99$
接触应力最小安全系数 $S_{H\min}$:由表 12-14	$S_{H\min}=1.05$
应力循环次数 N_L:	
$t_h=4\times300\times8=9600$ h	
$N_{L_1}=60n_1t_h=60\times384\times9600=2.21\times10^8$	$N_{L_1}=2.21\times10^8$
$N_{L_2}=N_{L_1}/i_2=2.21\times10^8/2.8=7.90\times10^7$	$N_{L_2}=7.90\times10^7$
接触寿命系数 Z_N:由图 12.18	$Z_{N_1}=1.12$ $Z_{N_2}=1.38$
许用接触应力$[\sigma_H]$:	
$[\sigma_{H_1}]=\dfrac{\sigma_{H\lim1}Z_{N_1}}{S_{H\min}}=\dfrac{720\times1.12}{1.05}=768$ MPa (12-11)	$[\sigma_{H_1}]=768$ MPa
$[\sigma_{H_2}]=\dfrac{\sigma_{H\lim2}Z_{N_2}}{S_{H\min}}=\dfrac{590\times1.38}{1.05}=775$ MPa	$[\sigma_{H_2}]=775$ MPa
验算接触应力:	
$\sigma_H=Z_EZ_HZ_\varepsilon\sqrt{\dfrac{2KT_{\rm I}}{bd_1^2}\cdot\dfrac{u+1}{u}}$ (12-8)	
$=189.8\times2.47\times0.77\sqrt{\dfrac{2\times3.59\times122.61\times1000}{70\times70^2}\times\dfrac{2.8+1}{2.8}}$ $=674$ MPa$<[\sigma_{H_1}]$	符合要求

设 计 过 程	计算结果
计算结果表明，接触疲劳强度符合要求；否则，应调整齿轮参数或改变齿轮材料，并再次进行验算。	
4.确定传动主要尺寸	
实际分度圆直径 d：$d_1=m_t Z_1=3.0435\times23=70$ mm	$d_1=70$ mm
$d_2=m_t Z_2=3.0435\times65=198$ mm	$d_2=198$ mm
中心距 a：$a=(d_1+d_2)/2=(70+198)/2=134$ mm	$a=134$mm
齿宽 b：$b=\psi_d d_1=1\times70=70$ mm	$b=70$ mm
5.齿根弯曲疲劳强度验算	
齿形系数 Y_{Fa}： $$Z_{v_1}=\frac{Z_1}{\cos^3\beta}=\frac{23}{\cos^3 9.7^\circ}=24$$ $$Z_{v_2}=\frac{Z_2}{\cos^3\beta}=\frac{65}{\cos^3 9.7^\circ}=68$$	
由图 12.21 得 $$Y_{Fa_1}=2.75,\quad Y_{Fa_2}=2.25$$	$Y_{Fa_1}=2.75$ $Y_{Fa_2}=2.25$
应力修正系数 Y_{Sa}：由图 12.22 $$Y_{Sa_1}=1.58,\quad Y_{Sa_2}=1.76$$	$Y_{Sa_1}=1.58$ $Y_{Sa_2}=1.76$
重合度系数 Y_ε： $$\varepsilon_{\alpha v}=\left[1.88-3.2\left(\frac{1}{Z_{v_1}}+\frac{1}{Z_{v_2}}\right)\right]\cos\beta$$ $$=\left[1.88-3.2\times\left(\frac{1}{24}+\frac{1}{68}\right)\right]\times\cos 9.7^\circ=1.68$$ $Y_\varepsilon=0.25+\frac{0.75}{\varepsilon_{\alpha v}}=0.25+\frac{0.75}{1.68}=0.70$ （12－18）	$Y_\varepsilon=0.70$
螺旋角系数 Y_β：$\varepsilon_\beta=1.25\geqslant1$，取 $\varepsilon_\beta=1$	
$Y_{\beta\min}=1-0.25\varepsilon_\beta=1-0.25\times1=0.75$ （12－36）	
$Y_\beta=1-\varepsilon_\beta\frac{\beta}{120^\circ}=1-1\times\frac{9.7^\circ}{120^\circ}=0.92>Y_{\beta\min}$ （12－35）	$Y_\beta=0.92$
齿间载荷分配系数 $K_{F\alpha}$：前面已求得 $K_{F\alpha}=K_{H\alpha}=1.70$	$K_{F\alpha}=1.70$
齿向载荷分布系数 $K_{F\beta}$： 由图 12.14，$b/h=70/(2.25\times3)=10.37$，$K_{F\beta}=1.35$	$K_{F\beta}=1.35$
载荷系数 K： $K=K_A K_v K_{F\alpha} K_{F\beta}=1.25\times1.15\times1.70\times1.35=3.30$	$K=3.30$
弯曲疲劳极限 $\sigma_{F\lim}$：由图 12.23(c)得 $$\sigma_{F\lim 1}=600\ \text{MPa},\quad \sigma_{F\lim 2}=450\ \text{MPa}$$	$\sigma_{F\lim1}=600$ MPa $\sigma_{F\lim2}=450$ MPa
弯曲最小安全系数 $S_{F\min}$：由表 12－14 得	$S_{F\min}=1.25$

设 计 过 程	计算结果
弯曲寿命系数 Y_N：由图 12.24 得	
$Y_{N_1}=0.93$，$Y_{N_2}=0.95$	$Y_{N_1}=0.93$ $Y_{N_2}=0.95$
尺寸系数 Y_X：由图 12.25 得：$Y_x=1.0$	$Y_X=1.0$
许用弯曲应力$[\sigma_F]$：	
$[\sigma_{F_1}]=\dfrac{\sigma_{Flim1}Y_{N_1}Y_X}{S_{Fmin}}=\dfrac{600\times0.93\times1.0}{1.25}=464.4\ \text{MPa}$ (12−19)	$[\sigma_{F_1}]=464.4\ \text{MPa}$
$[\sigma_{F_2}]=\dfrac{\sigma_{Flim2}Y_{N_2}Y_X}{S_{Fmin}}=\dfrac{450\times0.95\times1.0}{1.25}=342\ \text{MPa}$	$[\sigma_{F_2}]=342\ \text{MPa}$
验算弯曲强度：	
$\sigma_{F_1}=\dfrac{2KT_1}{bd_1m_n}Y_{Fa_1}Y_{Sa_1}Y_\varepsilon Y_\beta$ (12−33) $=\dfrac{2\times3.30\times122.61\times1000}{70\times70\times3}\times2.75\times1.58\times0.70\times0.92$ $=154\ \text{MPa}$	$\sigma_{F_1}=154\ \text{MPa}<[\sigma_{F_1}]$
$\sigma_{F_2}=\sigma_{F_1}\dfrac{Y_{Fa_2}Y_{Sa_2}}{Y_{Fa_1}Y_{Sa_1}}=154\times\dfrac{2.25\times1.76}{2.75\times1.58}=141\ \text{MPa}$	$\sigma_{F_2}=141\ \text{MPa}<[\sigma_{F_2}]$
	符合要求
六、轴的初步设计计算	
选取轴的材料及热处理：选取 45# 钢，调质处理	
按许用切应力估算轴的最小直径：	
$d_{min}\geqslant C\sqrt[3]{\dfrac{P}{n}}$ (16−2)	
由表 16−2，取 $C=112$	
Ⅰ轴：$d_{\text{Ⅰ}\,min}\geqslant112\times\sqrt[3]{\dfrac{4.93}{384}}=26.23\ \text{mm}$	取 $d_{\text{Ⅰ}\,min}=30\ \text{mm}$
Ⅱ轴：$d_{\text{Ⅱ}\,min}\geqslant112\times\sqrt[3]{\dfrac{4.73}{137.14}}=36.46\ \text{mm}$	取 $d_{\text{Ⅱ}\,min}=40\ \text{mm}$
Ⅲ轴：$d_{\text{Ⅲ}\,min}\geqslant112\times\sqrt[3]{\dfrac{4.54}{35.99}}=56.17\ \text{mm}$	取 $d_{\text{Ⅲ}\,min}=60\ \text{mm}$
七、初选联轴器和轴承	
1. 联轴器选择	
减速器输出轴与工作机输入轴采用刚性凸缘联轴器，其型号为：	
YL12 $\dfrac{\text{J}60\times107}{\text{J}65\times107}$	
主要参数尺寸如下：	
公称扭矩：$T_n=1600\ \text{N}\cdot\text{m}$	
许用转速：$[n]=4700\ \text{r/min}$	

设 计 过 程	计算结果
2. 轴承选择 Ⅰ轴选择深沟球轴承 6207 Ⅱ轴选择深沟球轴承 6208 Ⅲ轴选择深沟球轴承 6212 **八、齿轮结构尺寸(以高速级为例)** 小齿轮采用齿轮轴结构 大齿轮采用锻造结构,其结构尺寸如下: 轮毂直径 $D_1=1.6d_s=1.6\times45=72$ mm (d_s 为齿轮轴孔直径) 轮毂长度 $L=(1.2\sim1.5)d_s\geqslant b$,取 $L=b=70$ mm 腹板厚度 $C=0.3b=0.3\times70=21$ mm 其余尺寸可参考有关资料。 **九、轴按许用弯曲应力计算(以Ⅰ轴为例)**	

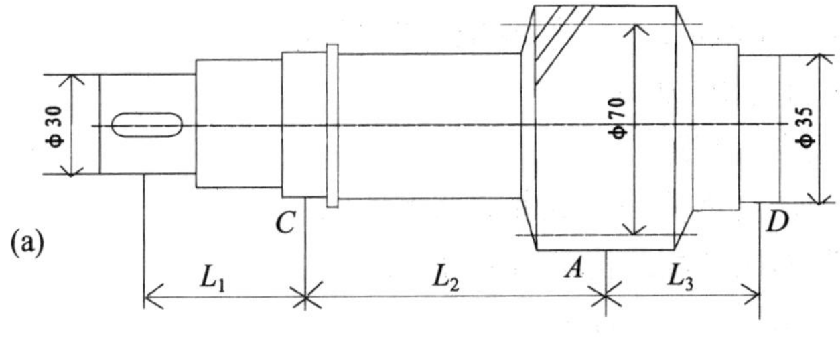

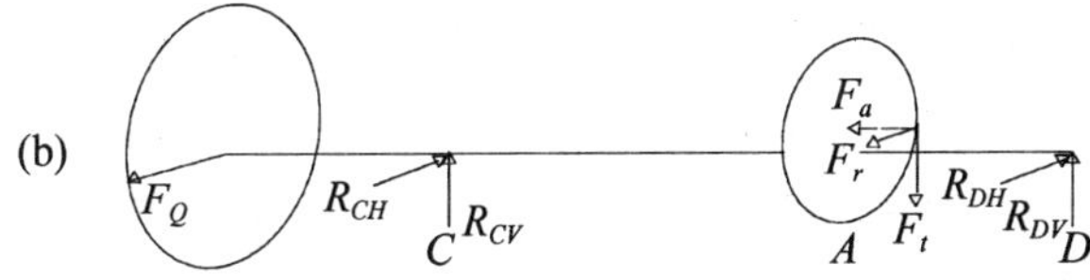

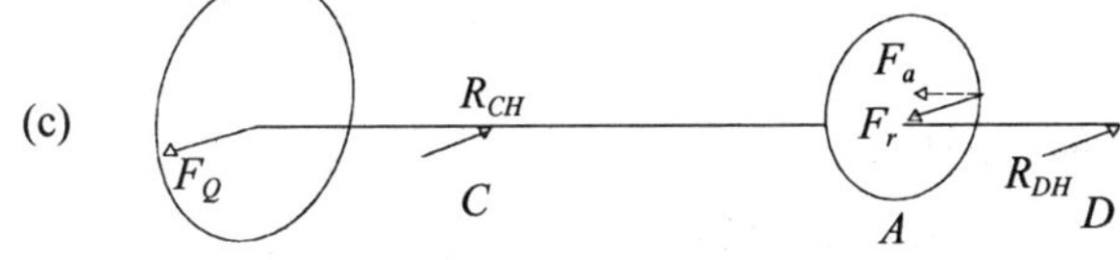

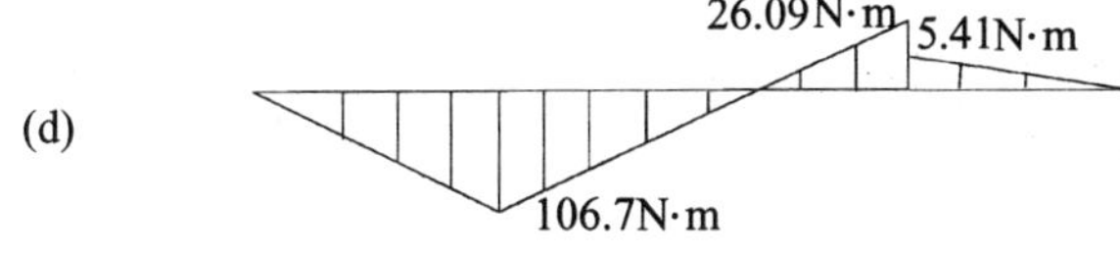

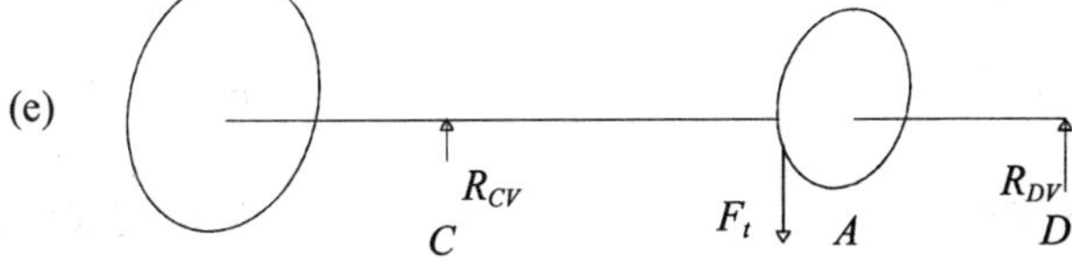

设 计 过 程	计算结果

(f) 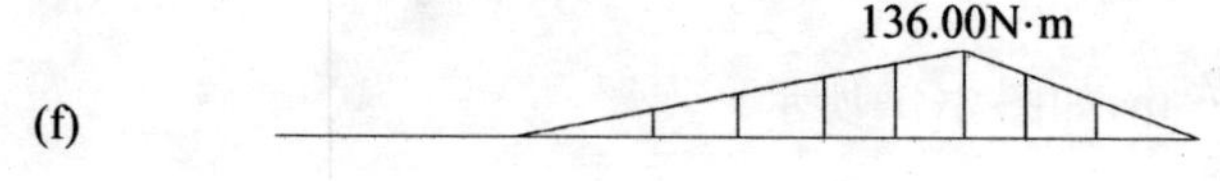	
(g) 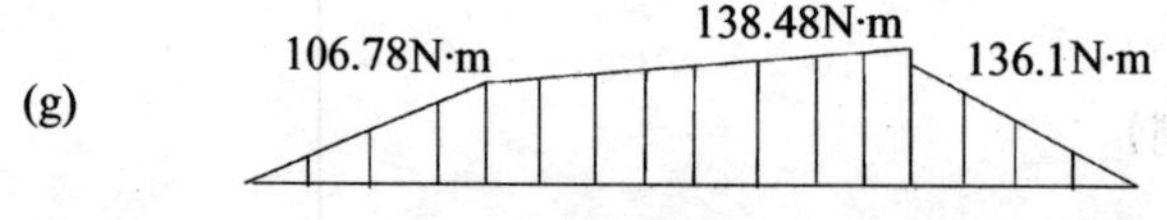	
(h) 122.61N·m αT=72.45N·m	
(i) 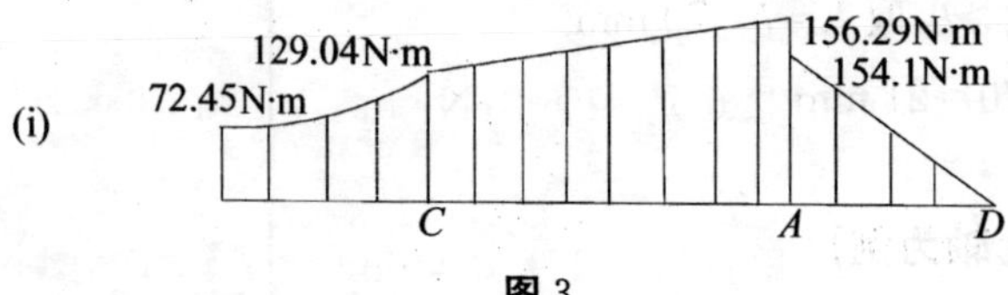	
图 3	
轴的材料选用 45# 钢，调质处理，$\sigma_B=650$ MPa，$\sigma_S=360$ MPa	
作出轴的初步结构设计：如图 3(a)所示	
1. 确定轴上各力作用点及支点跨距	
由于选用的是深沟球轴承，其负荷中心在轴向宽度的中点位置，齿轮作用力按齿宽中点考虑，由装配结构草图可得出：	
$L_1=65$ mm，　$L_2=110$ mm，　$L_3=60$ mm	
2. 齿轮作用力计算	
$F_t=2T_{\mathrm{I}}/d_1=2\times122.61\times1000/70=3503.14$ N　　(12－4)	$F_t=3503.14$ N
$F_r=F_t\tan\alpha_n/\cos\beta=3503.14\times\tan20°/\cos9.7°=1293.53$ N	$F_r=1293.53$ N
$F_a=F_t\tan\beta=3503.14\times\tan9.7°=598.80$ N	$F_a=598.80$ N
画出轴的受力图：如图 3(b)所示	
3. 支座反力、弯矩及转矩计算	
水平面：	
水平面受力及弯矩图如图 3(c)、(d)所示	
$R_{CH}=\dfrac{1293.53\times60+598.8\times35+1642.71\times235}{170}=2850.63$N	$R_{CH}=2850.63$ N
$R_{DH}=\dfrac{1293.53\times110-1642.71\times65-598.80\times35}{170}=85.61$ N	$R_{DH}=85.61$ N
垂直面：	
垂直面受力及弯矩图如图 3(e)、(f)所示	
$R_{CV}=\dfrac{3503.14\times60}{170}=1236.40$ N	$R_{CV}=1236.40$ N
$R_{DV}=\dfrac{3503.14\times110}{170}=2266.74$ N	$R_{DV}=2266.74$ N

设　计　过　程	计算结果
合成弯矩：如图 3(g)所示	
转矩：$T=T_{\mathrm{I}}=122.61\ \mathrm{N\cdot m}$，如图 3(h)所示	
4. 许用应力	
许用应力值：由表 16－3 查得$[\sigma_{0b}]=102.5\ \mathrm{MPa}$，$[\sigma_{-1b}]=60\ \mathrm{MPa}$	
应力校正系数：$\alpha=\dfrac{[\sigma_{-1b}]}{[\sigma_{0b}]}=\dfrac{60}{102.5}=0.59$	
5. 画当量弯矩图	
当量弯矩：在小齿轮中间截面 A 处	
$M'_A=\sqrt{M_A^2+(\alpha T)^2}=\sqrt{138.4^2+(0.59\times122.61)^2}=156.29\ \mathrm{N\cdot m}$	$M'_A=156.29\ \mathrm{N\cdot m}$
在左轴颈中间截面 C 处	
$M'_C=\sqrt{M_C^2+(\alpha T)^2}=\sqrt{107.98^2+(0.59\times122.61)^2}=129.04\ \mathrm{N\cdot m}$	$M'_C=129.04\ \mathrm{N\cdot m}$
6. 校核轴径	
小齿轮齿根圆直径：	
$d_{fA}=d_1-2(h_a^*+c^*)m_n=70-2\times(1+0.25)\times3=62.5\ \mathrm{mm}$	
$d_A=\sqrt[3]{\dfrac{M'_A}{0.1[\sigma_{-1b}]}}=\sqrt[3]{\dfrac{156.29\times1000}{0.1\times60}}=29.64\ \mathrm{mm}<d_{fA}$　　(16－4)	
$d_C=\sqrt[3]{\dfrac{M'_C}{0.1[\sigma_{-1b}]}}=\sqrt[3]{\dfrac{129.04\times1000}{0.1\times60}}=27.81\ \mathrm{mm}<35\ \mathrm{mm}$	轴径满足要求
十、轴承寿命计算(以Ⅰ轴轴承 6207 为例)	
6207 的主要性能参数如下：(可查阅相关手册得到)	
基本额定动载荷：$C_r=25.5\ \mathrm{kN}$	$C_r=25.5\ \mathrm{kN}$
基本额定静载荷：$C_{0r}=15.2\ \mathrm{kN}$	$C_{0r}=15.2\ \mathrm{kN}$
极限转速：$N_0=8500\ \mathrm{r/min}$(脂润滑)	$N_0=8500\ \mathrm{r/min}$
$N_0=11000\ \mathrm{r/min}$(油润滑)	$N_0=11000\ \mathrm{r/min}$
轴承面对面安装，由于前面已求出支座反力，则轴承受力为：	
$F_{rC}=\sqrt{R_{CH}^2+R_{CV}^2}=\sqrt{2850.63^2+1236.40^2}=3107.21\ \mathrm{N}$	
$F_{rD}=\sqrt{R_{DH}^2+R_{DV}^2}=\sqrt{85.61^2+2266.74^2}=2268.36\ \mathrm{N}$	
$F_{aC}=598.80\ \mathrm{N}$(等于齿轮所受轴向力)	
$F_{aD}=0$	
由于　$F_{aC}/C_{0r}=598.80/(15.2\times1000)=0.039\ \mathrm{N}$	
由表 18－7 得：$e=0.24$	
$F_{aC}/F_{rC}=598.80/3107.21=0.19<e$；$X_1=1$，$Y_1=0$	
当量动载荷 P 为：(由表 18－8，取 $f_p=1.1$)	

设 计 过 程	计 算 结 果
$P_C=f_p(X_1F_{rC}+Y_1F_{aC})=f_pF_{rC}=1.1\times3107.21=3417.93$ N (18-5)	$P_C=3417.93$ N
$P_D=f_pF_{rD}=1.1\times2268.36=2495.2$ N	$P_D=2495.2$ N
轴承寿命计算：	
由于 $P_C>P_D$，只需验算 C 处轴承	
$L_{10h}=\frac{16670}{n}\left(\frac{C_r}{P_C}\right)^{\varepsilon}=\frac{16670}{384}\left(\frac{25.5\times1000}{3417.93}\right)^3=18028$ h (18-7)	$L_{10h}=18028$ h
轴承预期使用寿命为：$L'_{10h}=4\times300\times8=9600$ h	
显然 $L_{10h}>L'_{10h}$	满足要求
十一、轴的精确校核(以Ⅰ轴左轴颈为例)	
1. 抗弯、抗扭截面模量计算	
$W=\pi d^3/32=\pi\times35^3/32=4209.24$ mm^3	
$W_T=\pi d^3/16=\pi\times35^3/16=8418.49$ mm^3	
2. 应力幅计算	
$\sigma_a=\sigma=M_C/W=106.78\times1000/4209.24=25.37$ MPa	$\sigma_a=25.37$ MPa
$\sigma_m=0$ (对称循环)	$\sigma_m=0$
$\tau_a=\tau_m=\frac{\tau}{2}=\frac{T}{2W_T}=\frac{122.61\times1000}{2\times8418.49}=7.28$ MPa(脉动循环)	$\tau_a=\tau_m=7.28$ MPa
3. 疲劳极限计算	
由表 3-2 可求得疲劳极限：	
$\sigma_{-1b}=0.44\sigma_B=0.44\times650=286$ MPa	$\sigma_{-1b}=286$ MPa
$\tau_{-1}=0.30\sigma_B=0.30\times650=195$ MPa	$\tau_{-1}=195$ MPa
$\sigma_{0b}=1.7\sigma_{-1b}=1.7\times286=486$ MPa	$\sigma_{0b}=486$ MPa
$\tau_0=1.6\tau_{-1}=1.6\times195=312$ MPa	$\tau_0=312$ MPa
等效系数：	
$\psi_\sigma=\frac{2\sigma_{-1b}-\sigma_{0b}}{\sigma_{0b}}=\frac{2\times286-486}{486}=0.18$	$\psi_\sigma=0.18$
$\psi_\tau=\frac{2\tau_{-1}-\tau_0}{\tau_0}=\frac{2\times2195-312}{312}=0.25$	$\psi_\tau=0.25$
4. 应力集中系数	
有效应力集中系数：在此截面处，轴直径发生变化，过渡圆角半径 $r=2$ mm，由 $D/d=40/35=1.14$，$r/d=2/35=0.057$ 和 $\sigma_B=650$ MPa，可从附录表 1 中查得 $k_\sigma=1.77$，$k_\tau=1.31$。	$k_\sigma=1.77$，$k_\tau=1.31$
表面状态系数：由附录表 5 查得 $\beta=0.92$($R_a=3.2$ μm，$\sigma_B=650$ MPa)	$\beta=0.92$
尺寸系数：由附录表 6 查得 $\varepsilon_\sigma=0.88$，$\varepsilon_\tau=0.81$(按靠近应力集中处的最小直径 $\Phi35$ 查得)	$\varepsilon_\sigma=0.88$，$\varepsilon_\tau=0.81$

设　计　过　程	计算结果
5. 安全系数 弯曲安全系数：设为无限寿命，$K_N=1$，由式(16－5)得 $S_\sigma=\dfrac{k_N\sigma_{-1b}}{\dfrac{k_\sigma}{\beta\varepsilon_\sigma}\sigma_a+\psi_\sigma\sigma_m}=\dfrac{1\times286}{\dfrac{1.77}{0.92\times0.88}\times25.37+0}=5.16$	$S_\sigma=5.16$
扭转安全系数： $S_\tau=\dfrac{k_N\tau_{-1}}{\dfrac{k_\tau}{\beta\varepsilon_\tau}\tau_a+\psi_\tau\tau_m}=\dfrac{1\times195}{\dfrac{1.31}{0.92\times0.81}\times7.28+0.25\times7.28}=13.34$	$S_\tau=13.34$
复合安全系数： $S=\dfrac{S_\sigma S_\tau}{\sqrt{S_\sigma^2+S_\tau^2}}=\dfrac{5.16\times13.34}{\sqrt{5.16^2+13.34^2}}=4.81$	$S>[S]=1.5$，安全
十二、选用键并校核(以Ⅰ轴为例) 1. 安装带轮处键的类型和尺寸选择 键 8×70　GB1096－79 具体参数为：$b=8$ mm，$h=7$ mm，$L=70$ mm 2. 键的挤压强度校核 由表 7－1 查得：$[\sigma_p]=110$ MPa 联结所能传递的转矩为： $T=\dfrac{1}{4}hl'd[\sigma_p]=\dfrac{1}{4}\times7\times(70-8)\times30\times110$ $=358050\ \text{N}\cdot\text{mm}=358.05\ \text{N}\cdot\text{m}>T_\text{I}=122.61\ \text{N}\cdot\text{m}$	满足要求
十三、箱体、箱盖的设计(略) **十四、减速器结构草图(略)** **十五、绘制减速器总图(略)** **十六、选择轴承、齿轮、带轮等安装处的配合(以Ⅰ轴为例)** 轴与轴承内圈配合采用 k6 箱体座孔与轴承外圈配合采用 H7 齿轮与轴的配合采用 H7/r6 带轮与轴的配合采用 H7/n6 **十七、齿轮和轴承润滑(以Ⅰ轴为例)** 1. 齿轮 $V=1.41$ m/s<12 m/s，可采用油池润滑，50 号机械润滑油。按每传递 1 kW 的功率需油量 0.35 L～0.7 L 计算，所需油量为：0.5×5.19=2.596 L 2. 轴承 $dn=35\times384=13440<(2\sim3)\times10^5$ 可采用脂润滑或浸油润滑	

附录Ⅱ 设计参考题

1.设计带式运输机传动装置

题目(1):某带式运输机运输物品为粉粒物(如煤、砂等),采用两班制连续工作、单向传动,工作机转速容许误差(3%～5%)。工作中载荷平稳,工作年限4年,要求电动机轴线与驱动鼓轮轴线平行,试设计该带式运输机传动装置。原始数据见表1,工作示意图见图1。

表1

原始数据＼序号	1	2	3	4	5	6	7	8
工作机输入功率 P(kW)	2.2	3.2	4.2	4.6	6.2	2.2	3.2	4.2
工作机输入轴转速(r/min)	155	160	165	155	160	160	165	155
原始数据＼序号	9	10	11	12	13	14	15	16
工作机输入功率 P(kW)	4.6	6.2	2.2	3.2	4.2	4.6	4.8	6.2
工作机输入轴转速(r/min)	160	165	165	155	160	165	165	155

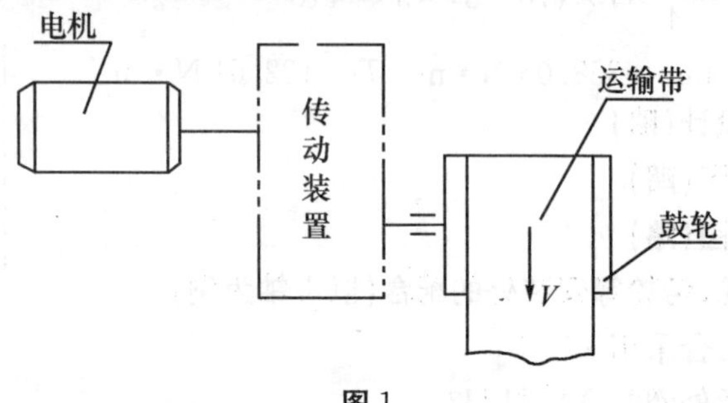

图1

题目(2):某带式运输机工作平稳,采用两班制工作,带速度允许误差在±5%内,成批生产,工作年限5年,要求电动机轴线与运输机轴线在同一直线上,试设计该带式运输机传动装置,已知数据见表2,工作示意图如图2。

表2

原始数据＼序号	1	2	3	4	5
运输带线速度 V(m/s)	0.9	1.2	1.6	2	2.4
鼓轮直径 D(mm)	400	450	500	550	600
牵引力 F(kN)	3.2	5.2	7.2	9.2	11.2

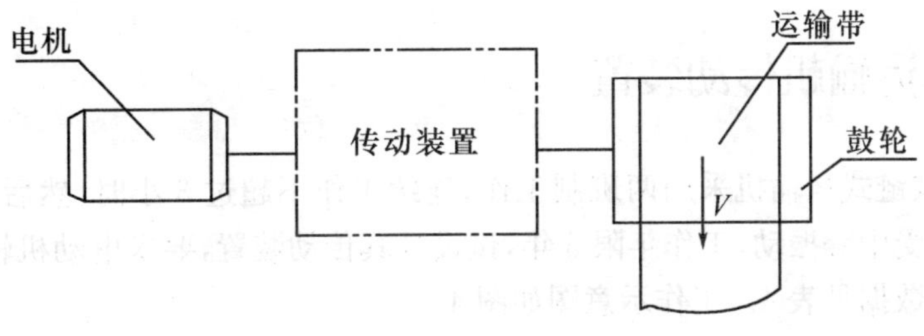

图 2

题目(3):某带式运输机采用双班连续工作,载荷有轻微振动,小批量生产,工作年限 5 年,速度允许误差 ±5%,要求电动机轴线与运输带鼓轮轴线垂直,试设计该带式运输机传动装置,原始数据如表 3,工作示意图如图 3。

表 3

原始数据	1	2	3	4	5	6	7	8
运输带曳引力 F(N)	3000	3000	3100	3100	3200	3200	3500	3600
运输带速度 V(m/s)	0.8	0.8	0.8	0.8	0.85	0.8	0.9	0.85
滚筒直径 D(mm)	220	400	320	400	320	400	350	400
原始数据	9	10	11	12	13	14	15	16
运输带曳引力 F(N)	3600	3800	3800	3900	4000	4000	4000	4100
运输带速度 V(m/s)	0.9	0.85	0.95	0.95	0.8	0.9	1.0	0.85
滚筒直径 D(mm)	350	420	350	350	350	450	400	380
原始数据	17	18	19	20	21	22	23	24
运输带曳引力 F(N)	4200	4300	4400	4500	4600	4700	4900	5000
运输带速度 V(m/s)	0.9	0.85	0.95	0.9	0.95	0.9	1.0	1.0
滚筒直径 D(mm)	450	380	450	400	460	400	420	420

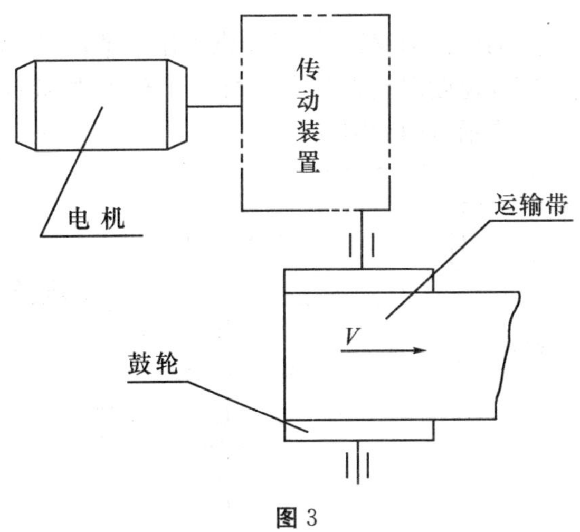

图 3

2. 设计链式运输机传动装置

题目(1):某链式运输机采用两班制工作,连续工作不超过 3 小时,然后停歇 1 小时,双向传动,工作中受中等振动,工作年限 5 年,试设计其传动装置,要求电动机轴线与驱动链轮轴线平行,已知数据见表 4。工作示意图如图 4。

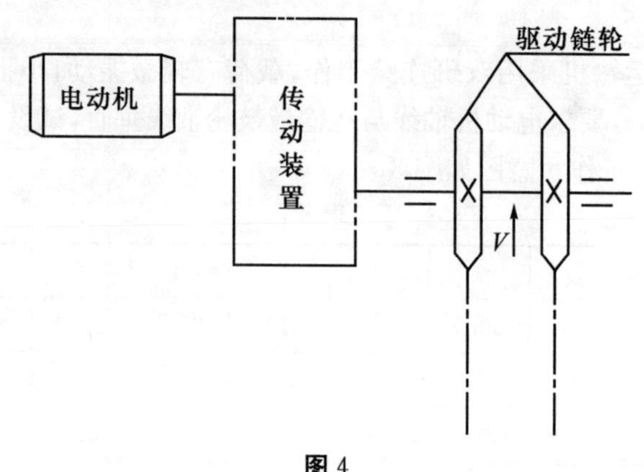

图 4

表 4

原始数据	1	2	3	4	5	6	7	8
工作机输入功率 P(kW)	3.2	4.2	4.6	6.2	6.6	3.2	4.2	4.6
工作机轴输入转速 n(r/min)	160	165	170	160	165	165	170	160
原始数据	9	10	11	12	13	14	15	
工作机输入功率 P(kW)	6.2	6.6	3.2	4.2	4.6	6.2	6.6	
工作机轴输入转速 n(r/min)	165	170	170	160	165	170	160	

题目(2):设计一链式运输机传动装置,该运输机工作平稳,经常满载,不反转,两班制工作,使用年限 5 年,曳引链容许速度误差为 5%,小批量生产,原始数据见表 5,要求电动机轴线与驱动链轮轴线垂直。工作示意图如图 5。

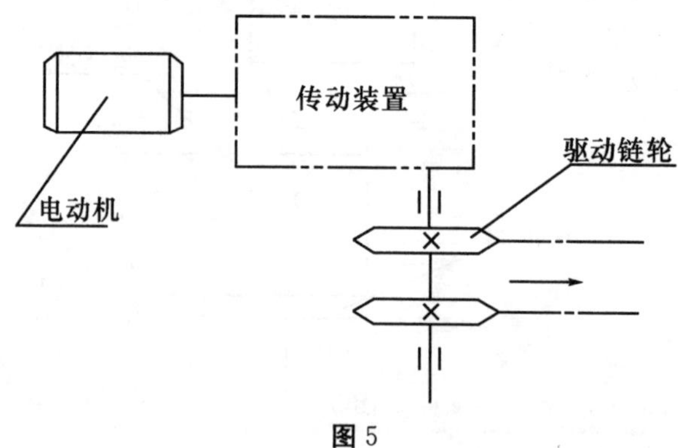

图 5

表 5

原始数据	1	2	3	4	5	6	7
曳引链拉力 F(N)	6400	6800	6000	7000	6200	6600	7000
曳引链速度 V(m/s)	0.26	0.25	0.25	0.30	0.24	0.28	0.20
曳引链链轮齿数 Z	15	14	12	15	12	15	10
曳引链节距 P(mm)	80	100	100	80	100	100	100
原始数据	8	9	10	11	12	13	14
曳引链拉力 F(N)	9000	9500	10000	10500	11000	11500	12000
曳引链速度 V(m/s)	0.30	0.32	0.34	0.35	0.36	0.38	0.40
曳引链链轮齿数 Z	8	8	8	8	8	8	8
曳引链节距 P(mm)	80	80	80	80	80	80	80

3. 设计单筒卷扬机传动装置

题目(1):某单筒卷扬机采用双班制连续工作,中等振动,使用年限 5 年,要求电动机轴线与鼓轮轴线平行,其原始数据见表 6。工作示意图如图 6。

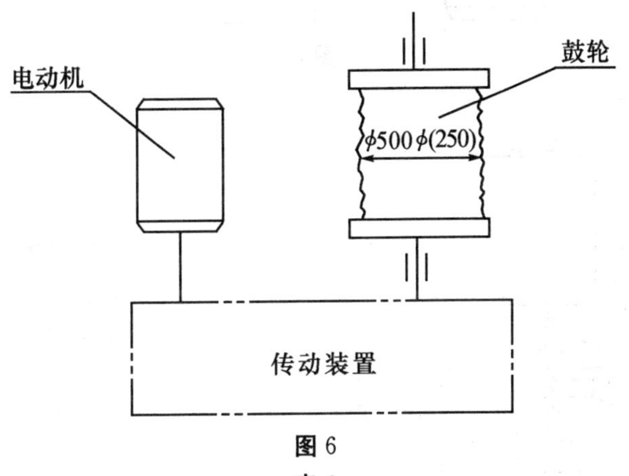

图 6

表 6

原始数据	1	2	3	4	5	6	7	8
工作机输入功率 P(kW)	3.4	3.6	3.8	4.0	4.2	4.4	4.6	4.8
工作机输入轴转速 n(r/min)	32	34	36	38	40	32	34	36
原始数据	9	10	11	12	13	14	15	
工作机输入功率 P(kW)	5.0	5.2	5.4	5.6	5.8	6.0	6.2	
工作机输入轴转速 n(r/min)	38	40	32	34	36	38	40	

4. 设计电动绞车传动装置

题目(1):某电动绞车载荷平稳,双班制连续工作,使用年限 6 年,要求电动机轴线与卷筒轴线平行,原始数据见表 7。工作示意图如图 7。

表 7

原始数据	1	2	3	4	5	6	7	8	9	10
卷筒圆周力 F(kN)	3	3.4	4	4.3	5	20	22	25	28	30
卷筒转速 n(r/min)	45	50	55	60	65	60	55	50	45	40
卷筒直径 D(mm)	500	450	400	350	350	350	350	400	400	500

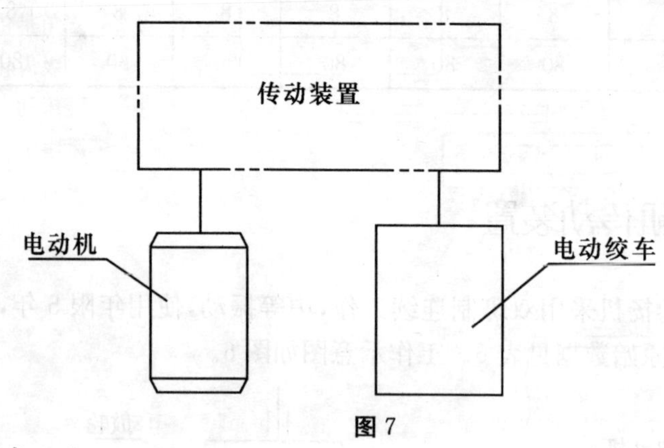

图 7

附:传动装置参考方案

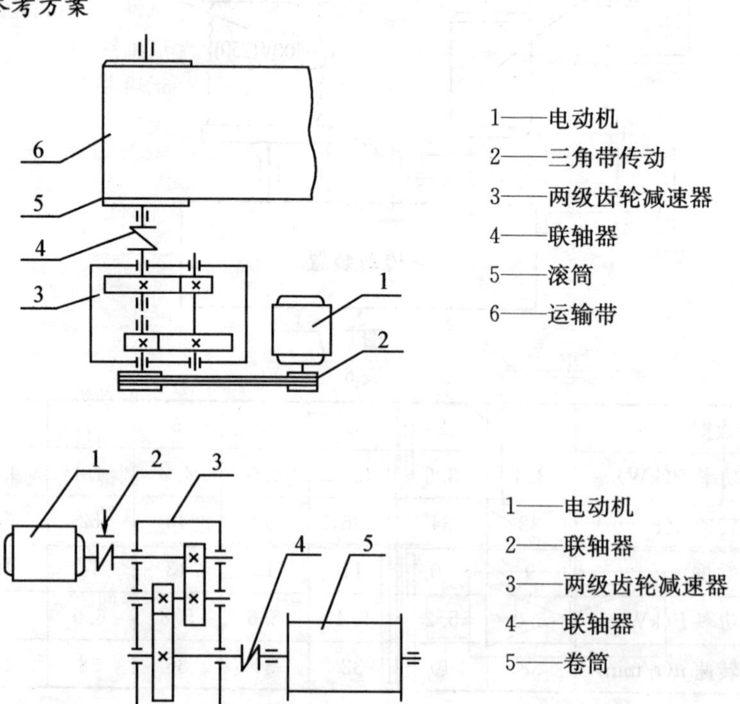

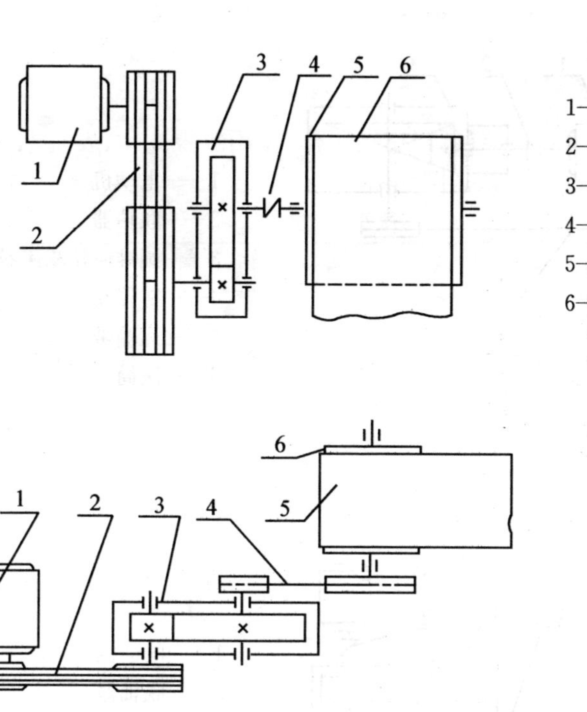

1——电动机
2——三角带传动
3——单级齿轮减速器
4——联轴器
5——滚筒
6——运输带

1——电动机
2——三角带传动
3——单级齿轮减速器
4——链传动
5——运输带
6——滚筒

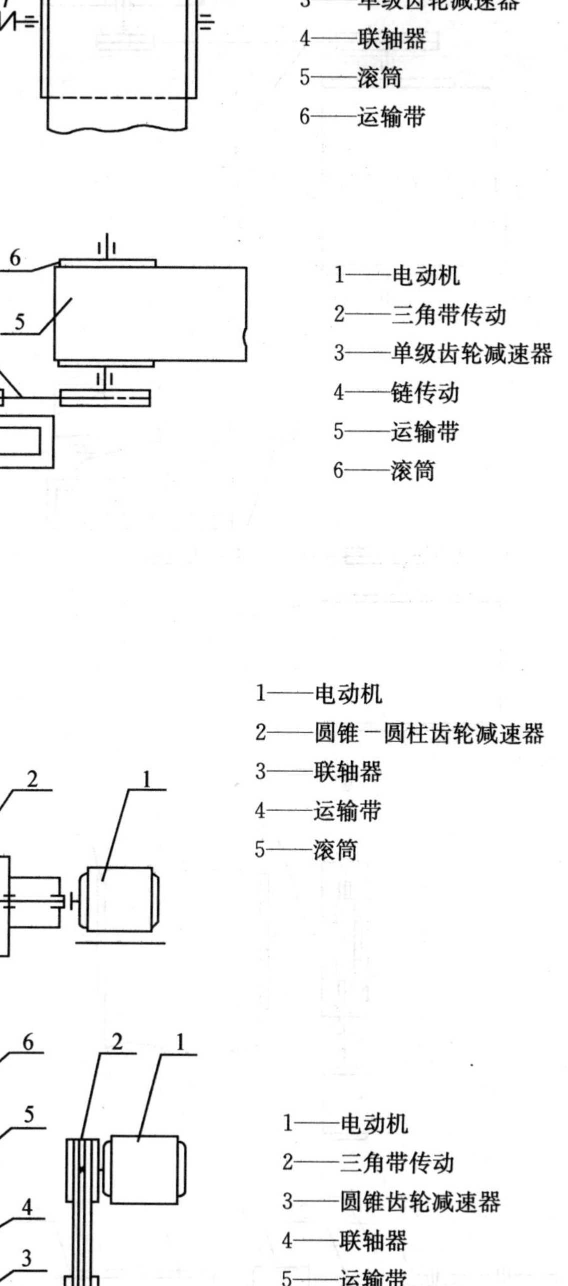

1——电动机
2——圆锥－圆柱齿轮减速器
3——联轴器
4——运输带
5——滚筒

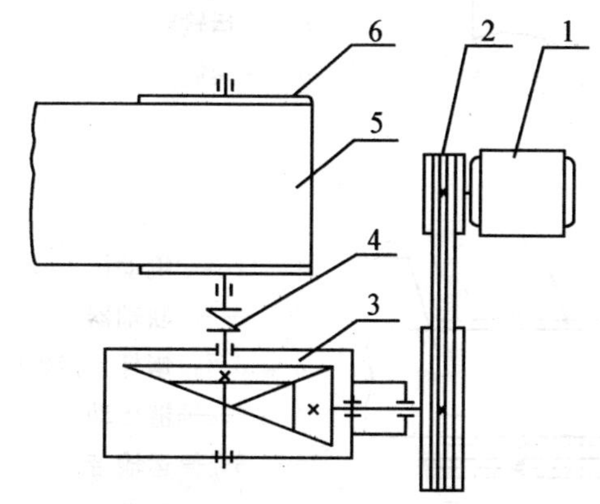

1——电动机
2——三角带传动
3——圆锥齿轮减速器
4——联轴器
5——运输带
6——滚筒

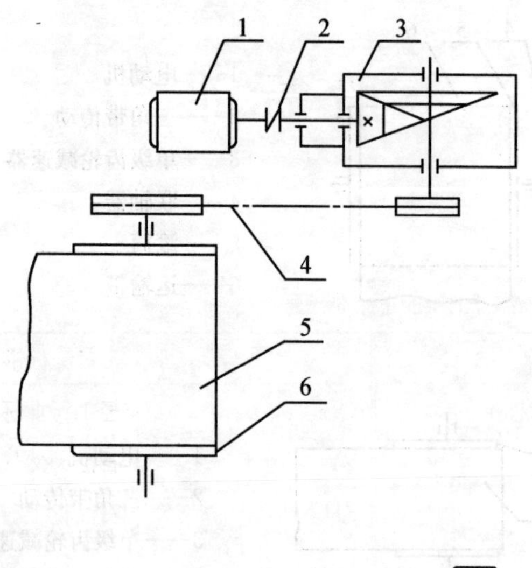

1——电动机
2——联轴器
3——圆锥齿轮减速器
4——链传动
5——运输带
6——滚筒

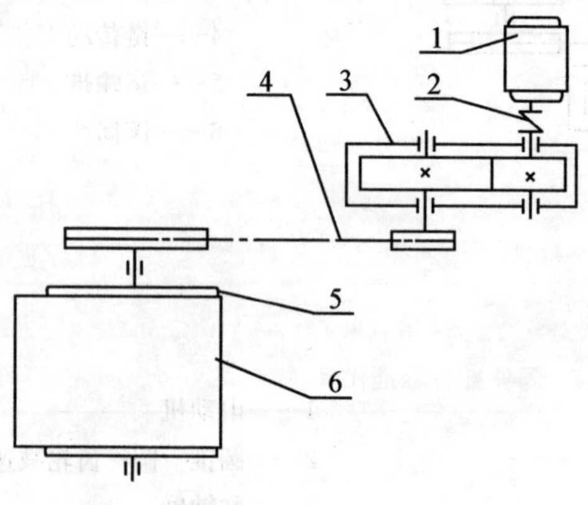

1——电动机
2——联轴器
3——单级齿轮减速器
4——链传动
5——滚筒
6——运输带

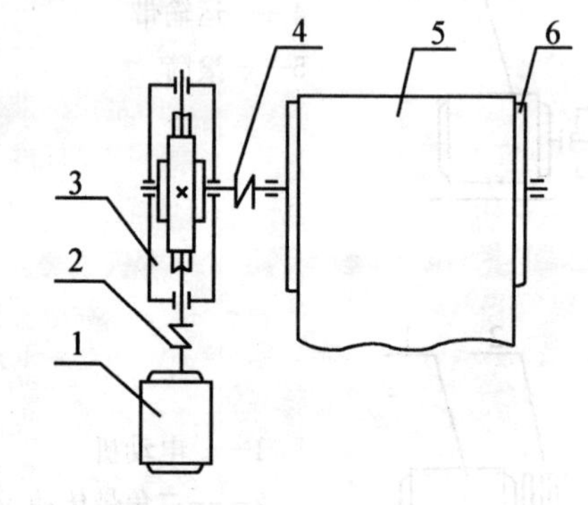

1——电动机
2——联轴器
3——蜗杆减速器
4——联轴器
5——运输带
6——滚筒

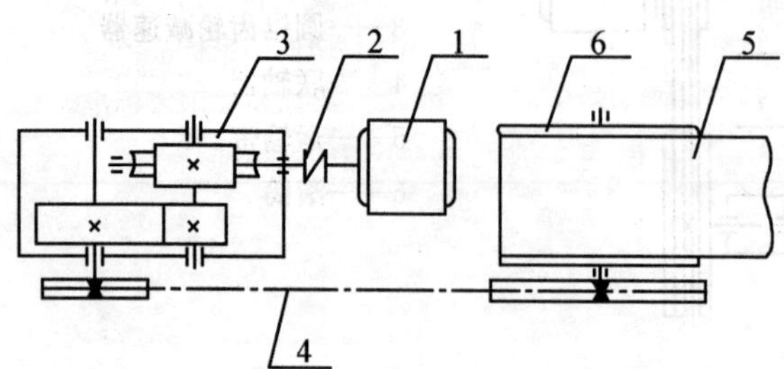

1——电动机
2——联轴器
3——蜗杆－齿轮减速器
4——链传动
5——运输带
6——滚筒

第5章　一般标准

5.1　国内外标准代号

表 5-1　国内部分标准代号

代　号	标准名称	代　号	标准名称
GB(GB/T)	中华人民共和国国家标准	QB	轻工行业标准
GBn	国家国内标准	SY	石油天然气行业标准
KY	中国科学院标准	SH	石油化工行业标准
JJC	国家计量局标准	HG	化工行业标准
JB	机械行业标准	FJ	纺织工业行业标准
YB	黑色冶金行业标准	SJ	电子行业标准
YS	有色金属行业标准	QC	汽车行业标准
ZB	国家专业标准	JC	建材行业标准

注：在代号后加"/T"为推荐性技术文件，在代号后加"/Z"为指导性技术文件，如 YB/Z。

表 5-2　国外部分标准代号

代　号	标准名称	代　号	标准名称
ISA	国际标准协会标准	UNI	意大利标准
ISO	国际标准化组织标准	NF	法国国家标准
IAM	国际机械师协会标准	AFNOR	法国标准协会标准
IEC	国际电工委员会标准	CPC	法国常设标准化委员会标准
BIPM	国际计量局标准	DIN	德国国家标准
ГОСТ	前苏联国家标准	JIS	日本工业标准
ANSI	美国国家标准	JSME	日本机械学会标准
NBS	美国国家标准局标准	SNV	瑞士标准协会标准
ASA	美国标准协会标准	VSM	瑞士机械工业协会标准
AAA	美国汽车协会标准	CSN	捷克斯洛伐克国家标准
AISI	美国钢铁学会标准	STAS	罗马尼亚国家标准
ASME	美国机械工程协会标准	AS	澳大利亚国家标准
MIL	美国军用标准	SIS	瑞典国家标准
BS	英国国家标准	JUS	南斯拉夫国家标准
CSA	加拿大标准协会标准	IS	印度标准

注：表中代号为原制定时的名称。

5.2 常用机构运动简图符号

表 5−3 常用机构运动简图符号示例(摘自 GB/T 4460−1984)

名 称	基本符号	可用符号	名 称	基本符号	可用符号
机架 轴、杆 组成部分与轴(杆)的固定连接			锥齿轮		
			圆柱蜗杆传动		
连杆 平面机构					
曲柄(或摇杆) 平面机构			齿条传动 一般表示		
偏心轮					
			扇形齿轮传动		
导杆					
滑块			盘形凸轮		
			圆柱凸轮		
摩擦传动 圆柱轮			凸轮从动杆		
圆锥轮			尖顶 曲面 滚子		
可调圆锥轮					
可调冕状轮			槽轮机构 一般符号		
			棘轮机构 外啮合		
齿轮传动(不指明齿线) 圆柱齿轮			内啮合		

续表 5－3

名　称	基本符号	可用符号	名　称	基本符号	可用符号
联轴器 一般符号（不指明类型） 固定联轴器 可移式联轴器 弹性联轴器			轴上飞轮		
啮合式离合器 单向式 双向式 摩擦离合器 单向式 双向式 电磁离合器 安全离合器 有易损元件 无易损元件 制动器 一般符号			向心轴承 普通轴承 滚动轴承 推力轴承 单向推力 普通轴承 双向推力 普通轴承 推力滚动轴承 向心推力轴承 单向向心推力 普通轴承 双向向心推力 普通轴承 角接触 滚动轴承		
带传动 一般符号（不指明类型） 链传动 一般符号（不指明类型） 螺杆传动 整体螺母 挠性轴		若需指明类型可采用下列符号： V 带传动 滚子链传动 整体螺母	弹簧 压缩弹簧 拉伸弹簧 扭转弹簧 涡卷弹簧	φ或□	
			电动机 一般符号 装在支架上的电动机		

5.3 一般标准和规范

5.3.1 一般标准

表 5-4 标准尺寸(摘自 GB/T 2822—1981) mm

0.100~1.000			
R		R_a	
R10	R20	R_a10	R_a20
0.100	0.100	0.10	0.10
	0.112		0.11
0.125	0.125	0.12	0.12
	0.140		0.14
0.160	0.160	0.16	0.16
	0.180		0.18
0.200	0.200	0.20	0.20
	0.224		0.22
0.250	0.250	0.25	0.25
	0.280		0.28
0.315	0.315	0.30	0.30
	0.355		0.35
0.400	0.400	0.40	0.40
	0.450		0.45
0.500	0.500	0.50	0.50
	0.560		0.55
0.630	0.630	0.60	0.60
	0.710		0.70
0.800	0.800	0.80	0.80
	0.900		0.90
1.000	1.000	1.00	1.00

1.00~10.00			
R		R_a	
R10	R20	R_a10	R_a20
1.00	1.00	1.0	1.0
	1.12		1.1
1.25	1.25	1.2	1.2
	1.40		1.4
1.60	1.60	1.6	1.6
	1.80		1.8
2.00	2.00	2.0	2.0
	2.24		2.2
2.5	2.50	2.50	2.5
	2.80		2.8
3.15	3.15	3.0	3.0
	3.55		3.5
4.00	4.00	4.0	4.0
	4.50		4.5
5.00	5.00	5.0	5.0
	5.60		5.5
6.30	6.30	6.0	6.0
	7.10		7.0
8.00	8.00	8.0	8.0
	9.00		9.0
10.00	10.00	10.0	10.0

10.0~100.0					
R			R_a		
R10	R20	R40	R_a10	R_a20	R_a40
10.0	10.0		10	10	
	11.2			11	
12.5	12.5	12.5	12	12	12
	13.2	14.0		14	13
	14.0	15			14
					15
16.0	16.0	16.0	16	16	16
		17.0			17
	18.0	18.0		18	18
		19.0			19
20.0	20.0	20.0	20	20	20
		21.2			21
	22.4	22.4		22	22
		23.6			24
25.0	25.0	25.0	25	25	25
		26.5			26
	28.0	28.0		28	28
		30.0			30
31.5	31.5	31.5	32	32	32
		33.5			34
	35.5	35.5		36	36
		37.5			38
40.0	40.0	40.0	40	40	40
		42.5			42
	45.0	45.0		45	45
		47.5			48
50.0	50.0	50.0	50	50	50
		53.0			53
	56.0	56.0		56	56
		60.0			60
63.0	63.0	63.0	63	63	63
		67.0			67
	71.0	71.0		71	71
		75.0			75
80.0	80.0	80.0	80	80	80
		85.0			85
	90.0	90.0		90	90
		95.0			95
100.0	100.0	100.0	100	100	100

续表 5-4

100~1000						1000~10000		
R			R_a			R		
$R10$	$R20$	$R40$	R_a10	R_a20	R_a40	$R10$	$R20$	R_a40
100	100	100	100	100	100	1000	1000	1000
		106			105			1060
	112	112		110	110		1120	1120
		118			120			1180
125	125	125	125	125	125	1250	1250	1250
		132			130			1320
	140	140		140	140		1400	1400
		150			150			1500
160	160	160	160	160	160	1600	1600	1600
		170			170			1700
	180	180		180	180		1800	1800
		190			190			1900
200	200	200	200	200	200	2000	2000	2000
		212			210			2120
	224	224		220	220		2240	2240
		236			240			2360
250	250	250	250	250	250	2500	2500	2500
		265			260			2650
	280	280		280	280		2800	2800
		300			300			3000
315	315	315	320	320	320	3150	3150	3150
		335			340			3350
	355	355		360	360		3550	3550
		375			380			3750
400	400	400	400	400	400	4000	4000	4000
		425			420			4250
	450	450		450	450		4500	4500
		475			480			4750
500	500	500	500	500	500	5000	5000	5000
		530			530			5300
	560	560		560	560		5600	5600
		600			600			6000
630	630	630	630	630	630	6300	6300	6300
		670			670			6700
	710	710		710	710		7100	7100
		750			750			7500
800	800	800	800	800	800		8000	8000
		850			850			8500
	900	900		900	900		9000	9000
		950			950			9500
1000	1000	1000	1000	1000	1000	10000	10000	10000

注：1. 标准规定 0.01~20000 mm 范围内机械制造业中常用的标准尺寸（直径、长度、高度等）系列（本表仅摘录 0.1~10000 mm），适用于有互换性或系列化要求的主要尺寸（如安装、连接尺寸，有公差要求的配合尺寸，决定产品系列的公称尺寸）。其他结构尺寸也应尽量采用。对已有专用标准规定的尺寸，可按专用标准选用。

2. 选择系列及单个尺寸时，应首先在优先系数 R 系列按照 $R10$、$R20$、$R40$ 的顺序，优先选用公比较大的基本系列及其单值。如必须将数值圆整，可在相应的 R_a 系列（选用优先数化整值系列制定的标准尺寸系列）中选用标准尺寸，其优选顺序为 R_a10、R_a20、R_a40。

表 5-5　机械轴高(摘自 GB/T 12217-1990)

轴高的基本尺寸 h　　mm

Ⅰ	Ⅱ	Ⅲ	Ⅳ	Ⅰ	Ⅱ	Ⅲ	Ⅳ	Ⅰ	Ⅱ	Ⅲ	Ⅳ
			26				105				475
		28				112				450	
25			30				118				530
	32				125				500		
			34				132				600
						140				560	
		36	38				150				670
			42				170				750
40				160				630			
		45	48			180	190			710	850
	50		53		200		212		800		950
		56	60			225	236			900	1060
63				250				1000			
			67				265				1180
			75				300				1320
		71				280				1120	
			85				335				1500
	80				315				1250		
100			95	400			375	1600			
		90				355				1400	
							425				

轴高极限偏差　　mm

轴高 h	极限偏差	
	电动机、从动机器、减速器等	除电动机以外的主动机器
25～50	0 -0.4	+0.4 0
>50～250	0 -0.5	+0.5 0
>250～630	0 -1.0	+1.0 0
>630～1000	0 -1.5	+1.5 0
>1000	0 -2.0	+2.0 0

平行度公差　　mm

轴高 h	平行度公差		
	$L<2.5h$	$2.5\leqslant L\leqslant 4h$	$L>4h$
25～50	0.2	0.3	0.4
>50～250	0.25	0.4	0.5
>250～630	0.5	0.75	1.0
>630～1000	0.75	1.0	1.5
>1000	1.0	1.5	2.0

注:1. 轴高应优先选用第Ⅰ系列的数值,如不能满足需要,可选用第Ⅱ系列的数值,其次选用第Ⅲ系列的数值,第Ⅳ系列的数值尽量不采用。

2. 当轴高大于 1600 mm 时,推荐选用 160 mm～1000 mm 范围内的数值再乘以 10。

3. 对于支承平面不在底部的机器,选用极限偏差及平行公差时应按轴伸轴线到机器底部的距离选取,取假设支承面是在机器底部的最低点。

4. L 为轴的全长。一般应在轴的两端测量,若不能在两端点测量,可取轴上任意两点,其测量结果应按轴的全长和该两点间的距离之比相应地增大。

表 5－6　锥度与锥角系列(GB/T 157－2001)

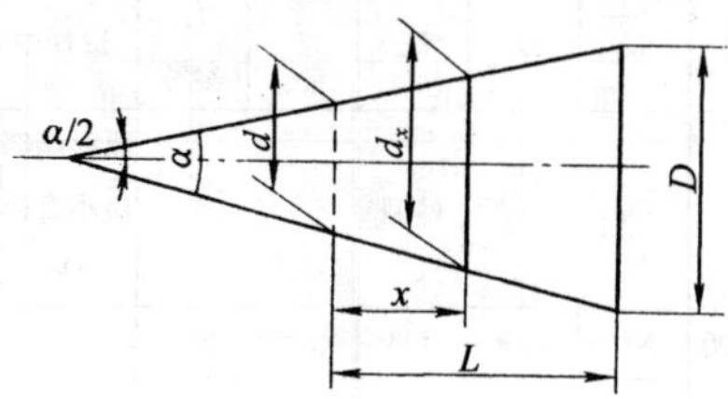

锥度 $C=\dfrac{D-d}{L}=2\tan\dfrac{\alpha}{2}$

(锥度一般用比例或分式表示)

一般用途圆锥的锥度与锥角

基本值		推算值			应用举例
系列 1	系列 2	圆锥角 α		锥度 C	
120°		—	—	1 : 0.288675	螺纹孔的内倒角，填料盒内填料的锥度
90°		—	—	1 : 0.500000	沉头螺钉头，螺纹倒角，轴的倒角
	75°	—	—	1 : 0.651613	车床顶尖，中心孔
60°		—	—	1 : 0.866025	车床顶尖，中心孔
45°		—	—	1 : 1.207107	轻型螺旋管接口的锥形密合
30°		—	—	1 : 1.866025	摩擦离合器
1 : 3		18°55′28.7″	18.924644°	—	有极限扭矩的摩擦圆锥离合器
	1 : 4	14°15′0.1″	14.250033°	—	
1 : 5		11°25′16.3″	11.421186°	—	易拆机件的锥形连接，锥形摩擦离合器
	1 : 6	9°31′38.2″	9.522783°	—	
	1 : 7	8°10′16.4″	8.171234°	—	重型机床顶尖、旋塞
	1 : 8	7°9′9.6″	7.152669°	—	联轴器和轴的圆锥面联接

表 5－7　中心孔(GB/T 145－2001)

mm

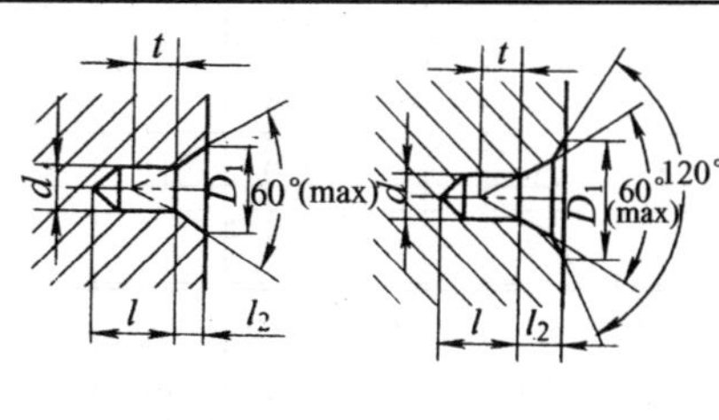

A 型　　B 型

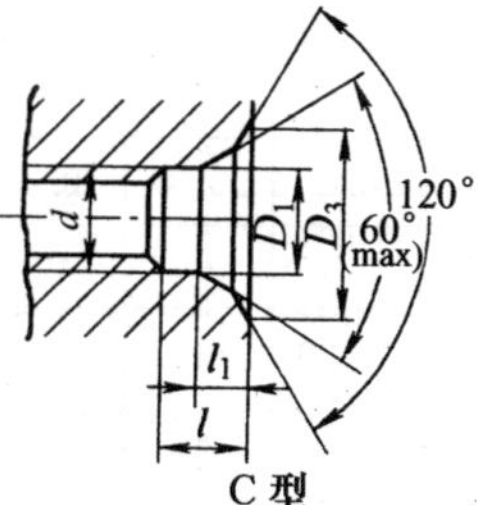

C 型

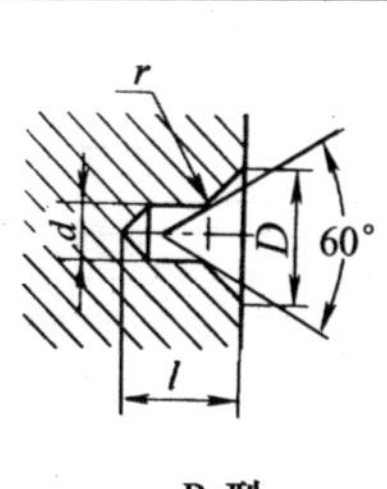

R 型

不带护锥中心孔 d	D、D_1		l_2(参考)		t(参考)	l_{min}	r_{max}	r_{min}	d	D_1	D_3	l	l_1(参考)	选择中心孔的参考数据		
A、B、R 型	AR 型	B 型	A 型	B 型	AB 型	R 型			C 型					原料端部最小直径 D_0	轴状原料最大直径 D_c	工件最大质量 /t
1.60	3.35	5.00	1.52	1.99	1.4	3.5	5.00	4.00								
2.00	4.25	6.30	1.95	2.54	1.8	4.4	6.30	5.00						8	>10～18	0.12
2.50	5.30	8.00	2.42	3.20	2.2	5.5	8.00	6.30						10	>18～30	0.2
3.15	6.70	10.00	3.07	4.03	2.8	7.0	10.00	8.00	M3	3.2	5.8	2.6	1.8	12	>30～50	0.5

(不带护锥中心孔、带护锥中心孔、带螺纹的中心孔、弧形中心孔)

续表 5－7

d	D、D_1		l_2（参考）		t（参考）	l_{min}	r_{max}	r_{min}	d	D_1	D_3	l	l_1（参考）	选择中心孔的参考数据		
A、B、R 型	AR 型	B 型	A 型	B 型	AB 型	R 型			C 型					原料端部最小直径 D_0	轴状原料最大直径 D_c	工件最大质量 /t
4.00	8.50	12.50	3.90	5.05	3.5	8.9	12.50	10.00	M4	4.3	7.4	3.2	2.1	15	>50～80	0.8
(5.00)	10.60	16.00	4.85	6.41	4.4	11.2	16.00	12.50	M5	5.3	8.8	4.0	2.4	20	>80～120	1
6.30	13.20	18.00	5.98	7.36	5.5	14.0	20.00	16.00	M6	6.4	10.5	5.0	2.8	25	>120～180	1.5
(8.00)	17.00	22.40	7.79	9.36	7.0	17.9	25.00	20.00	M8	8.4	13.2	6.0	3.3	30	>180～220	2
10.00	21.20	28.00	9.70	11.66	8.7	22.5	31.50	25.00	M10	10.5	16.3	7.5	3.8	35	>180～220	2.5

注：1. A 型和 B 型中心孔的尺寸 l 取决于中心钻的长度，此值不应小于 t 值。

2. 括号内的尺寸尽量不采用。

3. 选择中心孔的参考数值不属于 GB/T 145 内容，仅供参考。

表 5－8　零件倒圆与斜角（摘自 GB/T 6403.4－1986）

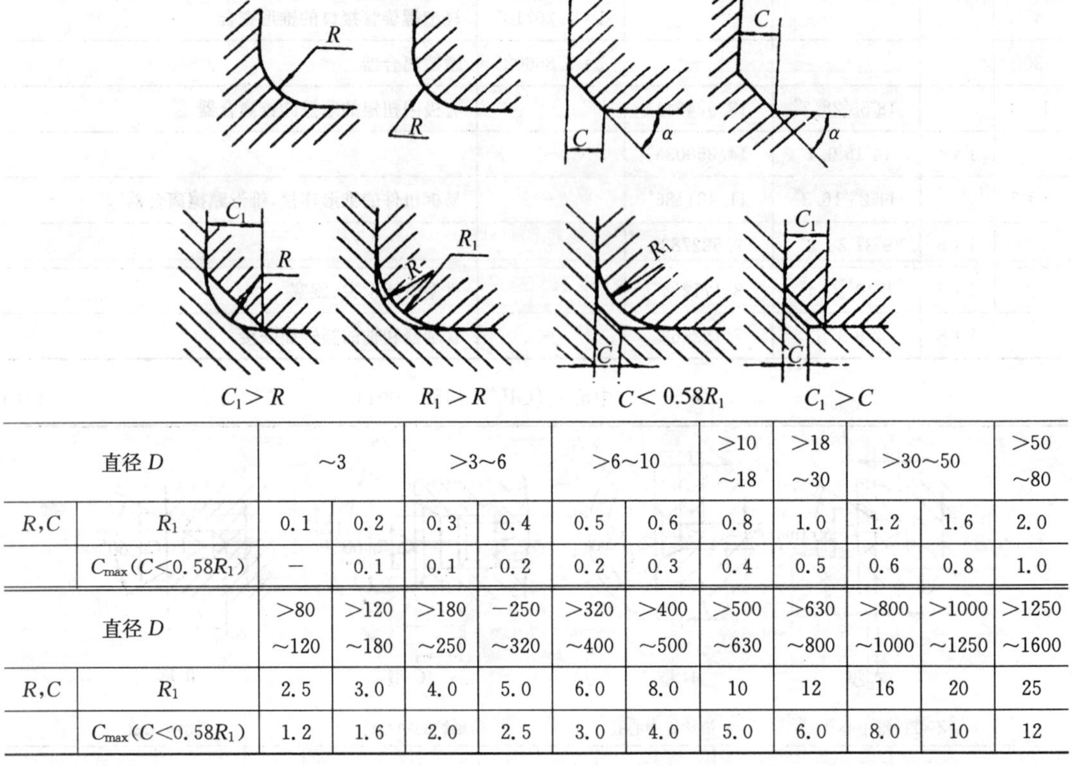

$C_1 > R$　　$R_1 > R$　　$C < 0.58R_1$　　$C_1 > C$

直径 D		～3		>3～6		>6～10		>10～18	>18～30	>30～50		>50～80
R,C	R_1	0.1	0.2	0.3	0.4	0.5	0.6	0.8	1.0	1.2	1.6	2.0
	$C_{max}(C<0.58R_1)$	—	0.1	0.1	0.2	0.2	0.3	0.4	0.5	0.6	0.8	1.0
直径 D		>80～120	>120～180	>180～250	－250～320	>320～400	>400～500	>500～630	>630～800	>800～1000	>1000～1250	>1250～1600
R,C	R_1	2.5	3.0	4.0	5.0	6.0	8.0	10	12	16	20	25
	$C_{max}(C<0.58R_1)$	1.2	1.6	2.0	2.5	3.0	4.0	5.0	6.0	8.0	10	12

注：α 一般采用 45°，也可采用 30°或 60°。

表 5−9　圆形零件自由表面过渡圆角半径和静配合联接轴用倒角　mm

圆角半径

$D-d$	2	5	8	10	15	20	25	30	35	40	50	55	65	70	90	100	130
R	1	2	3	4	5	8	10	12	12	16	16	20	20	25	25	30	30

$D-d$	140	170	180	220	230	290	300	360	370	450	460	540	550	650	660	760
R	40	40	50	50	60	60	80	80	100	100	125	125	160	160	200	200

静配合联接轴倒角

D	≤10	>10~18	>18~30	>30~50	>50~80	>80~120	>120~180	>180~260	>260~360	>360~500
a	1	1.5	2	3	5	5	8	10	10	12
c	0.5	1	1.5	2	2.5	3	4	5	6	8
30°	10°									

注：尺寸 $D-d$ 是表中数值的中间值时，按较小尺寸来选取 R。例如 $D-d=98$，则按 90 选 $R=25$。

表 5−10　齿轮滚刀外径尺寸(GB/T 6083−2001)　mm

模数 m		1	1.5	2	2.5	3	4	5	6	7	8	9	10
滚刀外径 d_e	Ⅰ型	63	63	71	80	90	112	125	140	140	160	180	200
	Ⅱ型	50	63	71	71	80	90	100	112	118	125	140	150

注：Ⅰ型适用于 JB3327 规定的高精度齿轮滚刀及 GB/T 6084−2001 的 AA 级滚刀。

Ⅱ型适用于技术条件按 GB/T 6084−2001 的齿轮滚刀。

表 5−11　砂轮越程槽(GB/T 6403.5−1986)　mm

回转面及端面砂轮越程槽的形式及尺寸

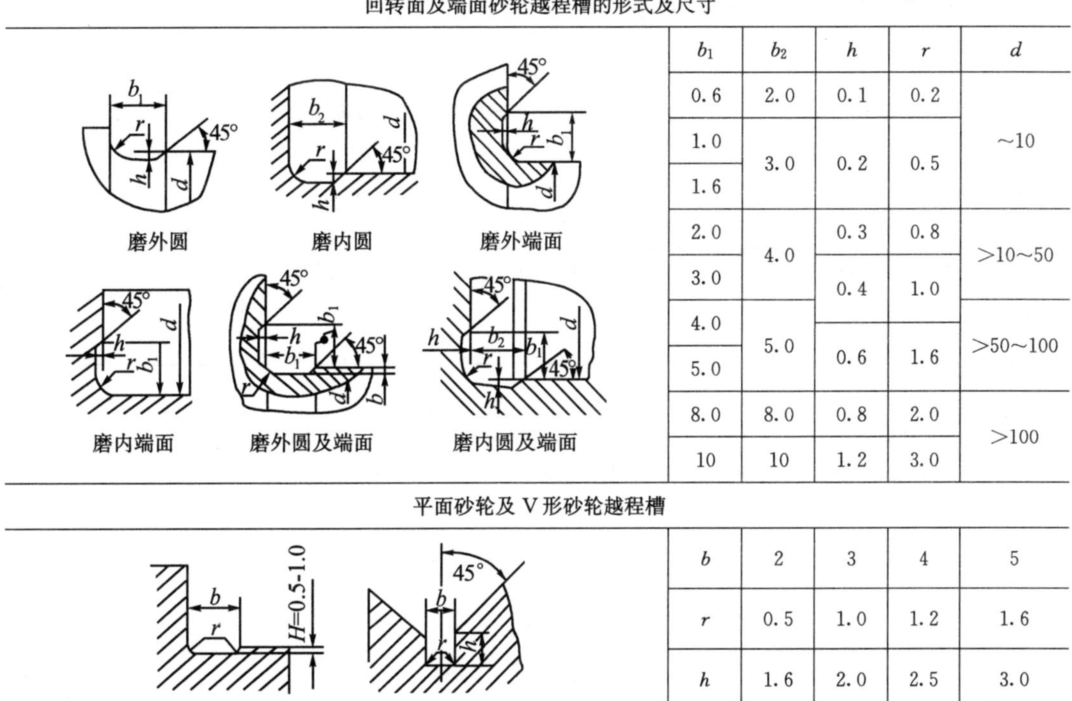

磨外圆　磨内圆　磨外端面

磨内端面　磨外圆及端面　磨内圆及端面

b_1	b_2	h	r	d
0.6	2.0	0.1	0.2	~10
1.0	3.0	0.2	0.5	
1.6				
2.0	4.0	0.3	0.8	>10~50
3.0		0.4	1.0	
4.0	5.0	0.6	1.6	>50~100
5.0				
8.0	8.0	0.8	2.0	>100
10	10	1.2	3.0	

平面砂轮及 V 形砂轮越程槽

b	2	3	4	5
r	0.5	1.0	1.2	1.6
h	1.6	2.0	2.5	3.0

表 5-12　刨切越程槽　mm

切削长度	名称	刨切越程 $a+b$
	龙门刨	100~200
	牛头刨床、立刨床	50~75

表 5-13　弧形槽端部半径　mm

<table>
<tr><td rowspan="3">花键槽</td><td rowspan="3"></td><td colspan="2">铣切深度 H</td><td>5</td><td>10</td><td>12</td><td>25</td></tr>
<tr><td colspan="2">铣切宽度 B</td><td>4</td><td>4</td><td>5</td><td>10</td></tr>
<tr><td colspan="2">R</td><td>20~30</td><td>30~37.5</td><td>37.5</td><td>55</td></tr>
<tr><td rowspan="7">弧形键槽
(摘自半圆键槽铣刀
GB/T 1127—1981)</td><td rowspan="7"></td><td>键公称尺寸
$B\times d$</td><td>铣刀
D</td><td>键公称尺寸
$B\times d$</td><td>铣刀
D</td><td>键公称尺寸
$B\times d$</td><td>铣刀
D</td></tr>
<tr><td>1×4</td><td>4.25</td><td>3×16</td><td rowspan="3">16.9</td><td>6×22</td><td>23.20</td></tr>
<tr><td>1.5×7</td><td rowspan="2">7.40</td><td>4×16</td><td>6×25</td><td>26.50</td></tr>
<tr><td>2×10</td><td>5×16</td><td>8×28</td><td>29.70</td></tr>
<tr><td>2×10</td><td rowspan="2">10.60</td><td>4×19</td><td rowspan="2">20.10</td><td>10×32</td><td>33.90</td></tr>
<tr><td>2.5×10</td><td>5×19</td><td></td><td></td></tr>
<tr><td>3×13</td><td>13.80</td><td>5×22</td><td>23.20</td><td></td><td></td></tr>
</table>

注：d 是铣削键槽时键槽弧形部分的直径。

5.3.2　铸件设计一般规范

表 5-14　最小壁厚(不小于)　mm

铸造方法	铸件尺寸	铸钢	灰铸铁	球墨铸铁	可锻铸铁	铝合金	镁合金	铜合金
砂型	~200×200	8	~6	6	5	3	3	3~5
	>200×200~500×500	10~12	>6~10	12	8	4		6~8
	>500×500	15~20	15~20			6		
金属型	~70×70	5	4		2.5~3.5	2~3	2.5	3
	>70×70~150×150		5			4		4~5
	>150×150	10	6			5		6~8

注：1. 一般铸造条件下，各种灰铸铁的最小允许壁厚：

HT100，HT150，δ=4~6；HT200，δ=6~8；HT250，δ=8~15；HT300，HT350，δ=15；HT400，δ≥20

2. 如有特殊需要，在改善铸造条件下，灰铸铁最小壁厚可达 3 mm，可锻铸铁可小于 3 mm。

表 5－15　外壁、内壁与筋的厚度

mm

零件质量 kg	零件最大外形尺寸	外壁厚度	内壁厚度	筋的厚度	零　件　举　例
～5	300	7	6	5	盖、拨叉、杠杆、端盖、轴套
6～10	500	8	7	5	盖、门、轴套、挡板、支架、箱体
11～60	750	10	8	6	盖、箱体、罩、电机支架、溜板箱体、支架、托架、门
61～100	1250	12	10	8	盖、箱体、搪模架、油缸体、支架、溜板箱体
101～500	1700	14	12	8	油盘、盖、壁、床鞍箱体、带轮、搪模架
501～800	2500	16	14	10	搪模架、箱体、床身、轮缘、盖、滑座
801～1200	3000	18	16	12	小立柱、箱体、滑座、床身、床鞍、油盘

表 5－16　铸造外圆角(JB/ZQ 4256－1986)　　mm

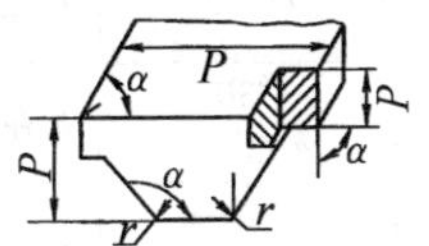

表面的最小边尺寸 P	"r"值					
	外圆角 α					
	≤50°	51°～75°	76°～105°	106°～135°	136°～165°	>165°
≤25	2	2	2	4	6	8
>25～60	2	4	4	6	10	16
>60～160	4	4	6	8	16	25
>160～250	4	6	8	12	20	30
>250～400	6	8	10	16	25	40

表 5－17　铸造内圆角(JB/ZQ 4255－1986)　　mm

$a \approx b$ 时　　　　$b < 0.8a$ 时

$R_1 = R + a$　　　　$R_1 = R + b + c$

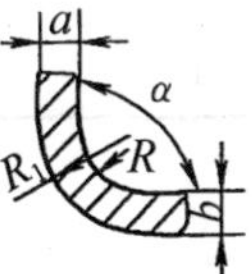

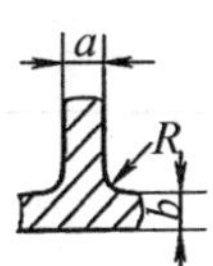

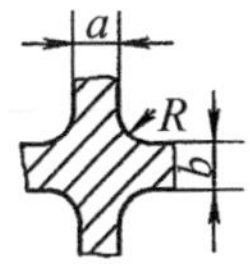

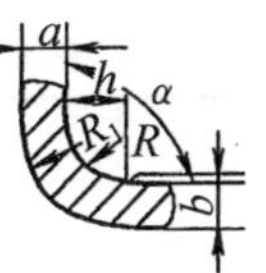

$\frac{a+b}{2}$	"R"值											
	内圆角 α											
	<50°		51°～75°		76°～105°		106°～135°		136°～165°		>165°	
	钢	铁	钢	铁	钢	铁	钢	铁	钢	铁	钢	铁
≤8	4	4	4	4	6	4	8	6	16	10	20	16
9～12	4	4	4	4	6	6	10	8	16	12	25	20
13～16	4	4	6	4	8	6	12	10	20	16	30	25
17～20	6	4	8	6	10	8	16	12	25	20	40	30
21～27	6	6	10	8	12	10	20	16	30	25	50	40
28～35	8	6	12	10	16	12	25	20	40	30	60	50

续表 5－17

“c”和“h”值					
b/a		<0.4	0.5～0.65	0.66～0.8	>0.8
$c\approx$		0.7$(a-b)$	0.8$(a-b)$	$a-b$	—
$h\approx$	钢	$8c$			
	铁	$9c$			

表 5－18　铸造斜度(JB/ZQ 4257－1986)

斜度 $a:h$	角度 β	使用范围
1∶5	11°30′	h<25 mm 的钢和铁铸件
1∶10 1∶20	5°30′ 3°	h 在 25 mm～500 mm 时的钢和铁铸件
1∶50	1°	h>500 mm 时的钢和铁铸件
1∶100	30′	有色金属铸件

注：当设计不同壁厚的铸件时，在转折点处的斜角最大还可增大到 30°～45°。

表 5－19　铸造过渡斜度(JB/ZQ 4254－1986)

mm

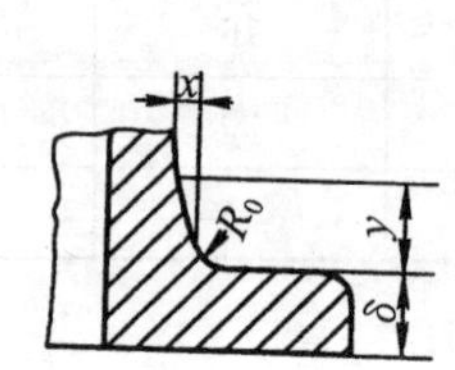

适用于减速器的机体、机盖、联接管、汽缸及其他各种联接法兰的过渡处。

铸铁和铸钢件的壁厚 δ	x	y	R_0
10～15	3	15	5
>15～20	4	20	5
>20～25	5	25	5
>25～30	6	30	8
>30～35	7	35	8
>35～40	8	40	10
>40～45	9	45	10
>45～50	10	50	10

第6章　常用工程材料

6.1　黑色金属材料

表6-1　金属材料中常用化学元素名称及符号(GB/T 221-1963)

名称	铬	镍	硅	锰	铝	磷	硫	钨	钼	钒	钛	铜	铁	硼	钴
符号	Cr	Ni	Si	Mn	Al	P	S	W	Mo	V	Ti	Cu	Fe	B	Co
名称	氮	铌	钽	钙	锕	碳	铈	铯	锆	镧	铅	锡	锑	锌	铼
符号	N	Nb	Ta	Ca	Ac	C	Ce	Cs	Zr	La	Pb	Sn	Sb	Zn	Re

表6-2　钢的常用热处理方法及应用

名称	说明	应用
退火(焖火)	退火是将钢件(或钢坯)加热到临界温度以上30℃~50℃保温一段时间,然后再缓慢地冷却下来(一般用炉冷)	用来消除铸、锻、焊零件的内应力,降低硬度,易于切削加工,细化金属晶粒,改善组织,增加韧性
正火(正常化)	正火也是将钢件加热到临界温度以上,保温一段时间,然后用空气冷却,冷却速度比退火为快	用来处理低碳和中碳结构钢件及渗碳零件,使其组织细化,增加强度与韧性,减少内应力,改善切削性能
淬火	淬火是将钢件加热到临界点以上温度,保温一段时间,然后在水、盐水或油中(个别材料在空气中)急冷下来,使其得到高硬度	用来提高钢的硬度和强度极限。但淬火时会引起内应力使钢变脆,所以淬火后必须回火
回火	回火是将淬硬的钢件加热到临界点以下的温度,保温一段时间,然后在空气中或油中冷却下来	用来消除淬火后的脆性和内应力,提高钢的塑性和冲击韧性
调质	淬火后高温回火,称为调质	用来使钢获得高的韧性和足够的强度。很多重要零件是经过调质处理的
表面淬火	使零件表层有高的硬度和耐磨性,而心部保持原有的强度和韧性的热处理方法	表面淬火常用来处理齿轮等

表6-3　常用热处理工艺及代号(GB/T 12603-1990)

工艺	代号	工艺	代号	工艺代号意义
退火	5111	表面淬火和回火	5210	5 1 3 1 e e—冷却介质(油) 第4位1—工艺方法(加热炉) 第3位3—工艺名称(淬火) 第2位1—工艺类型(整体热处理) 第1位5—热处理
正火	5121	感应淬火和回火	5212	
调质	5151	火焰淬火和回火	5213	
淬火	5131	渗碳	5310	
空冷淬火	5313a	固体渗碳	5311S	
油冷淬火	5131e	液体渗碳	5311L	
水冷淬火	5131W	气体渗碳	5311G	
感应加热淬火	5132	渗氮	5330	
淬火和回火	5141	碳氮共渗	5340	

表 6－4　碳素结构钢(GB/T 700－1988)

牌号	机械性能								应用举例
	屈服点 σ_s N/mm²						抗拉强度	延伸率	
	材料厚度(直径)mm						σ_b	δ_s%	
	≤16	<16~40	>40~60	>60~100	>100~150	>150	N/mm²	不小于	
	不　小　于								
Q215	215	205	195	185	175	165	335~410	31	普通金属构件，拉杆、心轴、垫圈、凸轮等
Q235	235	225	215	205	195	185	375~460	26	普通金属构件，吊钩、拉杆、套、螺栓、螺母、楔、盖、焊接件等
Q255	255	245	235	225	215	205	410~510	24	
Q275	275	265	255	245	235	225	490~610	20	轴、轴销、螺栓等强度较高的零件

注：延伸率为材料厚度(或直径)≤16 mm时的性能，按 σ_s 栏尺寸分段，每一段的 δ_5%值应降低一个值。

表 6－5　优质碳素结构钢(GB/T 699－1988)

牌号	推荐热处理 ℃			机械性能					特性及应用举例
	正火	淬火	回火	σ_b N/mm²	σ_s N/mm²	δ_5 %	φ %	α_k N·m/cm²	
				不小于					
08F	930			295	175	35	60		韧性、冲压、拉延、焊接性好，可制作垫片、垫圈、套筒等
10	930			335	205	31	55		强度较低，塑性、韧性高，可制作拉杆、卡头、垫圈等
20	910			410	245	25	55		韧性好，可制作杠杆、轴套、吊钩，并可进行渗碳处理
25	900	870	600	450	275	23	50	71	可制作焊接设备以及不受高应力的机加工零件，如轴、联轴器、螺母、螺钉等

续表 6－5

牌号	推荐热处理 ℃			机械性能					特性及应用举例
				σ_b N/mm²	σ_s N/mm²	δ_5 %	φ %	α_k N·m/cm²	
	正火	淬火	回火	不小于					
30	880	860	600	490	295	21	50	63	可制作销、转轴、螺栓、螺母、杠杆、链轮、套杯等
35	870	850	600	530	315	20	45	55	
40	860	840	600	570	335	19	45	47	强度较高，韧性中等，通常进行调质或正火处理，可制作齿轮、轴、齿条、键、销、链轮等
45	850	840	600	600	335	16	40	39	
55	820	820	600	645	380	13	35		可制作齿轮、轴、轧辊、扁弹簧、轮圈、轮缘等
25Mn	900	870	600	490	295	22	50	71	强度、淬透性比相应的碳钢好，可制作凸轮、齿轮、链轮等
30Mn	880	860	600	540	315	20	45	63	可制作螺栓、螺母及杠杆等
40Mn	860	840	600	590	355	17	45	47	可制作承受疲劳负荷的零件，如轴、拉杆等
50Mn	830	830	600	645	390	13	40	31	可制作轴、齿轮、摩擦盘等
65Mn	810			735	430	9	30		可制作弹簧、弹簧垫圈、卡簧等

注：1. 表中所列机械性能均为试件毛坯尺寸为 25 mm 时的数值。

2. 表中所推荐热处理保温时间为：正火和淬火不得少于 30 分钟，回火不得少于 1 小时。

表 6－6　合金结构钢(GB/T 3077－1988)

牌号	热处理				试样毛坯尺寸/mm	力学性能					钢材退火或高温回火供应状态，布氏硬度(HBS)不大于	应用举例（非标准内容）
	淬火		回火			抗拉强度 σ_b	屈服强度 σ_s	伸长率 δ_5	收缩率 ψ	冲击功 A_K		
	温度/℃	冷却剂	温度/℃	冷却剂		MPa	MPa	%		J		
						不小于						
30Mn2	840	水	500	水	25	785	635	12	45	63	207	起重机行车轴、变速箱齿轮、冷镦螺栓及较大截面的调质零件
35Mn2	840	水	500	水	25	835	685	12	45	55	207	对于截面较小的零件可以代替 40Cr，做直径≤15 mm 的重要用途的冷镦螺栓及小轴
45Mn2	840	油	550	水或油	25	885	735	10	45	47	217	在直径≤60 mm 时，与 40Cr 相当，可做万向联轴节、齿轮轴、蜗杆、曲轴、连杆、共键轴、摩擦盘等

续表 6—6

牌号	热处理				试样毛坯尺寸/mm	力学性能					钢材退火或高温回火供应状态，布氏硬度(HBS)不大于	应用举例(非标准内容)
	淬火		回火			抗拉强度 σ_b	屈服强度 σ_s	伸长率 δ_5	收缩率 ψ	冲击功 A_K		
	温度/℃	冷却剂	温度/℃	冷却剂		MPa	MPa	%		J		
						不小于						
35SiMn	900	水	570	水或油	25	885	735	15	45	47	229	可代替 40Cr 做中、小型轴类、齿轮等零件及 430℃以下的重要紧固件
42SiMn	880	水	590	水	25	885	735	15	40	47	229	可代替 40Cr、34CrMo 钢做大齿圈
37SiMn2MoV	870	水或油	650	水或空气	25	980	835	12	50	63	269	可代替 34CrNiMo 等做高强度重负荷轴、曲轴、齿轮、蜗杆等零件
20CrMnTi	880	油	200	水或空气	15	1080	835	10	45	55	217	可代替镍铬钢用于承受高速、中等或重负荷以及冲击磨损等重要零件，如渗碳齿轮、凸轮等
20CrMnMo	850	油	200	水或空气	15	1175	885	10	45	55	217	用于要求表面硬度高、耐磨、心部有较高强度、韧性的零件，如传动齿轮和曲轴
35CrMn	850	油	550	水或油	25	980	835	12	45	63	229	可代替 40CrNi 做大截面齿轮和重载传动轴等
20Cr	第一次 880 第二次 780～820	水或油	200	水或空气	15	835	540	10	40	47	179	用于要求心部强度较高，承受磨损、尺寸较大的渗碳零件，如齿轮、齿轮轴、蜗杆、凸轮、活塞销等
40Cr	850	油	520	水或油	25	980	785	9	45	47	207	用于受变载、中速中载、强烈磨损而无很大冲击的重要零件，如重要的齿轮、轴、曲轴、连杆等
20SiMnVB	900	油	200	水或空气	15	1175	980	10	45	55	207	代替 20CrMnTi
18Cr2Ni4WA	第一次 880 第二次 780～820	空气	200	水或空气	15	1175	835	10	45	78	269	用于制作承受很高载荷、强烈磨损、截面尺寸较大的重要零件，如重要的齿轮与轴
40CrNiMoA	850	油	600	水或油	25	980	835	12	55	78	269	用于制造重负荷、大截面、重要调质零件，如大型的轴和齿轮

注：表中所列机械性能适用于截面尺寸小于或等于 80 mm 的钢材。当尺寸为 81 mm～100 mm 时，允许其伸长率、断面收缩率及冲击功分别降低 1 个单位、5 个单位及 5%；当尺寸为 101 mm～150 mm 时，允许分别降低 2 个单位、10 个单位及 10%；当尺寸为 151 mm～250 mm 时，允许分别降低 3 个单位、15 个单位及 15%。

表 6－7　**铸钢、灰铸铁和球墨铸铁**（GB/T 1671－1985、GB/T 9439－1988 **和** GB/T 1348－1988）

类别	牌号	机械性能						应用举例
		σ_b N/mm²	σ_s 或 $\sigma_{0.2}$ N/mm²	δ %	φ %	a_k N·m/cm²	硬度 HB	
		不小于						
铸钢	ZG200－400 ZG230－450	400 450	200 230	25 22	40 32	60 45	≥131	机座、机盖等
	ZG270－500	500	270	18	25	35	≥143	飞轮、机架、箱体、联轴器、汽锤等
	ZG310－570	570	310	15	21	30	≥153	齿轮、联轴器、齿轮圈及重负荷机架等
	ZG340－640	640	340	10	18	20	169～229	齿轮、联轴器等重要件
灰铸铁	HT100	100					114～173	支架、盖、手把等
	HT150	150					132～197	端盖、轴承座、手轮等
	HT200	200					151～229	机架、机体、中压阀体等
	HT250 HT300	250 300					180～269 207～313	机体、轴承座、缸体、联轴器、齿轮等
	HT350	350					238～357	凸轮、齿轮、床身、导轨等
球墨铸铁	QT500－7	500	320	7			180～230	阀体、汽缸、轴瓦等
	QT450－10 QT400－15	450 400	310 250	10 15			160～210 130～180	减速器箱体、管路、阀体、盖、中低压阀体等
	QT700－2 QT600－3	700 600	420 370	2 3			225～305 190～270	曲轴、缸体、车轮等

注：1. 表中所列铸钢的机械性能适用于厚度为 10 mm 以下的铸件。

2. 灰铸铁的 σ_b 为单铸件试棒的抗拉强度，其硬度值是由经验公式按表中 σ_b 计算后处理而得到，仅供参考。

3. 球墨铸铁的机械性能为单铸件试块的机械性能。

表 6－8　**冷轧钢板和钢带**（GB/T 708－1988）

厚度	0.20，0.25，0.30，0.35，0.40，0.45，0.55，0.60，0.65，0.70，0.75，0.80，0.90，1.00，1.1，1.2，1.3，1.4，1.5，1.6，1.7，1.8，2.0，2.2，2.5，2.8，3.0，3.2，3.5，3.8，3.9，4.0，4.2，4.5，4.8，5.0

注：1. 本标准适用于宽度≥600 mm，厚度为 0.2 mm～5 mm 的冷轧钢板和厚度不大于 3 mm 的冷轧钢带。

2. 宽度系列为 600，650，700，(710)，750，800，850，900，950，1000，1100，1250，1400，(1420)，1500～2000(100 进位)。

表 6－9　热轧钢板(GB/T 709－1988)

厚度	0.35，0.50，0.55，0.60，0.65，0.70，0.75，0.80，0.90，1.0，1.2～1.6（0.1 进位），1.8，2.0，2.2，2.5，2.8，3.2，3.5，3.8，3.9，4.0，4.5，5，6，7，8，9，10～22（1 进位），25，26～42（2 进位），45，48，50，52，55～95（5 进位），100，105，110，120，125，130～160（10 进位），165，170，180～200（5 进位）

注：钢板宽度系列为 600，650，700，710，750～1000（50 进位），1250，1400，1420，1500～3000（100 进位），3200～3800（200 进位）。

6.2　常用铜合金

表 6－10　铸造铜合金(GB/T 1176－1987)

合金名称与牌号	铸造方法	机械性能>				应用举例
		σ_b/ N·mm^{-2}	$\delta_{0.2}$/ N·mm^{-2}	δ_s (%)	硬度 (HBS)	
5-5-5 锡青铜 ZCuSn5Pb5Zn5	CS、GM ZG、GC	200 250	90 100	13 13	590* 635*	用于较高负荷、中等滑动速度下工作的耐磨、耐蚀零件，如轴瓦、衬套、蜗轮等
10-1 锡青铜 ZCuSn10P1	GS GM GZ	220 310 330	130 170 170	3 2 4	785* 885* 885*	用于负荷小于 20 MPa 和滑动速度小于 8 m/s 条件下工作的耐磨零件，如齿轮、蜗轮、轴瓦等
10-2 锡青铜 ZCuSn10Zn2	GS GM GZ、GC	240 245 270	120 140 140	12 6 7	685* 785* 785*	用于中等负荷和小滑动速度下工作的管配件及阀、泵体、齿轮、蜗轮、叶轮等
8-13-3-2 铝青铜 ZCuAl8Mn13Fe3Ni2	GS GM	645 670	280 310	20 18	1570 1665	用于强度高、耐蚀的重要零件，如船舶螺旋桨、高压阀体；耐压耐磨的齿轮、蜗轮、衬套等
9-2 铝青铜 ZCuAl9Mn2	GS GM	390 440		20 20	835 930	用于制造耐磨、结构简单的大型铸件，如衬套、蜗轮及增压器内气封等
10-3 铝青铜 ZCuAl10Fe3	GS GM GZ、GC	490 540 540	180 200 200	13 15 15	980* 1080* 1080*	制造强度高、耐磨、耐蚀零件，如蜗轮、轴承、衬套、耐热配管件
9-4-4-2 铝青铜 ZCuAl9Fe4Ni4Mn2	GS	630	250	16	1570	制造高强度、耐磨及高温下工作的重要零件，如船舶螺旋桨、轴承、齿轮、蜗轮、螺母、法兰、导向套管等
25-6-3-3 铝黄铜 ZCuZn25Al6Fe3Mn3	GS GM GZ、GC	725 740 740	380 400 400	10 7 7	1570* 1665* 1665*	适用于高强度、耐磨零件，如桥梁支承板、螺母、螺杆、耐磨板、蜗轮等
38-2-2 锰黄铜 ZCuZn38Mn2Pb2	GS GM	245 345		10 18	685 785	一般用途为制造结构件，如套筒、轴瓦、滑块等

注：1. GS—砂型铸造，GM—金属型铸造，GZ—离心铸造，GC—连续铸造。

2. 带 * 号的数据为参考值。布氏硬度试验，力的单位为牛顿(N)。

6.3 其他材料

表 6－11 软钢纸板(QB 365－1963)

mm

厚度		长×宽		备注
公称尺寸	偏差	公称尺寸	偏差	
0.5，0.8	±0.12	400×300	±10	1. 软钢纸板经甘油、蓖麻油处理，适用于制作密封连接处的垫片； 2. 有关的物理和机械性能及试验方法参见标准 QB 365－1963。
1.0	±0.15	650×400		
1.5，2.0	±0.15	650×490		
2.5，3.0	±0.20	920×650		

表 6－12 工业用毛毡(FJ 314－1981)

类型	牌号	单位体积质量 g/cm³	断裂强度 N/mm²	断裂时延伸率% ≤	应用举例
细毛	T112－26～31	0.26～0.31	2～5	90～144	用作密封、防漏油、振动缓冲衬垫等
半粗毛	T122－24～29	0.24～0.29	2～4	95～150	
粗毛	T132－32～36	0.24～29	2～3	110～156	

注：毛毡的厚度公称尺寸为 1.5、2、3、4、6、8、10、12、14、16、18、20、25 mm，宽度尺寸为 0.5 mm～1.9 mm。

表 6－13 常用工程塑料

品名		密度/(g/cm³)	吸水率/%	成型收缩率/%	线膨胀系数/(10⁻⁵/℃)	马丁氏耐热性/℃	抗拉强度/MPa	抗弯强度/MPa	抗压强度/MPa	弹性模量/GPa	冲击韧度/(kJ/m²)	硬度
尼龙6	未增强	1.13～1.15	1.9～2.0	1.0～2.0	7.9～8.7	40～50	52.92～76.44	68.6～98	58.8～88.2	0.81～2.55	3.04	85～114 HRR
	增强 30% 玻纤	1.34			2.0～3.0		107.8～127.4	117.6～137.2	88.2～117.6		9.8～14.7	92～94 HRM
尼龙66	未增强	1.14～1.15	1.5	1.5～2.0	9.1～10.0	50～60	55.86～81.34	98～107.8	88.2～117.6	1.37～3.23	3.82	100～118 HRR
	增强 20%～40% 玻纤	1.30～1.52		0.1～0.5	1.2～3.2		96.43～213.54	123.97～275.58	103.39～165.33		11.76～36.75	94 HRM 75 MRE
尼龙10	未增强	1.04～1.06	0.39	1.2～1.7	10.5	45	50.96～53.9	80.36～87.22	77.4	1.57	3.92～4.9	7.1 HBS
	增强	1.485				177	192.37	303.8	164.05		96.53	14.97 HBS

第 7 章　螺纹联接和螺纹零件结构要素

7.1 螺　纹

7.1.1 普通螺纹

表 7－1　普通螺纹的基本尺寸(GB/T 196－2003)　　mm

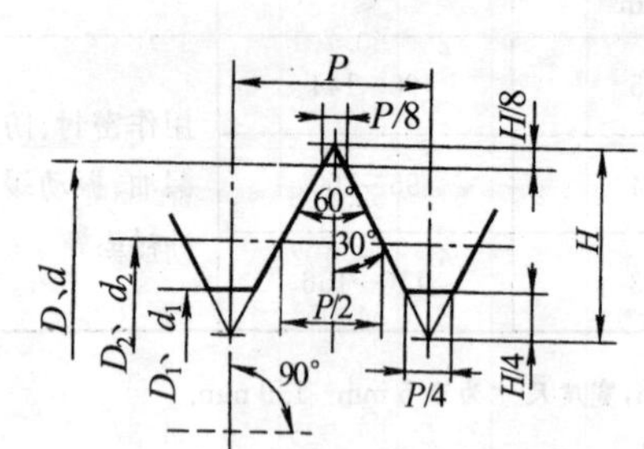

$H=0.866P$

$d_2=d-0.6495P$

$d_1=d-1.0825P$

D、d：内、外螺纹基本大径；

D_2、d_2：内、外螺纹基本中径；

D_1、d_1：内、外螺纹基本小径；

P：螺距

标记示例：

M20－6H(公称直径 20 粗牙右旋内螺纹，中径和大径的公差带均为 6 H)

M20－6g(公称直径 20 粗牙右旋外螺纹，中径和大径的公差带均为 6g)，M20－6H/6g(上述规格的螺纹副)，M20×2 左－5g6g－S(公称直径 20、螺距 2 的细牙左旋外螺纹，中径、大径的公差带分别为 5g、6g 短旋合长度)

公称直径 D、d 第一系列	公称直径 D、d 第二系列	螺距 P	中径 D_2d_2	小径 D_1d_1
3		0.5	2.675	2.459
		0.35	2.773	2.621
	3.5	0.6	3.110	2.850
		0.35	3.273	3.121
4		0.7	3.545	3.242
		0.5	3.675	3.459
	4.5	0.75	4.013	3.688
		0.5	4.175	3.959
5		0.8	4.480	4.134
		0.5	4.675	4.459

公称直径 D、d 第一系列	公称直径 D、d 第二系列	螺距 P	中径 D_2d_2	小径 D_1d_1
6		1	5.350	4.917
		0.75	5.513	5.188
	7	1	6.350	5.917
		0.75	6.513	6.188
8		1.25	7.188	6.647
		1	7.350	6.917
		0.75	7.513	7.188

公称直径 D、d 第一系列	公称直径 D、d 第二系列	螺距 P	中径 D_2d_2	小径 D_1d_1
10		1.5	9.026	8.376
		1.25	9.188	8.647
		1	9.350	8.917
		0.75	9.513	9.188
12		1.75	10.863	10.106
		1.5	11.026	10.376
		1.25	11.188	10.647
		1	11.350	10.917
	14	2	12.701	11.835
		1.5	13.026	12.376
		1	13.350	12.917

续表7－1

公称直径 D、d 第一系列	公称直径 D、d 第二系列	螺距 P	中径 D_2d_2	小径 D_1d_1
16		2	14. 701	13. 835
		1. 5	15. 026	14. 376
		1	15. 350	14. 917
	18	2. 5	16. 376	15. 294
		2	16. 701	15. 835
		1. 5	17. 026	16. 376
		1	17. 350	16. 917
20		2. 5	18. 376	17. 294
		2	18. 701	17. 835
		1. 5	19. 026	18. 376
		1	19. 350	18. 917
	22	2. 5	20. 376	19. 294
		2	20. 701	19. 835
		1. 5	21. 026	20. 376
		1	21. 350	20. 917
24		3	22. 051	20. 752
		2	22. 701	21. 835
		1. 5	23. 026	22. 376
		1	23. 350	22. 917
	27	3	25. 051	23. 752
		2	25. 701	24. 835
		1. 5	26. 026	5. 376
		1	26. 350	25. 917
30		3. 5	27. 727	26. 211
		2	28. 701	27. 835
		1. 5	29. 026	28. 376
		1	29. 350	28. 917

公称直径 D、d 第一系列	公称直径 D、d 第二系列	螺距 P	中径 D_2d_2	小径 D_1d_1
	33	3. 5	30. 727	29. 211
		2	31. 701	30. 835
		1. 5	32. 026	31. 376
36		4	33. 402	31. 670
		3	34. 051	32. 752
		2	34. 701	33. 835
		1. 5	35. 026	34. 376
	39	4	36. 042	34. 670
		3	37. 051	35. 572
		2	37. 701	36. 835
		1. 5	38. 026	37. 376
42		4. 5	39. 077	37. 129
		4	39. 402	37. 670
		3	40. 051	38. 752
		2	40. 701	39. 835
		1. 5	41. 026	40. 376
	45	4. 5	42. 077	40. 129
		4	42. 402	40. 670
		3	43. 051	41. 752
		2	43. 701	42. 835
		1. 5	44. 026	43. 376

公称直径 D、d 第一系列	公称直径 D、d 第二系列	螺距 P	中径 D_2d_2	小径 D_1d_1
48		5	44. 752	42. 587
		4	45. 402	43. 670
		3	46. 051	44. 752
		2	46. 701	45. 835
		1. 5	47. 026	46. 376
	52	5	48. 752	46. 587
		4	49. 402	47. 670
		3	50. 051	48. 752
		2	50. 701	49. 835
		1. 5	51. 026	50. 376
56		5. 5	52. 428	50. 046
		4	53. 402	51. 670
		3	54. 051	52. 752
		2	54. 701	53. 835
		1. 5	55. 026	54. 376
	60	5. 5	56. 428	54. 046
		4	57. 402	53. 670
		3	58. 051	56. 752
		2	58. 701	57. 835
		1. 5	59. 026	58. 376
64		6	60. 103	57. 505
		4	61. 402	59. 670
		3	62. 051	60. 752
		2	62. 701	61. 835
		1. 5	63. 026	62. 376

注：1."螺距 P"栏中第一个数值为粗牙螺距，其余为细牙螺距。

2.优先选用第一系列，其次选用第二系列，第三系列（表中未列出）尽量不用。

7.1.2 梯形螺纹

表 7－2 梯形螺纹最大实体牙型尺寸(GB/T 5796.1－2005) mm

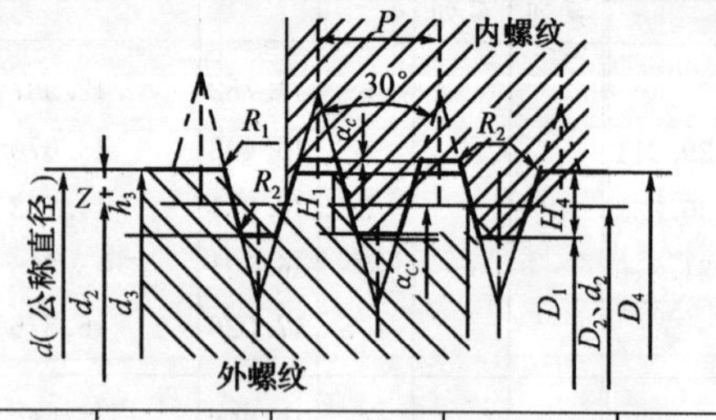

标记示例：

Tr40×7－7H(梯形内螺纹，公称直径 $d=40$、螺距 $P=7$、精度等级 7H)

Tr40×14(P7)LH－7e(多线左旋梯形外螺纹，公称直径 $d=40$、导程＝14、螺距 $P=7$、精度等级 7e)

Tr40×7－7H/7e(梯形螺旋副、公称直径 $d=40$、螺距 $P=7$、内螺纹精度等级 7H、外螺纹精度等级 7e)

螺距 P	a_c	$H_4=h_3$	R_{1max}	R_{2max}	螺距 P	a_c	$H_4=h_3$	R_{1max}	R_{2max}
1.5	0.15	0.9	0.075	0.15	9 10 12	0.5	5 5.5 6.5	0.25	0.5
2 3 4 5	0.25	1.25 1.75 2.25 2.75	0.125	0.25					
6 7 8	0.5	3.5 4 4.5	0.25	0.5	14 16 18 20	1	8 9 10 11	0.5	1

表 7－3 梯形螺纹直径与螺距系列(GB/T 5796.2－2005) mm

公称直径 d		螺距 P	公称直径 d		螺距 P	公称直径 d		螺距 P
第一系列	第二系列		第一系列	第二系列		第一系列	第二系列	
8		1.5*	28	26	8,5*,3	52	50	12,8*,3
10	9	2*,1.5		30	10,6*,3		55	14,9*,3
	11	3,2*	32		10,6*,3	60		14,9*,3
12		3*,2	36	34		70	65	16,10*,4
	14	3*,2		38	10,7*,3	80	75	16,10*,4
16	18	4*,2	40	42			85	18,12*,4
20		4*,2	44		12,7*,3	90	95	18,12*,4
24	22	8,5*,3	48	46	12,8*,3	100		20,12*,4

注：优先选用第一系列的直径，带＊者为对应直径优先选用的螺距。

表 7－4 梯形螺纹基本尺寸(GB/T 5796.3－2005) mm

螺距 P	外螺纹小径 d_3	内、外螺纹中径 D_2、d_2	内螺纹大径 D_4	内螺纹小径 D_1	螺距 P	外螺纹小径 d_3	内、外螺纹中径 D_2、d_2	内螺纹大径 D_4	内螺纹小径 D_1
1.5	$d-1.8$	$d-0.75$	$d+0.3$	$d-1.5$	8	$d-9$	$d-4$	$d+1$	$d-8$
2	$d-2.5$	$d-1$	$d+0.5$	$d-2$	9	$d-10$	$d-4.5$	$d+1$	$d-9$
3	$d-3.5$	$d-1.5$	$d+0.5$	$d-3$	10	$d-11$	$d-5$	$d+1$	$d-10$
4	$d-4.5$	$d-2$	$d+0.5$	$d-4$	12	$d-13$	$d-6$	$d+1$	$d-12$
5	$d-5.5$	$d-2.5$	$d+0.5$	$d-5$	14	$d-16$	$d-7$	$d+2$	$d-14$

续表 7—4

螺距 P	外螺纹小径 d_3	内、外螺纹中径 D_2、d_2	内螺纹大径 D_4	内螺纹小径 D_1	螺距 P	外螺纹小径 d_3	内、外螺纹中径 D_2、d_2	内螺纹大径 D_4	内螺纹小径 D_1
6	$d-7$	$d-3$	$d+1$	$d-6$	16	$a-18$	$d-8$	$d+2$	$d-16$
7	$d-8$	$d-3.5$	$d+1$	$d-7$	18	$d-20$	$d-9$	$d+2$	$d-18$

注：1. d 为公称直径（即外螺纹大径）。

2. 表中所列的数值是按下式计算的：$d_3=d-2h_3$；D_2、$d_2=d-0.5P$；$D_4=d+2a_c$；$D_1=d-P$。

表 7—5　梯形内、外螺纹中径选用公差带（GB/T 5796.4—2005）

精度	内螺纹		外螺纹	
	N	L	N	L
中等	7H	8H	7h　7e	8c
粗糙	8H	9H	8e　8c	9c

注：1. 精度的选用原则为：一般用途选“中等”，精度要求不高时选“粗糙”。

2. 内、外螺纹中径公差等级为 7、8、9。

3. 外螺纹大径 d 公差带为 4h，内螺纹小径 D_1 公差带为 4H。

7.2　螺纹联接的结构要素

表 7—6　粗牙螺栓、螺钉的拧入深度及螺纹孔的尺寸　　mm

螺纹直径 d	钻孔直径 d_0	钢和铜				铸铁				铝			
		h	H	H_1	H_2	h	H	H_1	H_2	h	H	H_1	H_2
6	5	8	6	8	12	12	10	12	16	22	19	22	28
8	6.7	10	8	10.5	16	15	12	15	20	25	22	26	34
10	8.5	12	10	13	19	18	15	18	24	30	28	34	42
12	10.2	15	12	16	24	22	18	22	30	38	32	38	48
16	14	20	16	20	28	26	22	26	34	50	42	48	58
20	17.4	24	20	25	36	32	28	34	45	60	52	60	70
24	20.9	30	24	30	42	42	35	40	55	75	65	75	90
30	26.4	36	30	38	52	48	42	50	65	90	80	90	105
36	32	42	36	45	60	55	50	58	75	105	90	105	125

注：h 为内螺纹通孔长度，H 为盲孔拧入深度，H_1 为攻丝深度，H_2 为钻孔深度。

表 7—7　紧固件的通孔及沉孔尺寸（GB/T 5277—1985、GB/T 152.2～152.4—1988）　　mm

螺栓或螺钉直径 d		5	6	8	10	12	14	16	18	20	22	24	27	30	36
通孔直径 d_1 GB/T 5277—1985	精装配	5.3	6.4	8.4	10.5	13	15	17	19	21	23	25	28	31	37
	中等装配	5.5	5.6	9	11	13.5	15.5	17.5	20	22	24	26	30	33	39
	粗装配	5.8	7	10	12	14.5	16.5	18.5	21	24	26	28	32	35	42

续表 7—7

六角头螺栓和六角螺母用沉孔	GB/T 152.4-1988	d_2	11	13	18	22	26	30	33	36	40	43	48	53	61	55
		d_3	—	—	—	—	16	18	20	22	24	26	28	33	36	42
		t	锪平为止													
圆柱头螺栓（钉）用沉孔	GB/T152.3-1988	d_2	10	11	15	18	20	24	26	—	33	—	40	—	48	58
		d_3	—	—	—	—	16	18	20	—	24	—	28	—	36	42
		t	5.7	6.8	9	11	13	15	17.5	—	21.5	—	25.5	—	32	36
			4	4.7	6	7	8	9	10.5	—	12.5	—	—	—	—	—
沉头螺钉用沉孔	GB/T 152.2-1988	d_2	10.6	12.8	17.6	20.3	24.4	28.4	32.4	—	40.4	—	—	—	—	—
		$t\approx$	2.7	3.3	4.6	5	6	7	8	—	20	—	—	—	—	—

注：d_1 尺寸与中等装配的通孔直径相同。

7.3 螺栓及螺柱

表 7－8 六角头螺栓—A 级和 B 级(GB/T 5782－2000)

六角头螺栓—全螺纹—A 级和 B 级(GB/T 5783－2000)

mm

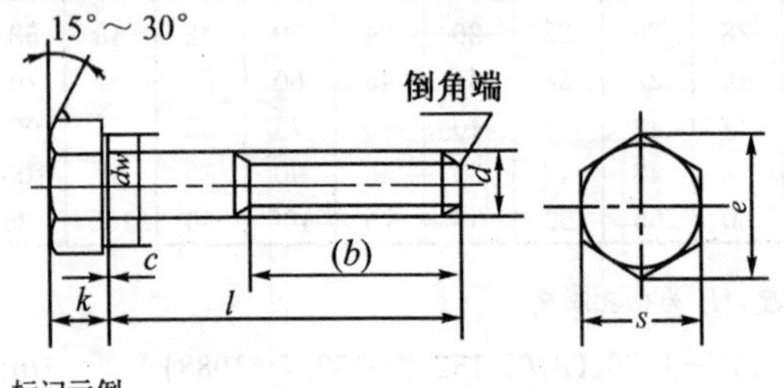

标记示例：

螺纹规格 d=M12，公称长度 l=80 mm，性能等级为 9.8 级，表面氧化，A 级的六角头螺栓：螺栓 GB/T 5782 M12×80

标记示例：

螺纹规格 d=M12，公称长度 l=80 mm，性能等级为 9.8 级，表面氧化全螺纹，A 级的六角头螺栓：螺栓 GB/T 5783 M12×80

螺纹规格 d		M3	M4	M5	M6	M8	M10	M12	(M14)	M16	(M18)	M20	(M22)	M24	(M27)	M30
b 参考	$l\leqslant125$	12	14	16	18	22	26	30	34	38	42	46	50	54	60	66
	$125<l\leqslant200$	—	—	—	—	28	32	36	40	44	48	52	56	60	66	72
	$l>200$	—	—	—	—	—	—	—	53	57	61	65	69	73	79	85
a	max	1.5	2.1	2.4	3	3.75	4.5	5.25	6	6	7.5	7.5	7.5	9	9	10.5
c	max	0.4	0.4	0.5	0.5	0.6	0.6	0.6	0.6	0.8	0.8	0.8	0.8	0.8	0.8	0.8

续表 7－8

螺纹规格 d			M3	M4	M5	M6	M8	M10	M12	(M14)	M16	(M18)	M20	(M22)	M24	(M27)	M30
d_w	min	A	4.57	5.88	6.88	8.88	11.63	14.63	16.63	19.64	22.49	25.34	28.19	31.17	33.61	—	—
		B	—	—	6.74	8.74	11.47	14.47	16.47	19.15	22	24.85	27.7	31.35	33.25	38	42.75
e	min	A	6.01	7.66	7.79	11.05	14.38	17.77	20.03	23.36	26.75	30.14	33.53	37.72	39.98	—	—
		B	5.88	7.50	8.63	10.89	14.20	17.59	19.85	22.78	26.17	29.56	32.95	37.29	39.55	45.2	50.85
K	公称		2	2.8	3.5	4	5.3	6.4	7.5	8.8	10	11.5	12.5	14	15	17	18.7
r	min		0.1	0.2	0.2	0.25	0.4	0.4	0.6	0.6	0.6	0.6	0.8	1	0.8	1	1
s	公称		5.5	7	8	10	13	16	18	21	24	27	30	34	36	41	46
l 范围(GB/T 5782－2000)			20～30	25～40	25～50	30～60	35～80	40～100	45～120	60～140	55～160	60～180	65～200	70～220	80～240	90～260	90～300
l 范围(全螺纹)(GB/T 5783－2000A 型)			6～10	8～40	10～50	12～60	16～80	20～100	25～100	30～140	35～100	35～200	40～200	45～200	40～100	55～200	60～200
l 系列			6,8,10,12,16,20～70(5 进位),80～160(10 进位),180～360(20 进位)														

技术条件	材料	力学性能等级	螺纹公差	公差产品等级	表面处理
	钢	5.6,8.8,9.8,10.9	6g	A 级用于 $d\leqslant24$ 和 $l\leqslant10d$ 或 $l\leqslant150$ B 级用于 $d>24$ 和 $l>10d$ 或 $l>150$	氧化或电镀、建议简单处理
	不锈钢	A2－70,A4－70			
	有色金属	Cu2、Cu3、A14 等			

注:1. A、B 为产品等级,C 级产品螺纹公差为 8g,规格为 M5－M64,性能等级为 3.6、4.6 和 4.8 级,详见 GB/T 5780－2000、GB/T 5781－2000。

2. 括号内为第二系列螺纹直径规格,尽量不采用。

表 7－9　双头螺柱 $b_m=1d$(GB/T 897－1988)、$b_m=1.25d$(GB/T 898－1988)

$b_m=1.5d$(GB/T 899－1988)　　mm

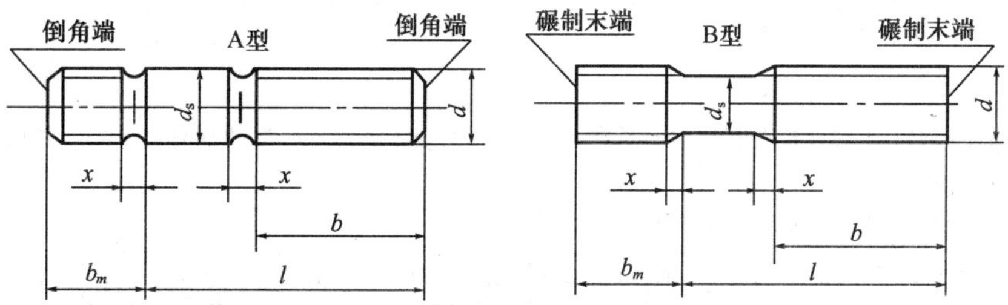

$x\leqslant1.5P$;P——粗牙螺纹螺距;$d_s\approx$螺纹中径(B 型)

标记示例:

两端均为粗牙普通螺纹,$d=10$ mm,$l=50$ mm,性能等级为 4.8 级,不经表面处理,B 型,$b_m=1d$ 的双头螺柱:

螺柱 GB/T 897　M10×50

旋入机体一端为粗牙普通螺纹,旋螺母一端为螺距 $P=1$ mm 的细牙普通螺纹,$d=10$ mm,$l=50$ mm,性能等级为 4.8 级,不经表面处理,A 型,$b_m=1.25d$ 的双头螺柱:

螺柱 GB/T 898　AM10－M10×1×50

旋入机体一端为过渡配合螺纹的第一种配合,旋螺母一端为粗牙普通螺纹,$d=10$ mm,$l=50$ mm,性能等级为 8.8 级,镀锌钝化,B 型,$b_m=1.25d$ 的双头螺柱:

螺柱 GB/T 898　GM10－M10×50－8.8－Zn·D

续表 7－9

螺纹规格 d		M5	M6	M8	M10	M12	M16	M20
b_m 公称	GB/T 897	5	6	8	10	12	16	20
	GB/T 898	6	8	10	12	15	20	25
	GB/T 899	8	10	12	15	18	24	30
d_s	max	$=d$						
	min	4.7	5.7	7.64	9.64	11.57	15.57	19.48
$\frac{l}{b}$		$\frac{16\sim22}{10}$ $\frac{25\sim50}{16}$	$\frac{20\sim22}{10}$ $\frac{25\sim30}{14}$ $\frac{32\sim90}{18}$	$\frac{20\sim22}{12}$ $\frac{25\sim30}{16}$ $\frac{32\sim90}{22}$	$\frac{25\sim28}{14}$ $\frac{30\sim38}{16}$ $\frac{40\sim120}{26}$ $\frac{130}{32}$	$\frac{25\sim30}{16}$ $\frac{32\sim40}{20}$ $\frac{45\sim120}{30}$ $\frac{130\sim180}{36}$	$\frac{30\sim38}{20}$ $\frac{40\sim55}{30}$ $\frac{60\sim120}{42}$ $\frac{130\sim200}{44}$	$\frac{35\sim40}{25}$ $\frac{45\sim65}{35}$ $\frac{70\sim120}{46}$ $\frac{130\sim200}{52}$
l 范围		16～50	20～75	20～90	25～130	25～180	30～200	35～200
l 系列		16,20,25,30,35,40～100(5 进位),110～260(10 进位),280,300						

注：1. 旋入机体一端过渡配合螺纹代号为 GM、G2M，A 型螺纹代号为 AM，B 型不写。

2. GB/T 898　$d=(5-20)$mm 为商品规格，其余均为通用规格。

3. 末端按 GB/T 2－2001 的规定。

4. $b_m=1d$ 一般用于钢对钢，$b_m=(1.25\sim1.5)d$ 一般用于钢对铸铁。

表 7－10　六角头铰制孔用螺栓－A 级和 B 级(GB/T 27－1988)

mm

允许制造的形式：

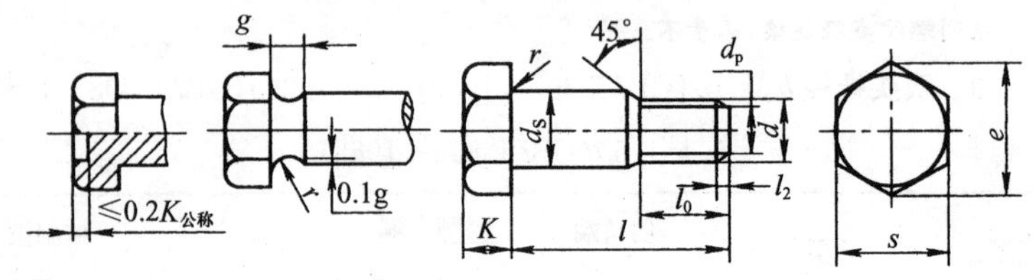

标记示例：

螺纹规格 d=M12，d_s 尺寸按表规定，公称长度 l=80 mm，性能等级为 8.8 级，表面氧化处理，A 级的六角头铰制孔用螺栓：螺栓 GB/T 27　M12×80

当 d_s 按 m6 制造时应标记为：螺栓 GB/T 27　M12×m6×80

螺纹规格 d		M6	M8	M10	M12	(M14)	M16	(M18)	M20	(M22)	M24	(M27)	M30
d_s(h9)	max	7	9	11	13	15	17	19	21	23	25	28	32
s	max	10	13	16	18	21	24	27	30	34	36	41	46
K	公称	4	5	6	7	8	9	10	11	12	13	15	17
r	min	0.25	0.4	0.4	0.6	0.6	0.6	0.6	0.8	0.8	0.8	1	1
d_p		4	5.5	7	8.5	10	12	13	15	17	18	21	23
l_2		1.5		2		3			4			5	

续表 7—10

螺纹规格 d		M6	M8	M10	M12	(M14)	M16	(M18)	M20	(M22)	M24	(M27)	M30
e_{min}	A	11.05	14.38	17.77	20.03	23.35	26.75	30.14	33.53	37.72	39.98	—	—
	B	10.89	14.20	17.59	19.85	22.78	26.17	29.56	32.95	37.29	39.55	45.20	50.85
g		2.5				3.5					5		
l_0		12	15	18	22	25	28	30	32	35	38	42	50
l 范围		25～65	25～80	30～120	35～180	40～180	45～200	50～200	55～200	60～200	65～200	75～200	80～230
l 系列		25,(28),30,(32),35,(38),40,45,50,(55),60,(65),70,(75),80,85,90,(95),100～260(10 进位),280,300											

注:尽可能不采用括号内的规格。

7.4 螺　钉

表 7—11　紧定螺钉　　mm

开槽锥端紧定螺钉 (GB/T 71—1985摘录)　　开槽平端紧定螺钉 (GB/T 73—1985摘录)　　开槽长圆柱端紧定螺钉 (GB/T 75—1985摘录)

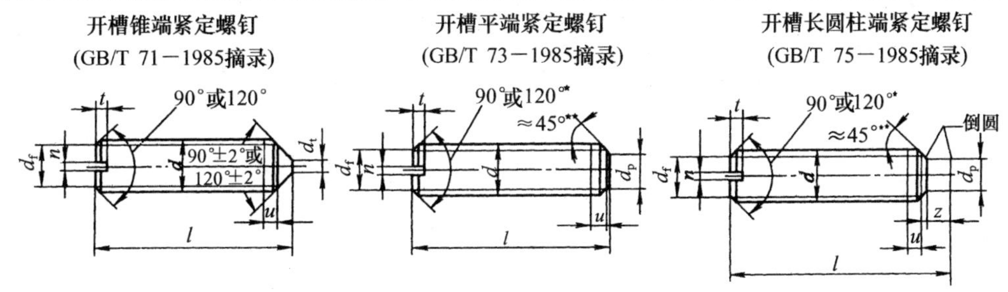

标记示例:

螺纹规格 d=M5,公称长度 l=12 mm,性能等级为 14H 级,表面氧化的开槽锥端紧定螺钉(或开槽平端,或开槽长圆柱紧定螺钉)的标记为:

螺钉　GB/T 71　M5×12(或 GB/T 73　M5×12,或 GB/T 75　M5×12)

螺纹规格 d		M3	M4	M5	M6	M8	M10	M12
螺距 P		0.5	0.7	0.8	1	1.25	1.5	1.75
d_f≈		螺纹小径						
d_t	max	0.3	0.4	0.5	1.5	2	2.5	3
d_p	max	2	2.5	3.5	4	5.5	7	8.5
n	公称	0.4	0.6	0.8	1	1.2	1.6	2
t	min	0.8	1.12	1.28	1.6	2	2.4	2.8
z	max	1.75	2.25	2.75	3.25	4.3	5.3	6.3
不完整螺纹的长度 u		≤2P						

续表 7－11

螺纹规格 d			M3	M4	M5	M6	M8	M10	M12
l 范围（商品规格）	GB/T 71		4～16	6～20	8～25	8～30	10～40	12～50	14～60
	GB/T 73		3～16	4～20	5～25	6～30	8～40	10～50	12～60
	GB/T 75		5～16	6～20	8～25	8～30	10～40	12～50	14～60
	短螺钉	GB/T 73	3	4	5	6	—	—	—
		GB/T 75	5	6	8	8、10	10、12、14	12、14、16	14、16、20
公称长度 l 的系列			3、4、5、6、8、10、12、(14)、16、20、25、30、35、40、45、50、(55)、60						

注：1. 尽可能不采用括号内的规格。

2. 表中，*公称长度在表中 l 范围内的短螺钉制成 120°，**90°或 120°和 45°仅适用于螺纹小径以内的末端部分。

表 7－12　内六角圆柱头螺钉(GB/T 70.1－2000)

mm

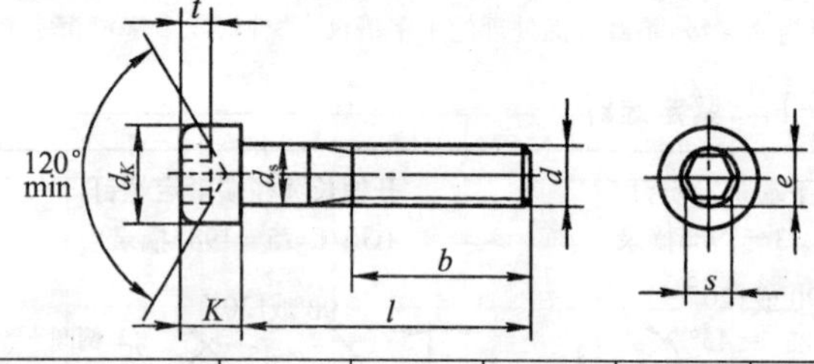

标记示例：

螺纹规格 d＝M8，公称长度 l＝20 mm，性能等级为 8.8 级，表面氧化的内六角圆柱头螺钉：螺钉 GB/T 70.1　M8×20

螺纹规格 d	M5	M6	M8	M10	M12	M16	M20	M24	M30	M36
b(参考)	22	24	28	32	36	44	52	60	72	84
d_K(max)	8.5	10	13	16	18	24	30	36	45	54
e(min)	4.58	5.72	6.86	9.15	11.43	16	19.44	21.73	25.15	30.85
K(max)	5	6	8	10	14	17	19	22	27	
s(公称)	4	5	6	8	10	14	17	19	22	27
t(min)	2.5	3	4	5	6	8	10	12	15.5	19
l 范围(公称)	8～50	10～60	12～80	16～100	20～120	25～160	30～200	40～200	45～200	55～200
制成全螺纹时 l≤	22	30	35	40	45	55	65	80	90	110
l 系列(公称)	8,10,12,16,20～70(5 进位),70～160(10 进位),180,200									

表 7－13 十字槽盘头螺钉(GB/T 818－2000)、十字槽沉头螺钉(GB/T 819.1－2000)

mm

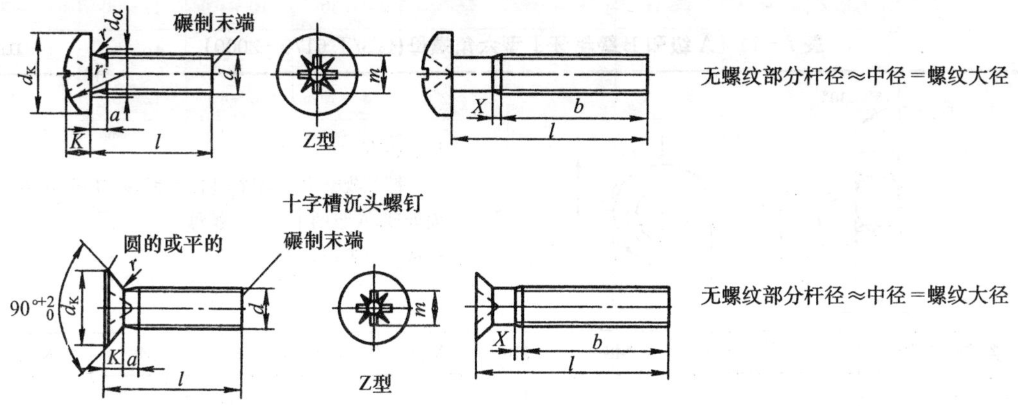

标记示例：

螺纹规格 d=M5，公称长度 l=20 mm，性能等级为 4.8 级，不经表面处理的十字槽盘头螺钉(或十字槽沉头螺钉)的标记为：螺钉 GB/T 818　M5×20(或 GB/T 819.1　M5×20)

螺纹规格 d			M1.6	M2	M2.5	M3	M4	M5	M6	M8	M10
螺距 P			0.35	0.4	0.45	0.5	0.7	0.8	1	1.25	1.5
a		max	0.7	0.8	0.9	1	1.4	1.6	2	2.5	3
b		min	25	25	25	25	38	38	38	38	38
X		max	0.9	1	1.1	1.25	1.75	2	2.5	3.2	3.8
十字槽盘头螺钉	d_a	max	2.1	2.6	3.1	3.6	4.7	5.7	6.8	9.2	11.2
	d_K	max	3.2	4	5	5.6	8	9.5	12	16	20
	K	max	1.3	1.6	2.1	2.4	3.1	3.7	4.6	6	7.5
	r	min	0.1	0.1	0.1	0.1	0.2	0.2	0.25	0.4	0.4
	r_f	≈	2.5	3.2	4	5	6.5	8	10	13	16
	m	参考	1.7	1.9	2.6	2.9	4.4	4.6	6.8	8.8	10
	l 商品规格范围		3～16	3～20	3～25	4～30	5～40	6～50	8～60	10～60	12～60
十字槽沉头螺钉	d_K	max	3	3.8	4.7	5.5	8.4	9.3	11.3	15.8	18.3
	K	max	1	1.2	1.5	1.65	2.7	2.7	3.3	4.65	5
	r	max	0.4	0.5	0.6	0.8	1	1.3	1.5	2	2.5
	m	参考	1.8	2	3	3.2	4.6	5.1	6.8	9	10
	l 商品规格范围		3～16	3～20	3～25	4～30	5～40	6～50	8～60	10～60	12～60
公称长度 l 的系列			3,4,5,6,8,10,12,(14),16,20～60(5 进位)								

注：1. 公称长度 l 中的(14)、(55)等规格尽量不采用。

2. 对开槽盘头螺钉，d≤M3、l≤25 mm 或 d≥M4、L≤40 mm 时，制出全螺纹($b=l-a$)；对开槽沉头螺钉，d≤M3、l≤30 mm或 d≥M4、l≤45 mm 时，制出全螺纹[$b=l-(k+a)$]。

7.5 螺　母

表 7－14　A 级和 B 级粗牙Ⅰ型六角螺母(GB/T 6170－2000)　　mm

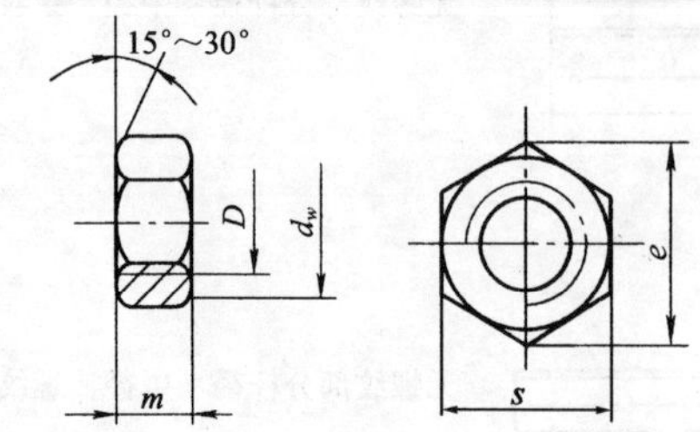

标记示例：

螺纹规格 D=M12，性能等级为 10 级，不经表面处理，A 级的Ⅰ型六角螺母：

螺母 GB/T 6170　M12

螺纹规格 D		M5	M6	M8	M10	M12	M16	M20	M24	M30
d_w	min	6.9	8.9	11.6	14.6	16.6	22.5	27.7	33.2	42.7
e	min	8.79	11.05	14.38	17.77	20.03	26.75	32.95	39.55	50.85
m	max	4.7	5.2	6.8	8.4	10.8	14.8	18.0	21.5	25.6
S	max	8	10	13	16	18	24	30	36	46

7.6 垫　圈

表 7－15　标准型弹簧垫圈(GB/T 93－1987)、

轻型弹簧垫圈(GB/T 859－1987)　　mm

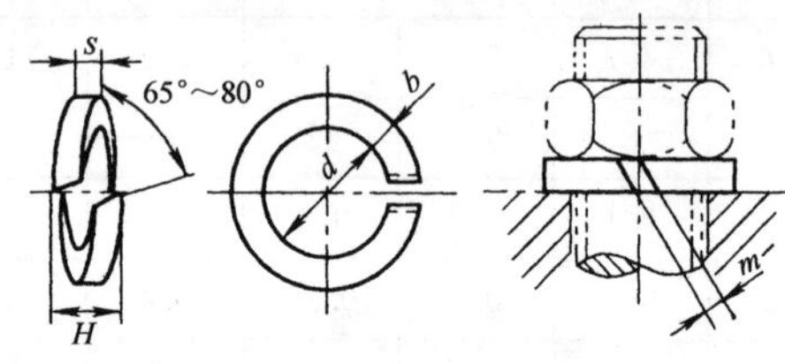

标记示例：

规格为 16，材料为 65Mn，表面氧化的标准型(或轻型)弹簧垫圈的标记为：垫圈(GB/T 93－1987 或 GB/T 859－1987)

规格(螺纹大径)			3	4	5	6	8	10	12	(14)	16	(18)	20	(22)	24	(27)	30	(33)	36
GB/T 93	$S(b)$	公称	0.8	1.1	1.3	1.6	2.1	2.6	3.1	3.6	4.1	4.5	5	5.5	6	6.8	7.5	8.5	9
	H	min	1.6	2.2	2.6	3.2	4.2	5.2	6.2	7.2	8.2	9	10	11	12	13.6	15	17	18
		max	2	2.75	3.25	4	5.25	6.5	7.75	9	10.25	11.25	12.5	13.75	15	17	18.75	21.25	22.5
	m	≤	0.4	0.55	0.65	0.8	1.05	1.3	1.55	1.8	2.05	2.25	2.5	2.75	3	3.4	3.75	4.25	4.5
GB/T 859	s	公称	0.6	0.8	1.1	1.3	1.6	2	2.5	3	3.2	3.6	4	4.5	5	5.5	6	—	—
	b	公称	1	1.2	1.5	2	2.5	3	3.5	4	4.5	5	5.5	6	7	8	9	—	—
	H	min	1.2	1.6	2.2	2.6	3.2	4	5	6	6.4	7.2	8	9	10	11	12	—	—
		max	1.5	2	2.75	3.25	4	5	6.25	7.5	8	9	10	11.25	12.5	13.75	15	—	—
	m	≤	0.3	0.4	0.55	0.65	0.8	1	1.25	1.5	1.6	1.8	2	2.25	2.5	2.75	3	—	—

注：尽量不采用括号内的规格。

表 7—16　小垫圈、平垫圈

mm

小垫圈 A 级(GB/T 848—2002)

平垫圈 A 级(GB/T 97.1—2002)

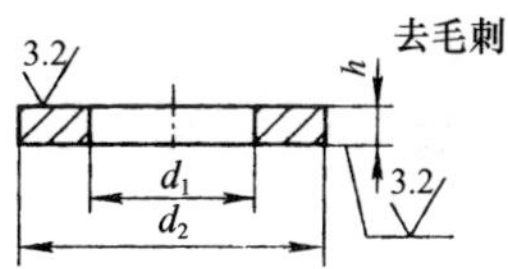

平垫圈倒角型 A 级(GB/T 97.2—2002)

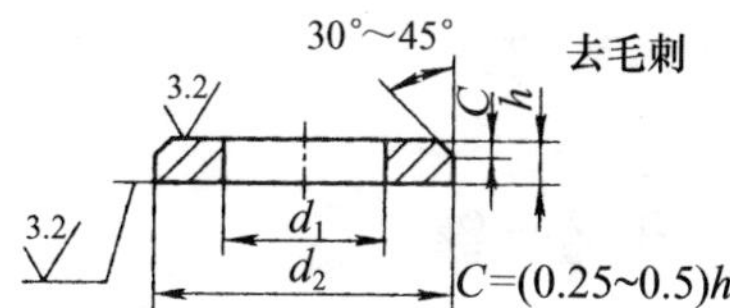

标记示例:

小系列(或标准系列),公称尺寸 $d=8$ mm,性能等级为 140 HV 级,不经表面处理的小垫圈(或平垫圈、倒角型平垫圈)的标记为:

垫圈　GB/T 848　8—140HV(或 GB/T 97.1　8—140 HV,或 GB/T 97.2　8—140 HV)

<table>
<tr><th colspan="2">公称尺寸(螺纹规格 d)</th><th>1.6</th><th>2</th><th>2.5</th><th>3</th><th>4</th><th>5</th><th>6</th><th>8</th><th>10</th><th>12</th><th>14</th><th>16</th><th>20</th><th>24</th><th>30</th><th>36</th></tr>
<tr><td rowspan="3">d_1</td><td>GB/T 848</td><td rowspan="2">1.7</td><td rowspan="2">2.2</td><td rowspan="2">2.7</td><td rowspan="2">3.2</td><td rowspan="2">4.3</td><td rowspan="3">5.3</td><td rowspan="3">6.4</td><td rowspan="3">8.4</td><td rowspan="3">10.5</td><td rowspan="3">13</td><td rowspan="3">15</td><td rowspan="3">17</td><td rowspan="3">21</td><td rowspan="3">25</td><td rowspan="3">31</td><td rowspan="3">37</td></tr>
<tr><td>GB/T 97.1</td></tr>
<tr><td>GB/T 97.2</td><td>—</td><td>—</td><td>—</td><td>—</td><td>—</td></tr>
<tr><td rowspan="3">d_2</td><td>GB/T 848</td><td>3.5</td><td>4.5</td><td>5</td><td>6</td><td>8</td><td>9</td><td>11</td><td>15</td><td>18</td><td>20</td><td>24</td><td>28</td><td>34</td><td>39</td><td>50</td><td>60</td></tr>
<tr><td>GB/T 97.1</td><td>4</td><td>5</td><td>6</td><td>7</td><td>9</td><td rowspan="2">10</td><td rowspan="2">12</td><td rowspan="2">16</td><td rowspan="2">20</td><td rowspan="2">24</td><td rowspan="2">28</td><td rowspan="2">30</td><td rowspan="2">37</td><td rowspan="2">44</td><td rowspan="2">56</td><td rowspan="2">66</td></tr>
<tr><td>GB/T 97.2</td><td>—</td><td>—</td><td>—</td><td>—</td><td>—</td></tr>
<tr><td rowspan="3">h</td><td>GB/T 848</td><td rowspan="2">0.3</td><td rowspan="2">0.3</td><td rowspan="2">0.5</td><td rowspan="2">0.5</td><td>0.5</td><td rowspan="3">1</td><td rowspan="3">1.6</td><td rowspan="3">1.6</td><td>1.6</td><td>2</td><td rowspan="3">2.5</td><td>2.5</td><td rowspan="3">3</td><td rowspan="3">4</td><td rowspan="3">4</td><td rowspan="3">5</td></tr>
<tr><td>GB/T 97.1</td><td>0.8</td><td rowspan="2">2</td><td rowspan="2">2.5</td><td rowspan="2">3</td></tr>
<tr><td>GB/T 97.2</td><td>—</td><td>—</td><td>—</td><td>—</td><td>—</td></tr>
</table>

第 8 章 键及销联接

8.1 键联接

8.1.1 普通平键

表 8—1 普通平键(GB/T 1095—2003,GB/T 1096—2003) mm

平键连接的剖面和键槽(GB/T 1095—2003)

普通平键的形式和尺寸(GB/T 1096—2003)

A型 $C\times45°$ 或r B型 C型 $R=b\backslash2$ L

标记示例:

圆头普通平键(A型)$b=16$ mm,$h=10$ mm,$L=100$ mm:键 16×100 GB/T 1096

平头普通平键(B型)$b=16$ mm,$h=10$ mm,$L=100$ mm:键 16×100 GB/T 1096

单圆头普通平键(C型)$b=16$ mm,$h=10$ mm,$L=100$ mm:键 16×100 GB/T 1096

<table>
<tr><th>轴</th><th>键</th><th colspan="11">键槽</th></tr>
<tr><th rowspan="3">*公称直径
d</th><th rowspan="3">公称
尺寸
b×h</th><th colspan="5">宽度 b 的极限偏差</th><th colspan="4">深度</th><th colspan="2" rowspan="2">半径 r</th></tr>
<tr><th colspan="2">较松键联接</th><th colspan="2">一般键联接</th><th>较紧键联接</th><th colspan="2">轴 t</th><th colspan="2">毂 t1</th></tr>
<tr><th>轴 H9</th><th>毂 D10</th><th>轴 N9</th><th>毂 Js9</th><th>轴和毂 P9</th><th>公称尺寸</th><th>极限偏差</th><th>公称尺寸</th><th>极限偏差</th><th>最小</th><th>最大</th></tr>
<tr><td>>12～17</td><td>5×5</td><td rowspan="2">+0.030</td><td rowspan="2">+0.078
+0.030</td><td rowspan="2">0
−0.030</td><td rowspan="2">±0.015</td><td rowspan="2">−0.012
−0.042</td><td>3</td><td rowspan="2">+0.1
0</td><td>2.3</td><td rowspan="2">+0.1
0</td><td rowspan="3">0.16</td><td rowspan="3">0.25</td></tr>
<tr><td>>17～22</td><td>6×6</td><td>3.5</td><td>2.8</td></tr>
<tr><td>>22～30</td><td>8×7</td><td rowspan="2">+0.036
0</td><td rowspan="2">+0.098
0.040</td><td rowspan="2">0
−0.036</td><td rowspan="2">±0.018</td><td rowspan="2">−0.015
−0.051</td><td>4</td><td rowspan="11">+0.2
0</td><td>3.3</td><td rowspan="11">+0.2
0</td></tr>
<tr><td>>30～38</td><td>10×8</td><td>5</td><td>3.3</td><td rowspan="5">0.25</td><td rowspan="5">0.40</td></tr>
<tr><td>>38～44</td><td>12×8</td><td rowspan="4">+0.043
0</td><td rowspan="4">+0.120
+0.050</td><td rowspan="4">0
−0.043</td><td rowspan="4">±0.0215</td><td rowspan="4">−0.018
−0.061</td><td>5</td><td>3.3</td></tr>
<tr><td>>44～50</td><td>14×9</td><td>5.5</td><td>3.8</td></tr>
<tr><td>>50～58</td><td>16×10</td><td>6</td><td>4.3</td></tr>
<tr><td>>58～65</td><td>18×11</td><td>7</td><td>4.4</td></tr>
<tr><td>>65～75</td><td>20×12</td><td rowspan="4">+0.052
0</td><td rowspan="4">+0.149
+0.065</td><td rowspan="4">0
−0.052</td><td rowspan="4">±0.026</td><td rowspan="4">−0.022
−0.074</td><td>7.5</td><td>4.9</td><td rowspan="4">0.40</td><td rowspan="4">0.60</td></tr>
<tr><td>>75～85</td><td>22×14</td><td>9</td><td>5.4</td></tr>
<tr><td>>85～95</td><td>25×14</td><td>9</td><td>5.4</td></tr>
<tr><td>>95～110</td><td>28×16</td><td>10</td><td>6.4</td></tr>
<tr><td>键的长度系列</td><td colspan="12">14,16,18,20,22,25,28,32,36,40,45,50,56,63,70,80,90,100,110,125,140,160,180,200,250,280,320,360</td></tr>
</table>

注:1. 在工作图中,轴槽深用 t 或($d-t$)标注,轮毂槽深用($d+t_1$)标注。

2. ($d-t$)和($d+t_1$)两组组合尺寸的极限偏差按相应的 t 和 t_1 偏差选取,但($d-t$)极限偏差值应取负号(−)。

3. *2003 年普通平键国家标准中未规定键截面尺寸对应的轴的公称直径范围,该项数据取自旧国家标准,供选键时参考。

4. 键长 L 公差为 h14,宽 b 公差为 h9,高 h 公差为 h11。

5. 轴槽、轮毂槽的键槽宽度 b 两侧面的表面粗糙度 R_a 值推荐为 1.6 μm～3.2 μm,轴槽底面、轮毂槽底面的表面粗糙度参数 R_a 值为 6.3 μm。

8.1.2 半圆键

表 8-2 键和键槽的剖面尺寸(GB/T 1098—1979) 键的型式尺寸(GB/T 1099—1979) mm

注:在工作图中,轴槽深用 t 或 $(d-t)$ 标注,轮毂槽深用 $(d+t_1)$ 标注。

标记示例:
半圆键 $b=6$ mm, $h=10$ mm, $d_1=25$ mm:
键 6×25 GB/T 1099—1979

轴径 d		键	键槽										键极限偏差				C		
键传递扭矩	键定位用	公称尺寸 $b×h×d_1$	宽度 b 公称尺寸	宽度 b 极限偏差 一般键联接 轴 N9	宽度 b 极限偏差 一般键联接 毂 Js9	宽度 b 极限偏差 较紧键联接 轴和毂 P9	深度 轴 t 公称尺寸	深度 轴 t 极限偏差	深度 毂 t_1 公称尺寸	深度 毂 t_1 极限偏差	半径 r 最小	半径 r 最大	键宽 b (h9)	高度 h (h11)	直径 d_1 (h12)	$L=$	最小	最大	每1000件的质量 ≈/kg
自 3~4	自 3~4	1.0×1.4×4	1.0	−0.004 −0.029	±0.012	−0.006 −0.031	1.0	+0.1 0	0.6	+0.1 0	0.08	0.16	0 −0.025	0 −0.060	0 −0.120	3.9	0.16	0.25	0.031
>4~5	>4~6	1.5×2.6×7	1.5				2.0		0.8						0 −0.150	6.8			0.153
>5~6	>6~8	2.0×2.6×7	2.0				1.8		1.0							6.8			0.204
>6~7	>8~10	2.0×3.7×10	2.0				2.9		1.0					0 −0.075		9.7			0.414
>7~8	>10~12	2.5×3.7×10	2.5				2.7		1.2							9.7			0.518
>8~10	>12~15	3.0×5.0×13	3.0				3.8	+0.2 0	1.4						0 −0.180	12.7			1.10
>10~12	>15~18	3.0×6.5×16	3.0				5.3		1.4					0 −0.090		15.7			1.80
>12~14	>18~20	4.0×6.5×16	4.0	0 −0.030	±0.015	−0.012 −0.042	5.0		1.8		0.16	0.25	0 −0.030			15.7	0.25	0.40	2.40
>14~16	>20~22	4.0×7.5×19	4.0				6.0		1.8						0 −0.210	18.6			3.27
>16~18	>22~25	5.0×6.5×16	5.0				4.5		2.3						0 −0.180	15.7			3.01
>18~20	>25~28	5.0×7.5×19	5.0				5.5		2.3						0 −0.210	18.6			4.09
>20~22	>28~32	5.0×9.0×22	5.0				7.0		2.3							21.6			5.73
>22~25	>32~36	6.0×9.0×22	6.0				6.5		2.8							21.6			6.88
>25~28	>36~40	6.0×10.0×25	6.0				7.5	+0.3 0	2.8							24.5			8.64
>28~32	40	8.0×11.0×28	8.0	0 −0.036	±0.018	−0.015 −0.051	8.0		3.3	+0.2 0	0.5	0.40	0 −0.036	0 −0.110		27.4	0.40	0.60	14.1
>32~38	—	10.0×13.0×32	10.0				10.0		3.3						0 −0.250	31.4			19.3

注:1. 键槽表面粗糙度一般按如下的规定:轴槽、轮毂槽宽度两侧面粗糙度 R_a 值推荐为1.6μm~3.2μm,轴槽底面、轮毂槽底面的表面粗糙度 R_a 值为6.3 μm。

2. 键槽的对称度公差:为便于装配,轴槽及轮毂槽对轴毂轴心的对称度公差根据不同要求,一般可按 GB/T 1184—1996中附表对称度公差 7~9级选取。键槽(轴槽及轮毂槽)的对称度公差的公称尺寸是指键宽 b。

3. 表中 $(d-t)$ 和 $(d+t_1)$ 两组组合尺寸的极限偏差按相应的 t 和 t_1 的极限偏差选取,但 $(d-t)$ 的极限偏差值取负号(—)。

8.1.3 矩形花键

表 8－3 矩形花键尺寸、公差(GB/T 1144－2001) mm

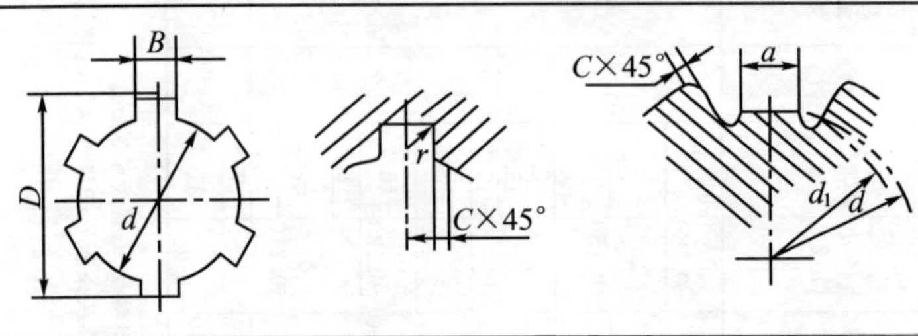

标记示例

花键：$N=6$，$d=23\ \frac{H7}{f7}$，$D=26\ \frac{H10}{a11}$，$B=6\ \frac{H11}{d10}$的标记为：

花键副：$6\times23\ \frac{H7}{f7}\times26\ \frac{H10}{a11}\times6\ \frac{H11}{d10}$ GB/T 1144

内花键：6×23H7×26H10×6H11 GB/T 1144

外花键：6×23f7×26a11×6d10 GB/T 1144

小径 d	基本尺寸系列和键槽截面尺寸									
	轻系列					中系列				
	规格 $N\times d\times D\times B$	C	r	参考 $d_{1\min}$	参考 $a_{\min}$	规格 $N\times d\times D\times B$	C	r	参考 $d_{1\min}$	参考 $a_{\min}$
18						6×18×22×5	0.3	0.2	16.6	1.0
21						6×21×25×5			19.5	2.0
23	6×23×26×6	0.2	0.1	22	3.5	6×23×28×6			21.2	1.2
26	6×26×30×6	0.3	0.2	24.5	3.8	6×26×32×6	0.4	0.3	23.6	1.2
28	6×28×32×7			26.6	4.0	6×28×34×7			25.2	1.4
32	8×32×36×6			30.3	2.7	8×32×38×6			29.4	1.0
36	8×36×40×7			34.4	3.5	8×36×42×7			33.4	1.0
42	8×42×46×8			40.5	5.0	8×42×48×8			39.4	2.5
46	8×46×50×9			44.6	5.7	8×46×54×9	0.5	0.4	42.6	1.4
52	8×52×58×10	0.4	0.3	49.6	4.8	8×52×60×10			48.6	2.5
56	8×56×62×10			53.5	6.5	8×56×65×10			52.0	2.5
62	8×62×68×10			59.7	7.3	8×62×72×12	0.6	0.5	57.7	2.4
72	10×72×78×12			69.6	5.4	10×72×82×12			67.4	1.0
82	10×82×88×12			79.3	8.5	10×82×92×12			77.0	2.9

内、外花键的尺寸公差带							
内花键				外花键			装配型式
d	D	B 拉削后不热处理	B 拉削后热处理	d	D	B	
一般用公差带							
H7	H10	H9	H11	f7	a11	d10	滑动
				g7		f9	紧滑动
				h7		h10	固定
精密传动用公差带							
H5	H10	H7、H9		f5	a11	d8	滑动
				g5		f7	紧滑动
				h5		h8	固定
H6				f6		d8	滑动
				g6		f7	紧滑动
				h6		d8	固定

注：1. N 为键数，D 为大径，B 为键宽，d_1 和 a 值仅适用于展成法加工。

2. 精密传动用的内花键，当需要控制键侧配合间隙时，槽宽可选用 H7，一般情况下可选用 H9。

3. d 为 H6 和 H7 的内花键，允许与提高一级的外花键配合。

8.2 销联接

表 8－4 圆柱销不淬硬钢和奥氏体不锈钢(GB/T 119.1－2000)、圆柱销淬硬钢和马氏体钢(GB/T 119.2－2000)、圆锥销(GB/T 117－2000) mm

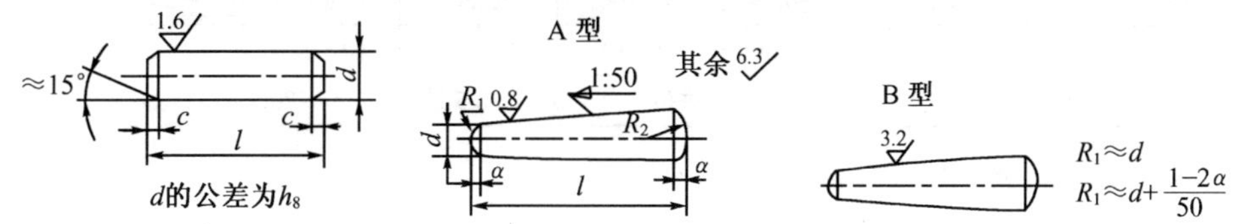

标记示例：

公称直径 d=8 mm，公差为 m6，公称长度 l=30 mm，材料为钢，不经淬火，不经表面处理的销的标记为：

销 GB/T 119.1 8m6×30。

尺寸公差同上，材料为钢，普通淬火(A 型)，表面氧化处理的圆柱销的标记：销 GB/T 119.2 8×30。

尺寸公差同上，材料为 C1 组马氏体不锈钢表面氧化处理的圆柱销标记为：销 GB/T 119.2 6×30－C1。

公称直径 d=8 mm，长度 l=30 mm，材料为 35 钢，热处理硬度 28～38HRC，表面氧化处理的 A 型圆锥销的标记为：销 GB/T 117 8×30。

公称直径			3	4	5	6	8	10	12	16	20
圆柱销 (GB 119.1)	c≈		0.5	0.63	0.8	1.2	1.6	2	2.5	3	3.5
	l(公称)		8～30	8～40	10～50	12～60	14～80	18～95	22～140	26～180	35～200
圆锥销 (GB 119.2)	C		0.5	0.63	0.8	1.2	1.6	2	2.5	3	3.5
	l(公称)		8～30	10～40	12～50	14～60	18～80	22～100	26～100	40～100	50～100
圆锥销	d	min	2.96	3.95	4.95	5.95	7.94	9.94	11.93	15.93	19.92
		max	3	4	5	6	8	10	12	16	20
	a≈		0.4	0.5	0.63	0.8	1.0	1.2	1.6	2.0	2.5
	l(公称)		12～45	14～55	18～60	22～90	22～120	26～160	32～180	40～200	45～200
l(公称)的系列			6～32(2 进位)，35～90(5 进位)，95(圆锥销)，100～200(20 进位)								

表 8－5 开口销(GB/T 91－2000) mm

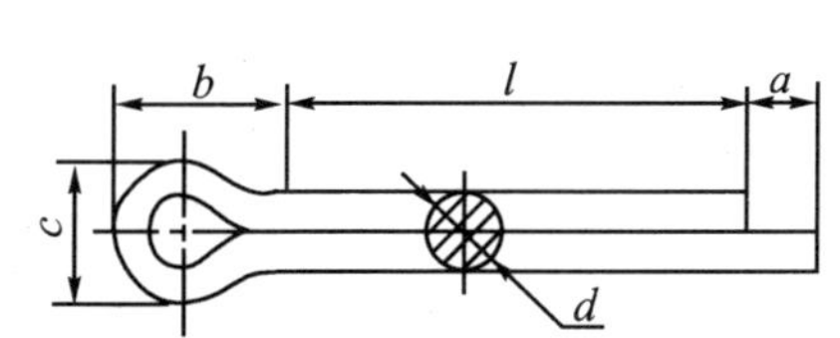

允许制造的形式

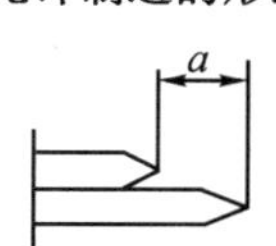

公称直径 d = 5 mm，长度 l = 50 mm，材料为低碳钢，不经表面处理的开口销标记为：

销 GB/T 91－2000 5×50

公称直径 d		0.6	0.8	1	1.2	1.6	2	2.5
a	max	1.6			2.5			
c	max	1	1.4	1.8	2	2.8	3.6	4.6
	min	0.9	1.2	1.6	1.7	2.4	3.2	4
b≈		2	2.4	3	3	3.2	4	5
l(公称)		4～12	5～16	6～20	8～26	8～32	10～40	12～50

续表 8－5

公称直径 d		3.2	4	5	6.3	8	10
a	max	3.2	4				6.3
c	max	5.8	7.4	9.2	11.8	15	19
	min	5.1	6.5	8	10.3	13.1	16.6
b≈		6.4	8	10	12.6	16	20
l(公称)		14～65	18～80	22～100	30～120	40～160	45～200
l(公称)系列		6～32(2 进位),36,40～100(5 进位),100～200(20 进位)					

注:销孔的公称直径等于销的公称直径 d。

第 9 章 普通 V 带传动

9.1 普通 V 带轮的结构

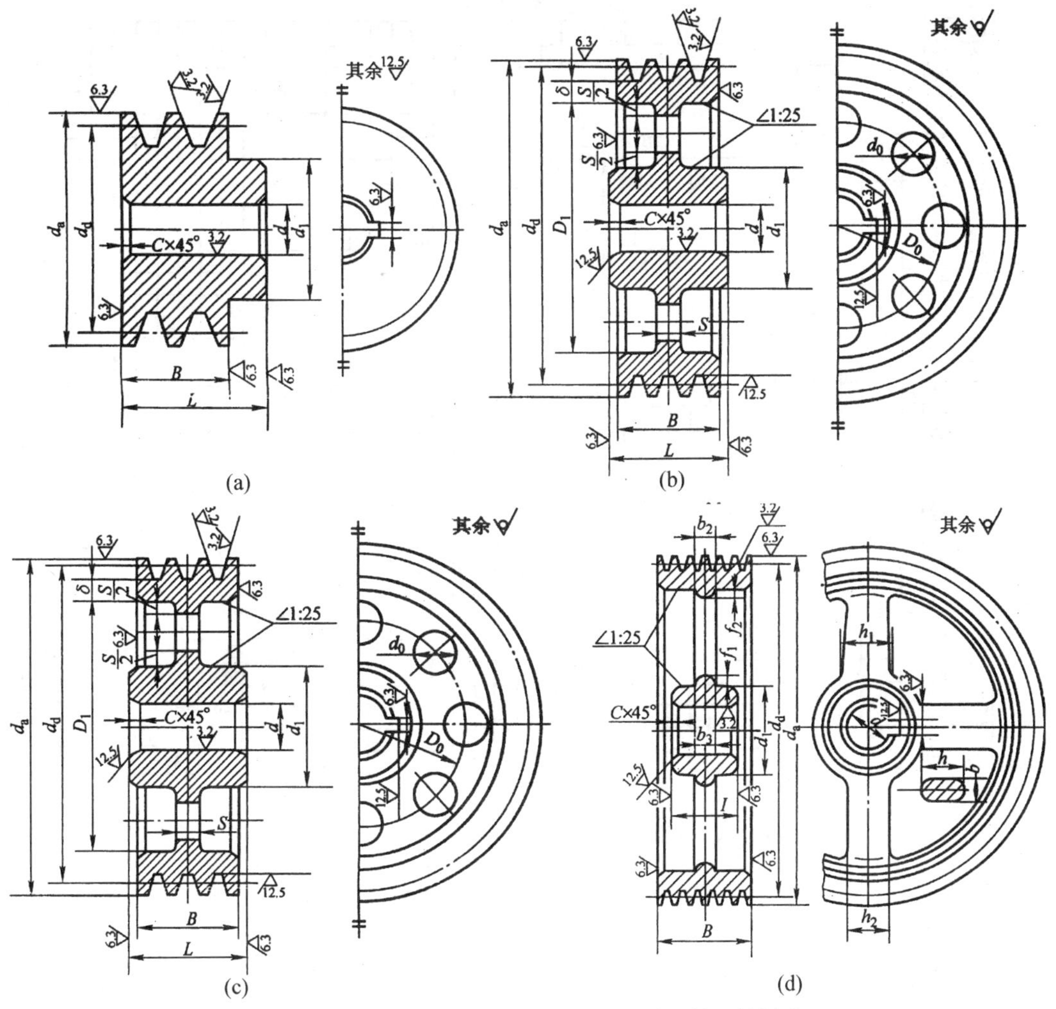

(a)实心式;(b)辐板式;(c)孔板式;(d)椭圆截面轮辐式

图 9.1 V 带轮结构

上图中:

$d_1=(1.8\sim2)d$, $L=(1.5\sim2)d$, S 查表 9－1, $S_1>1.5S$, $S_2>0.5S$;

$h_1=290\sqrt[3]{\frac{P}{nA}}$($P$ 为传递的功率 ,单位为 kW;n 为带轮的转速,单位为 r/min,A 为轮辐数)。

带轮由轮缘、轮辐和轮毂三部分组成。普通 V 带轮轮辐部分的典型结构有实心式、辐板式、孔板式、椭圆截面轮辐式四种,其结构尺寸见图 9.1。带轮结构形式和辐板厚度可根据带轮的基准直径 d_d 和孔径 d_0 查表 9－1 确定。

表 9－1　普通 V 带轮的结构形式与辐板厚度　　mm

带轮基准直径 d_d：63, 71, 75, 80, 90, 95, 100, 106, 112, 118, 125, 132, 140, 150, 160, 170, 180, 200, 212, 224, 236, 250, 265, 280, 300, 315, 355, 375, 400, 425, 450, 475, 500, 530, 560, 600, 630, 710, 750~2500

槽型	孔径 d_0	辐板厚度 S（按直径由小到大）	槽数 z
Z	12　14	6　7	1～2
	16　18		1～3
	20　22	7	1～4
	24　25	实　8　9　10	1～4
	28　30		1～4
	32　35	辐　10　四	2～4
A	10　18	12	1～3
	20　22	10　11　12　13	1～4
	24　25	孔	1～5
	28　30	心　12　13　14　15　16	1～6
	32　35	四	2～6
	38　40	板　16　椭	2～6
	42　45	14　板　六　18　圆辐轮	2～6
B	32　35	16	2～6
	38　40	14　16　18　18　20	2～6
	42　45	轮　孔	3～8
	50　55	轮　18　18　20　22　24	3～8
	60　65	六	3～8
C	42　45	18　20　20　轮　24　25　26	3～6
	50　55	实　22　22	3～6
	60　65	心　22　24　板　椭	3～7
	70　75	轮　24　25　28　30	3～7
	80　85	20　圆	5～9
D	60　65	22　轮	3～6
	70　75	25	3～6
	80　85	辐	3～7
	90　95	26　28　28　30　32	3～7
	100　110	30　32　34	5～9
E	80　85	辐　轮	3～6
	90　95		3～6
	100　110	28　30	5～7
	120　130	板　轮　32	5～7
	140　150	34	6～9

9.2　普通 V 带轮的技术要求

(1)V 型带轮槽工作表面粗糙度 R_a 值为 1.6 μm 或 3.2 μm。轮槽的棱边要倒圆或倒钝。

(2)带轮外圆的径向圆跳动和基准圆的斜向圆跳动公差 t 不得大于表 9－3 的规定。

(3)轮槽对称平面与带轮轴线垂直度 ±30′。

表 9－2　V 带轮的轮缘尺寸(GB/T 13575.1－1992)　　mm

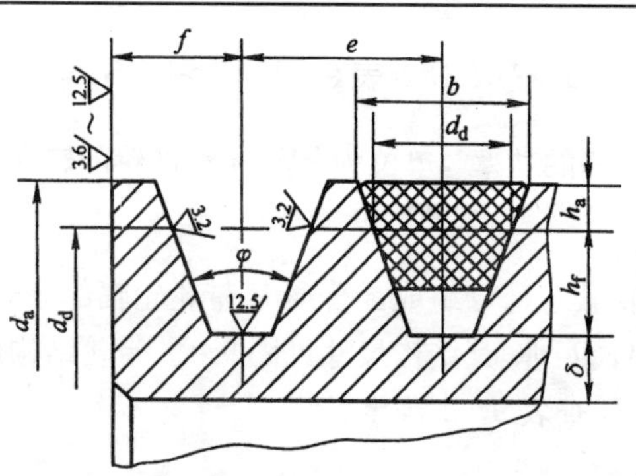

续表 9－2

项目	符号	槽型						
		Y	Z SPZ	A SPA	B SPB	C SPC	D	E
基准宽度	b	5.3	8.5	11.0	14.0	19.0	27.0	32.0
基准线上槽线	h_{amin}	1.6	2.0	2.75	3.5	4.8	8.1	9.6
基准线下槽线	h_{fmin}	4.7	7.0 9.0	8.7 11.0	10.8 14.0	14.3 19.0	19.9	23.4
槽间距	e	8±0.3	12±0.3	15±0.3	19±0.4	25.5±0.5	37±0.6	44.5±0.7
槽边距	f_{min}	6	7	9	11.5	16	23	28
最小轮缘厚	δ_{min}	5	5.5	6	7.5	10	12	15
带轮宽	B	$B=(z-1)e+2f$　z:轮槽数						
外径	d_a	$d_a=d_d+2h_a$						
轮槽角 φ 32°	相应的基准直径 d_d	≤60	—	—	—	—	—	—
轮槽角 φ 34°	相应的基准直径 d_d	—	≤80	≤118	≤190	≤315	—	—
轮槽角 φ 36°	相应的基准直径 d_d	≥60	—	—	—	—	≤475	≤600
轮槽角 φ 38°	相应的基准直径 d_d	—	>80	>118	>190	>315	>475	>600
轮槽角 φ 偏差		±30′						

(4)带轮的平衡按 GB/T 11357－1989 的有关规定执行。

表 9－3　**V 带轮圆跳动要求**(GB/T 13575.1－1992)　mm

基准直径 d_a	径向圆跳动或斜向圆跳动 t	基准直径 d_a	径向圆跳动或斜向圆跳动 t
≥20～100	0.2	≥425～630	0.6
≥106～160	0.3	≥670～1000	0.8
≥170～250	0.4	≥1060～1600	1.0
≥265～400	0.5	≥1800～2500	1.2

9.3 普通 V 带轮工作图示例

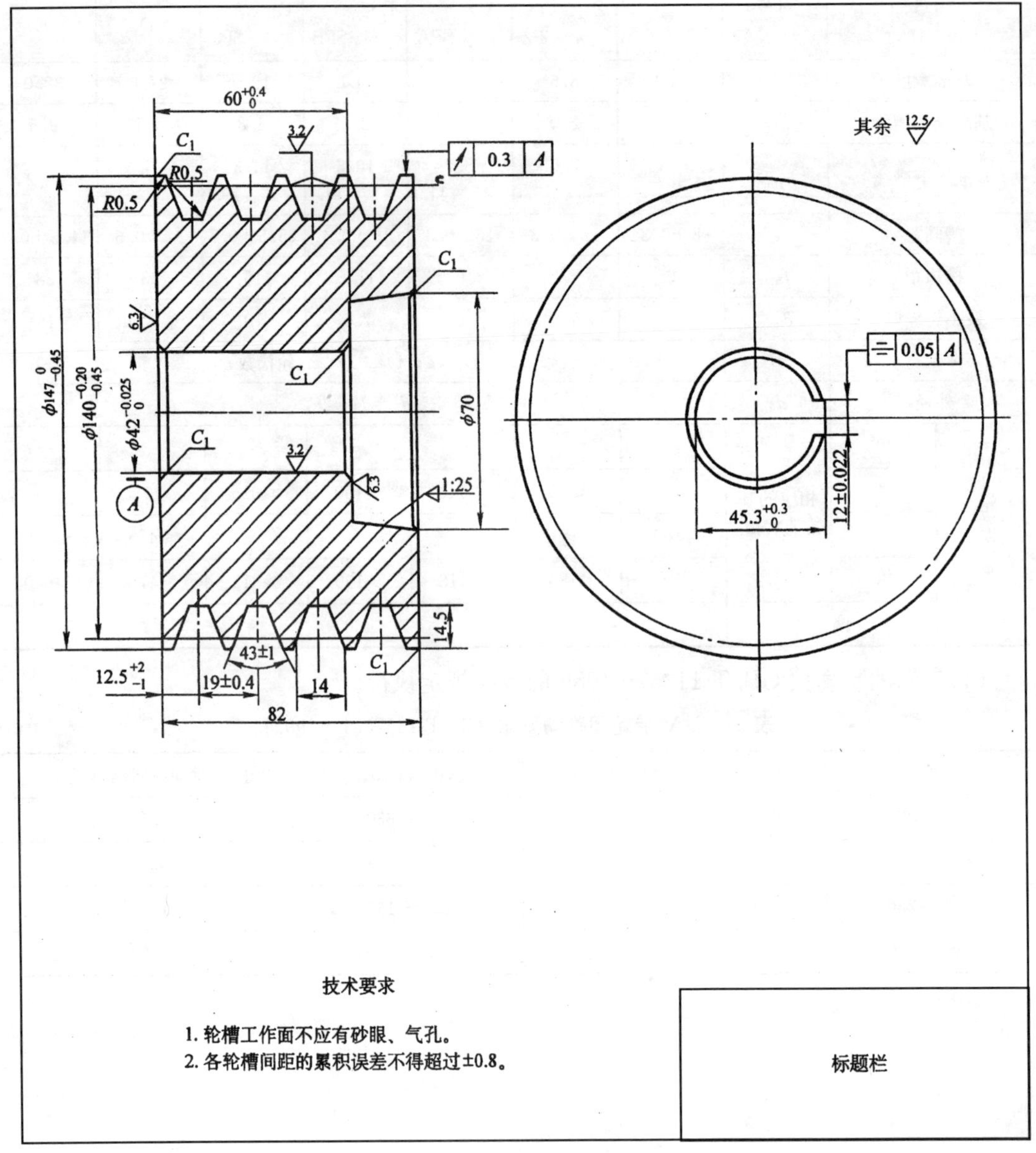

图 9.2　V 带轮工作图

第 10 章　轴系零件的紧固件

10.1 挡　圈

10.1.1 锁紧挡圈

表 10-1　锥销锁紧挡圈(GB/T 883—1986)、螺钉锁紧挡圈(GB/T 884—1986)　　mm

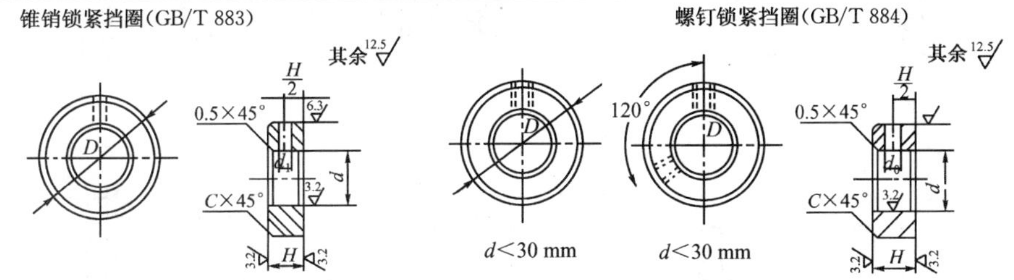

标记示例：

挡圈　GB/T　883　20(公称直径 d=20 mm,材料为 Q235—A,不经表面处理的锥销锁紧挡圈)

挡圈　GB/T　884　20(公称直径 d=20 mm,材料为 Q235—A,不经表面处理的螺钉锁紧挡圈)

公称直径 d	D	锥销锁紧挡圈(GB/T 883)				螺钉锁紧挡圈(GB/T 884)			
		H	d_1	C	圆锥销 GB/T 117 (推荐)	H	d_0	C	螺钉 GB/T 71 (推荐)
18	32	12	4	0.5	4×32	12	M6	1	M6×10
(19)	35				4×35				
20									
22	38		5	1	5×40				
25	42	14			5×45	14	M8		M8×12
28	45								
30	48		6		6×50				
32	52				6×55				
35	56	16				16	M10		M10×16
40	62				6×60				
45	70	18			6×70	18			
50	80		8		8×80				M10×20
55	85				8×90				
60	90	20				20			
65	95		10		10×100				
70	100								
75	110	22			10×110	22	M12		M12×25
80	115				10×120				
85	120								
90	125								
95	130	25		1.5	10×130	25		1.5	
100	135				10×140				
105	140								
110	150	30	12		12×150	30			
115	155								
120	160				12×160				

注：1. 括号内的尺寸尽量不采用。

2. d_1 孔在加工时只钻一面，在装配时钻透并铰孔。

10.1.2 轴端挡圈

表 10−2 轴端挡圈(GB/T 891～892−1986) mm

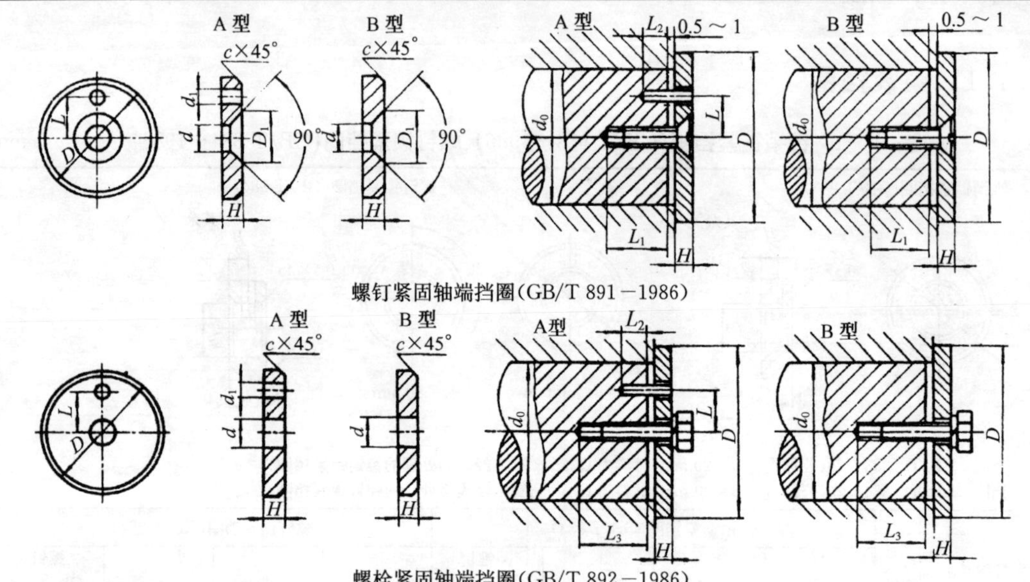

螺钉紧固轴端挡圈(GB/T 891−1986)

螺栓紧固轴端挡圈(GB/T 892−1986)

标记示例:

公称直径 d=45 mm,材料为 A3 钢,不经表面处理的 A 型螺栓紧固轴端挡圈:挡圈 GB/T 892−1986−45

当按 B 型制造时,应加标记 B:挡圈 GB/T 892−1986−B45

轴径 d_0≤	公称直径 D	H		L		d	d_1	D_1	c	螺栓 GB/T 5783−1986(推荐)	螺钉 GB/T 119−1986(推荐)	圆柱销 GB/T 119−1986(推荐)	垫圈 GB/T 93−1987(推荐)	安装尺寸			
		基本尺寸	极限偏差	基本尺寸	极限偏差									L_1	L_2	L_3	h
14	20	4	0 −0.30	—	±0.11	5.5	2.1	11	0.5	M5×16	M5×12	A2×10	5	14	6	16	5.1
16	22	4		—													
18	25	4		—													
20	28	4		7.5													
22	30	4		7.5													
25	32	5		10		6.6	3.2	13	1	M6×20	M6×16	A3×12	6	18	7	20	6
28	35	5		10													
30	38	5		10	±0.135												
32	40	5		12													
35	45	5		12													
40	50	5		12													
45	55	6		16		9	4.2	17	1.5	M8×25	M8×20	A4×14	8	22	8	24	8
50	60	6		16													
55	65	6		16	±0.165												
60	70	6		20													
65	75	6		20													
70	80	6		20													

注:1. 当挡圈安装在带螺纹孔的轴端时,紧固用螺栓允许加长。

2. 材料为 A3、35、45 钢。

10.1.3 弹性挡圈

表 10－3 孔用弹性挡圈(A 型)(GB/T 893.1－1986) mm

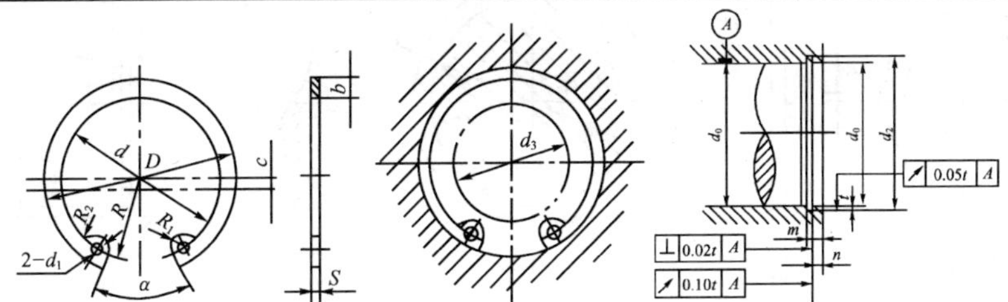

标记示例：
孔径 d_0＝50 mm，材料为 65Mn，热处理硬度为 HRC44－51，表面氧化的 A 型孔用弹性挡圈的标记为：
挡圈 GB/T 893.1－1986－50

孔径 d_0	挡圈										沟槽(推荐)					轴
	D	d	R	S	b ≈	c	d_1	R_1	R_2	α	d_2 基本尺寸	d_2 极限偏差	m 基本尺寸	m 极限偏差	n ≥	d_3 ≤
15	16.2	13	6.5	1	2.1	0.5	1.7	1.7	1	45°	15.7	+0.11 0	1.1	+0.14 0	1.2	6
16	17.3	14.1	7.0								16.8					7
18	19.5	16.3	7.9								19.0	+0.13 0			1.5	9
20	21.5	17.7	8.7		2.5	0.6	2	2	1.2		21					10
22	23.5	19.7	9.7								23					12
24	25.9	22.1	10.8	1.2							25.2	+0.21 0	1.3		1.8	13
25	26.9	22.7	11.3		2.8	0.7					26.2					14
26	27.9	23.7	11.8								27.2					15
28	30.1	25.7	12.8		3.2	0.8					29.4				2.1	17
30	32.1	27.3	13.7								31.4	+0.25 0				18
32	34.4	29.6	14.4				2.5	2.5	1.5		33.7				2.6	20
34	36.5	31.1	15.5	1.5	3.6	0.9					35.7		1.7			22
35	37.8	32.4	16								37				3	23
36	38.8	33.4	16.5								38					24
38	40.8	35.4	17.5								40					26
40	43.5	37.3	18.6		4	1					42.5				3.8	27
42	45.5	39.3	19.3				3	3			44.5					29
45	48.5	41.5	20.8		4.7	1.2					47.5					31
48	51.5	44.5	22.2								50.5	+0.30 0				33
50	54.2	47.5	23.3	2							53		2.2		4.5	36
52	56.2	49.5	24.3								55					38
55	59.2	52.2	25.8								58					40
58	62.2	54.4	27.3		5.2	1.3				36°	61					43
60	64.2	56.4	28.3								63					44
62	66.2	58.4	29.3								65					45
65	69.2	61.4	30.4	2.5					2.0		68		2.7			48

注：1. 材料为 65Mn、$60Si_2MnA$。

2. 热处理(淬火并回火)：当 d_0≤48 mm 时，HRC47～54；当 d_0＞48 mm 时，HRC44～51。

表 10－4　轴用弹性挡圈(A 型)(GB/T 894.1－1986)

mm

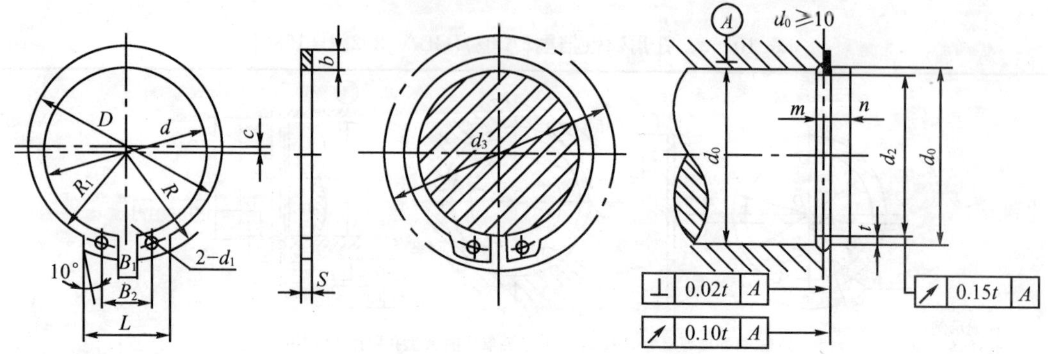

标记示例：

轴径 d_0＝50 mm，材料为 65Mn，热处理硬度为 HRC44～51，表面氧化的 A 型轴用弹性挡圈的标记为：挡圈 GB/T 894.1－1986－50

轴径 d_0	挡圈											沟槽(推荐)					孔
	d	s	b	d	D	R	R_1	B_1	B_2	L	c	d_2		m		n	d_3
	基本尺寸	基本尺寸	≈								基本尺寸	基本尺寸	极限偏差	基本尺寸	极限偏差	≥	≥
15	13.8	1	2.0	1.7	16.8	10.5	8.7	2	6	10	0.5	14.3	0 −0.11	1.1	+0.14 0	1.2	23.2
20	18.5		2.68	2	22.5	13.3	11.2	2.5	8.5	14.5	0.67	19	0 −0.13			1.5	29
24	22.2	1.2	3.32		27.2	15.5	13.3				0.83	22.9	0 −0.21	1.3		1.7	34
25	23.2				28.2	16	13.8					23.9					35
28	25.9		3.6		31.3	17.7	15.3	3	11	19	0.9	26.6				2.1	38.4
30	27.9		3.72		33.5	18.9	16.5				0.93	28.6					42
32	29.6		3.92	2.5	35.5	20	17.4				0.98	30.3	0 −0.25			2.6	44
35	32.2	1.5	4.52		39	21.7	18.9				1.13	33		1.7		3	48
38	35.5		5.0		42.7	23.4	20.5				1.25	36					51
40	36.5				44	24.3	21.3					37.5				3.8	53
42	38.5			3	46	25.8	22.5					39.5					56
45	41.5				49	27.5	24.1					42.5					59.4
48	44.5				52	29.5	25.7					45.5					62.8
50	45.8	2	5.48		54	29.8	26.4	4	12	20	1.37	47		2.2		4.5	64.8
52	47.8				56	30.9	27.4					49					67
55	50.8				59	32.6	29					52	0 −0.30				70.4
58	53.8		6.12		63	34.2	30.6				1.53	55					73.4
60	55.8				65	35.3	31.6					57					75.8
62	57.8				67	36.4	32.7					59					79
65	60.8	2.5			70	38.2	34.3					62		2.7			81.6

注：1. 材料为 65Mn、60SiMnA。

2. 热处理：当 d_0≤48 mm 时，HRC47～54；当 d_0＞48 mm 时，HRC44～51。

10.2 圆螺母和圆螺母用止动垫圈

表 10－5 圆螺母(GB/T 812－1988) mm

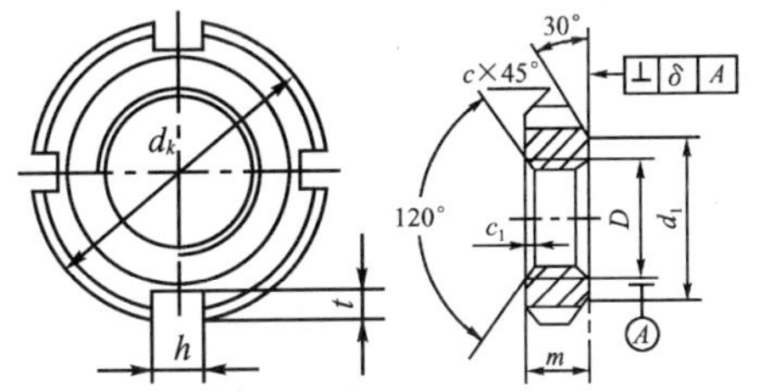

标记示例：

螺纹规格 $D\times p$＝M16×1.5，材料为 45 钢，槽或全部热处理后硬度为 HRC35～45，表面氧化的圆螺母的标记为：螺母 GB/T 812－1988－M16×1.5

螺纹规格 $D\times p$	d_k	d_1 ≈	m	h 最小	t 最小	c	c_1
M16×1.5	30	22	8	5	2.5	0.5	0.5
M18×1.5	32	24					
M20×1.5	35	27					
M24×1.5	42	34	10			1	
M25×1.5*	42	34					
M30×1.5	48	40					
M35×1.5*	52	43		6	3		
M36×1.5	55	46					

螺纹规格 $D\times p$	d_k	d_1 ≈	m	h 最小	t 最小	c	c_1
M40×1.5*	58	49	10	6	3	1.5	0.5
M42×1.5	62	53					
M48×1.5	72	62	12	8	3.5		
M50×1.5*	72	61					
M55×2*	78	67					
M56×2	85	74					1
M64×2 M65×2*	95	84					

注：1. * 仅用于滚动轴承锁紧装置。2. 材料为 A3、45 钢。

表 10－6 圆螺母用止动垫圈(GB/T 858－1988) mm

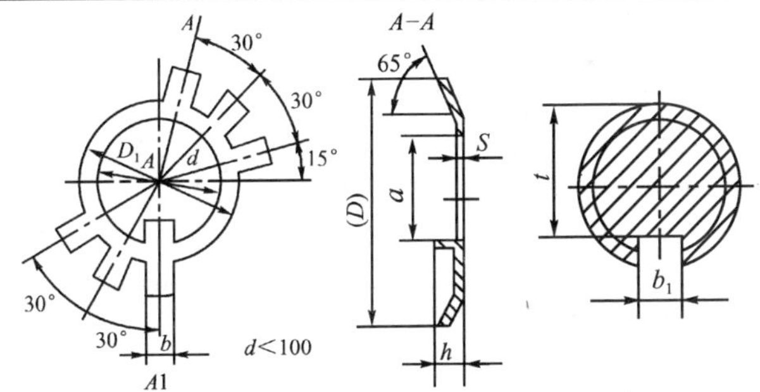

标记示例：

公称直径＝16 mm，材料为 A3 钢，经退火、表面氧化的圆螺母用止动垫圈的标记为：

垫圈 GB/T 858－1988－16

公称直径（螺纹规格）	d	(D)	D_1	S	b	a	h	轴端 b_1	轴端 t
16	16.5	34	22	1	4.8	13	3	5	12
18	18.5	35	24			15	4		14
20	20.5	38	27			17			16
24	24.5	45	34			21			20
25*	25.5	45	34			22			—
30	30.5	52	40			27	5		26
35*	35.5	56	43	1.5	5.7	32		6	—
36	36.5	60	46			33			32

公称直径（螺纹规格）	d	(D)	D_1	S	b	a	h	轴端 b_1	轴端 t
40*	40.5	62	49	1.5	5.7	37	5	6	—
42	42.5	66	53			39			38
48	48.5	76	61		7.7	45		8	44
50*	50.5	76	61			47			—
55*	56	82	67			52	6		—
56	57	90	74			53			52
64	65	100	84			61			60
65*	66					62			—

注：1. * 仅用于滚动轴承锁紧装置。2. 材料为 A2、A3、B2、B3 钢。

第 11 章　滚动轴承

11.1　常用滚动轴承

表 11-1　深沟球轴承(GB/T 276-1994)

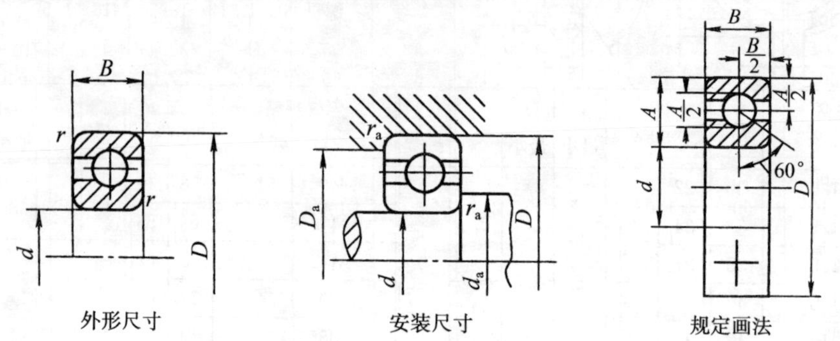

标记示例：

滚动轴承 6210　GB/T 276

$\frac{F_a}{C_{0r}}$	基本组游隙					$F_a/F_r \leqslant 0.8$		$F_a/F_r > 0.8$	
	e	$F_a/F_r \leqslant e$		$F_a/F_r > e$					
		X	Y	X	Y	X_0	Y_0	X_0	Y_0
0.014	0.19	1	0	0.56	2.30	1	0	0.6	0.5
0.028	0.22	1	0	0.56	1.99				
0.056	0.26	1	0	0.56	1.71				
0.084	0.28	1	0	0.56	1.55				
0.11	0.3	1	0	0.56	1.45				
0.17	0.34	1	0	0.56	1.31				
0.28	0.38	1	0	0.56	1.15				
0.42	0.42	1	0	0.56	1.04				
0.56	0.44	1	0	0.56	1.00				

轴承型号		尺寸/mm				安装尺寸/mm			基本额定负荷/kN		极限转速/(r/min)	
新	旧	d	D	B	r min	d_a min	D_a max	r_a max	C_r(动)	C_{0r}(静)	脂润滑	油润滑
(0)2 尺寸系列												
6204	204	20	47	14	1	26	41	1	12.8	6.65	14000	18000
6205	205	25	52	15	1	31	46	1	14.0	7.88	13000	17000
6206	206	30	62	16	1	36	56	1	19.5	11.3	9500	13000
6207	207	35	72	17	1.1	42	65	1	25.7	15.3	8500	11000
6208	208	40	80	18	1.1	47	73	1	29.5	18.1	8000	10000
6209	209	45	85	19	1.1	52	78	1	31.7	20.7	7000	9000
6210	210	50	90	20	1.1	57	83	1	35.1	23.2	6700	8500
6211	211	55	100	21	1.5	64	91	1.5	43.4	29.2	6000	7500
6212	212	60	110	22	1.6	69	101	1.5	47.8	32.9	5600	7000
6213	213	65	120	23	1.7	74	111	1.5	57.2	40.0	5000	6300

续表 11－1

轴承型号		尺寸/mm				安装尺寸/mm			基本额定负荷/kN		极限转速/(r/min)	
6214	214	70	125	24	1.8	79	116	1.5	60.8	45.0	4800	6000
6215	215	75	130	25	1.9	84	121	1.5	66.0	49.5	4500	5600
6216	216	80	140	26	2	90	130	2	71.5	54.2	4300	5300
6217	217	85	150	28	2	95	140	2	83.2	63.8	4000	5000
6218	218	90	160	30	2	100	150	2	95.8	71.5	3800	4800
(0)3 尺寸系列												
6304	304	20	52	15	1.1	27	45	1	15.9	7.88	13000	17000
6305	305	25	62	17	1.1	32	55	1	22.4	11.5	10000	14000
6306	306	30	72	19	1.1	37	65	1	27.0	15.2	9000	12000
6307	307	35	80	21	1.5	44	71	1.5	33.4	19.2	8000	10000
6308	308	40	90	23	1.5	48	81	1.5	40.8	24.0	7000	9000
6309	309	45	100	25	1.5	54	91	1.5	52.9	31.8	6300	8000
6310	310	50	110	27	2	60	100	2	61.9	37.9	6000	7500
6311	311	55	120	29	2	65	110	2	71.6	44.8	5800	6700
6312	312	60	130	31	2.1	72	118	2.1	81.8	51.9	5600	6300
6313	313	65	140	33	2.1	77	128	2.1	93.9	60.4	4500	5600
6314	314	70	150	35	2.1	82	138	2.1	105	68.0	4300	5400
6315	315	75	160	37	2.1	87	148	2.1	112	76.8	4000	5000
6316	316	80	170	39	2.1	92	158	2.1	122	86.5	3800	4800

表 11－2 调心球轴承(GB/T 281－1994)

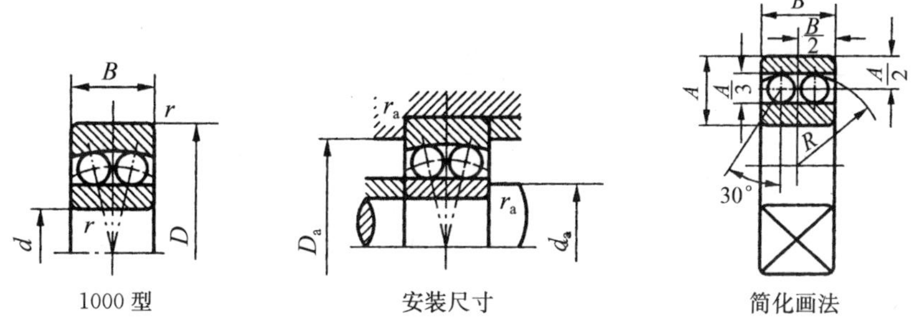

1000 型　　安装尺寸　　简化画法

标记示例:滚动轴承　1207　GB/T 281

径向当量动载荷	径向当量静载荷
当$\frac{F_a}{F_r} \leqslant e$时,$P_r = F_r + Y_1 F_a$ 当$\frac{F_a}{F_r} > e$时,$P_r = 0.65F_r + Y_2 F_a$	$P_{0r} = F_r + Y_0 F_a$

轴承型号	基本尺寸/mm				安装尺寸/mm			计算系数				基本额定动载荷 C_r	基本额定静载荷 C_{0r}	极限转速 r/min		原轴承型号
	d	D	B	r_s min	d_a min	D_a max	r_{as} max	e	Y_1	Y_2	Y_0			脂润滑	油润滑	
(0)2 尺寸系列																
1200	10	30	9	0.6	15	25	0.6	0.32	2.0	3.0	2.0	5.48	1.20	24000	28000	1200
1201	12	32	10	0.6	17	27	0.6	0.33	1.9	2.9	2.0	5.55	1.25	22000	26000	1201
1202	15	35	11	0.6	20	30	0.6	0.33	1.9	3.0	2.0	7.48	1.75	18000	22000	1202
1203	17	40	12	0.6	22	35	0.6	0.31	2.0	3.2	2.1	7.90	2.02	16000	20000	1203
1204	20	47	14	1	26	41	1	0.27	2.3	3.6	2.4	9.95	2.65	14000	17000	1204

续表 11-2

轴承型号	基本尺寸/mm				安装尺寸/mm			计算系数				基本额定动载荷 C_r	基本额定静载荷 C_{0r}	极限转速 r/min		原轴承型号
	d	D	B	r_s min	d_a min	D_a max	r_{as} max	e	Y_1	Y_2	Y_0			脂润滑	油润滑	
1205	25	52	15	1	31	46	1	0.27	2.3	3.6	2.4	12.0	3.30	12000	14000	1205
1206	30	62	16	1	36	56	1	0.24	2.6	4.0	2.7	15.8	4.70	10000	12000	1206
1207	35	72	17	1.1	42	65	1	0.23	2.7	4.2	2.9	15.8	5.08	85000	10000	1207
1208	40	80	18	1.1	47	73	1	0.22	2.9	4.4	3.0	19.2	6.40	7500	9000	1208
1209	45	85	19	1.1	52	78	1	0.21	2.9	4.6	3.1	21.8	7.32	7100	8500	1209
1210	50	90	20	1.1	57	83	1	0.20	3.1	4.8	3.3	22.8	8.08	6300	8000	1210
1211	55	100	21	1.5	64	91	1.5	0.20	3.2	5.0	3.4	26.8	10.0	6000	7100	1211
1212	60	110	22	1.5	69	101	1.5	0.19	3.4	5.3	3.6	30.2	11.5	5300	6300	1212
1213	65	120	23	1.5	74	111	1.5	0.17	3.7	5.7	3.9	31.0	12.5	4800	6000	1213
1214	70	125	24	1.5	79	116	1.5	0.18	3.5	5.4	3.7	34.5	13.5	4800	5600	1214
1215	75	130	25	1.5	84	121	1.5	0.17	3.6	5.6	3.8	38.8	15.2	4300	5300	1215
1216	80	140	26	2	90	130	2	0.18	3.6	5.5	3.7	39.5	16.8	4000	5000	1216
1217	85	150	28	2	95	140	2	0.17	3.7	5.7	3.9	48.8	20.5	3800	4500	1217
1218	90	160	30	2	100	150	2	0.17	3.8	5.7	4.0	56.5	23.2	3600	4300	1218
1219	95	170	32	2.1	107	158	2.1	0.17	3.7	5.7	3.9	63.5	27.0	3400	4000	1219
1220	100	180	34	2.1	112	168	2.1	0.18	3.5	5.4	3.7	68.5	29.2	3200	3800	1220
(0)3 尺寸系列																
1300	10	35	11	0.6	15	30	0.6	0.33	1.9	3.0	2.0	7.22	1.62	20000	24000	1300
1301	12	37	12	1	18	31	1	0.35	1.8	2.8	1.9	9.42	2.12	18000	22000	1301
1302	15	42	13	1	21	36	1	0.33	1.9	2.9	2.0	9.50	2.28	16000	20000	1302
1303	17	47	14	1	23	41	1	0.33	1.9	3.0	2.0	12.5	3.18	14000	17000	1303
1304	20	52	15	1.1	27	45	1	0.29	2.2	3.4	2.3	12.5	3.38	12000	15000	1304
1305	25	62	17	1.1	32	55	1	0.27	2.3	3.5	2.4	17.8	5.05	10000	13000	1305
1306	30	72	19	1.1	37	65	1	0.26	2.4	3.8	2.6	21.5	6.28	8500	11000	1306
1307	35	80	21	1.5	44	71	1.5	0.25	2.6	4.0	2.7	25.0	7.95	7500	9500	1307
1308	40	90	23	1.5	49	81	1.5	0.24	2.6	4.0	2.7	29.5	9.50	6700	8500	1308
1309	45	100	25	1.5	54	91	1.5	0.25	0.25	2.5	3.9	2.6	38.0	12.8	6000	1309
1310	50	110	27	2	60	100	2	0.24	0.24	2.7	4.1	2.8	43.2	14.2	5600	1310
1311	55	120	29	2	65	110	2	0.23	0.23	2.7	4.2	2.8	51.5	18.2	5000	1311
1312	60	130	31	2.1	72	118	2.1	0.23	0.23	2.8	4.3	2.9	57.2	20.8	5600	1312
1313	65	140	33	2.1	77	128	2.1	0.23	2.8	4.3	2.9	61.8	22.8	4300	5300	1313
1314	70	150	35	2.1	82	138	2.1	0.22	2.8	4.4	2.9	74.5	27.5	4000	5000	1314
1315	75	160	37	2.1	87	148	2.1	0.22	2.8	4.4	3.0	79.0	29.8	3800	4500	1315
1316	80	170	39	2.1	92	158	2.1	0.22	2.9	4.5	3.1	88.5	32.8	3600	4300	1316
1317	85	180	41	3	99	166	2.5	0.22	2.9	4.5	3.0	97.8	37.8	3400	4000	1317
1318	90	190	43	3	104	176	2.5	0.22	2.8	4.4	2.9	115	44.5	3200	3800	1318
1319	95	200	45	3	109	186	2.5	0.23	2.8	4.3	2.9	132	50.8	3000	3600	1319
1320	100	215	47	3	114	201	2.5	0.24	2.7	4.1	2.8	142	57.2	2800	3400	1320
22 尺寸系列																
2200	10	30	14	0.6	15	25	0.6	0.62	1.0	1.6	1.1	7.12	1.58	24000	28000	1500
2201	12	32	14	0.6	17	27	0.6	—	—	—	—	8.80	1.80	22000	26000	1501
2202	15	35	14	0.6	20	30	0.6	0.50	1.3	2.0	1.3	7.65	1.80	18000	22000	1501
2203	17	40	16	0.6	22	35	0.6	0.50	1.2	1.9	1.3	9.00	2.45	16000	20000	1503
2204	20	47	18	1	26	41	1	0.48	1.3	2.0	1.4	12.5	3.28	14000	17000	1504
2205	25	52	18	1	31	46	1	0.41	1.5	2.3	1.5	12.5	3.40	12000	14000	1505
2206	30	62	20	1	36	56	1	0.39	1.6	2.4	1.7	15.2	4.60	10000	12000	1506
2207	35	72	23	1.1	42	65	1	0.38	1.7	2.6	1.8	21.8	6.65	8500	10000	1507
2208	40	80	23	1.1	47	73	1	0.24	1.9	2.9	2.0	22.5	7.38	7500	9000	1508
2209	45	85	23	1.1	52	78	1	0.31	2.1	3.2	2.2	23.2	8.00	7100	8500	1509
2210	50	90	23	1.1	57	83	1	0.29	2.2	3.4	2.3	23.2	8.45	6300	8000	1510
2211	50	100	25	1.5	64	91	1.5	0.28	2.3	3.5	2.4	26.8	9.95	6000	7100	1511
2212	60	110	28	1.5	69	101	1.5	0.28	2.3	3.5	2.4	34.0	12.5	5300	6300	1512
2213	65	120	31	1.5	74	111	1.5	0.28	2.3	3.5	2.4	43.5	16.2	4800	6000	1513
2214	70	125	31	1.5	79	116	1.5	0.27	2.4	3.7	2.5	44.0	17.0	4500	5600	1514
2215	75	130	31	1.5	84	121	1.5	0.25	2.5	3.9	2.6	44.2	18.0	4300	5300	1515

续表 11—2

轴承型号	基本尺寸/mm				安装尺寸/mm			计算系数				基本额定动载荷 C_r	基本额定静载荷 C_{0r}	极限转速 r/min		原轴承型号
	d	D	B	r_s min	d_a min	D_a max	r_{as} max	e	Y_1	Y_2	Y_0			脂润滑	油润滑	
2216	80	140	33	2	90	130	2	0.25	2.5	3.9	2.6	48.8	20.2	4000	5000	1516
2217	85	150	36	2	95	140	2	0.25	2.5	3.8	2.6	58.2	23.5	3800	4500	1517
2218	90	160	40	2	100	150	2	0.27	2.4	3.7	2.5	70.0	28.5	3600	4300	1518
2219	95	170	43	2.1	107	158	2.1	0.26	2.4	3.7	2.5	82.8	33.8	3400	4000	1519
2220	100	180	46	2.1	112	168	2.1	0.27	2.3	3.6	2.5	97.2	40.5	3200	3800	1520
23尺寸系列																
2300	10	35	17	0.6	15	30	0.6	0.66	0.95	1.5	1.0	11.0	2.45	18000	22000	1600
2301	12	37	17	1	18	31	1	—	—	—	—	12.5	2.72	17000	22000	1601
2302	15	42	17	1	21	36	1	0.51	1.2	1.9	1.3	12.0	2.88	14000	18000	1602
2302	17	47	19	1	23	41	1	0.52	1.2	1.9	1.3	14.5	3.58	13000	16000	1603
2304	20	52	21	1.1	27	45	1	0.51	1.2	1.9	1.3	17.8	4.75	11000	14000	1604
2305	25	62	24	1.1	32	55	1	0.47	1.3	2.1	1.4	24.5	6.48	9500	12000	1605
2306	30	72	27	1.1	37	65	1	0.44	1.4	2.2	1.5	31.5	8.68	8000	10000	1606
2307	35	80	31	1.5	44	71	1.5	0.46	1.4	2.1	1.4	39.2	11.0	7100	9000	1607
2308	40	90	33	1.5	49	81	1.5	0.43	1.5	2.3	1.5	44.8	13.2	6300	8000	1608
2309	45	100	36	1.5	54	91	1.5	0.42	1.6	2.3	1.6	55.0	16.2	5600	7100	1609
2310	50	110	40	2	60	100	2	0.43	1.6	2.3	1.6	64.5	19.8	5000	6300	1610
2311	55	120	43	2	65	110	2	0.41	1.5	2.4	1.6	75.2	23.5	4800	6000	1611
2312	60	130	46	2.1	72	118	2.1	0.41	1.6	2.5	1.6	86.8	27.5	4300	5300	1612
2313	65	140	48	2.1	77	128	2.1	0.38	1.6	2.6	1.7	96.0	32.5	3800	4800	1613
2314	70	150	51	2.1	82	138	2.1	0.38	1.7	2.6	1.8	110	37.5	3600	4500	1614
2315	75	160	55	2.1	87	148	2.1	0.38	1.7	2.6	1.7	122	42.8	3400	4300	1615
2316	80	170	58	2.1	92	158	2.1	0.39	1.6	2.5	1.7	128	45.5	3200	4000	1616
1317	85	180	60	3	99	166	2.5	0.38	1.7	2.6	1.7	140	51.0	3000	3800	1617
2318	90	190	64	3	104	176	2.5	0.39	1.6	2.5	1.7	142	57.2	2800	3600	1618
2319	95	200	67	3	109	186	2.5	0.38	1.7	2.6	1.8	162	64.2	2800	3400	1619
2320	100	215	73	3	114	201	2.5	0.37	1.7	2.6	1.8	192	78.5	2400	3200	1620

表 11−3 圆柱滚子轴承(GB/T 283−1994)

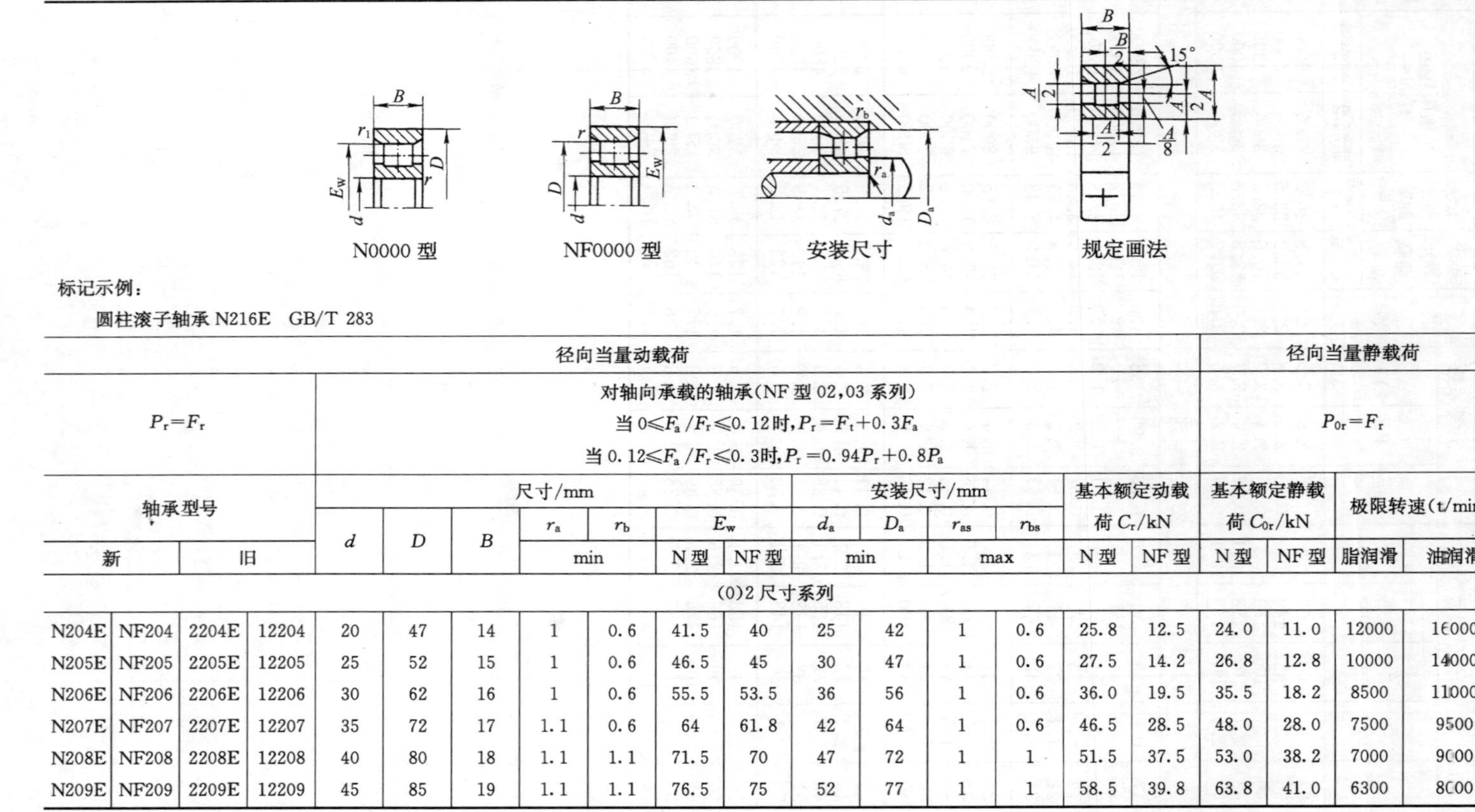

N0000 型　　NF0000 型　　安装尺寸　　规定画法

标记示例：

圆柱滚子轴承 N216E　GB/T 283

径向当量动载荷		径向当量静载荷
$P_r=F_r$	对轴向承载的轴承(NF 型 02,03 系列) 当 $0\leqslant F_a/F_r\leqslant 0.12$ 时,$P_r=F_t+0.3F_a$ 当 $0.12\leqslant F_a/F_r\leqslant 0.3$ 时,$P_r=0.94P_r+0.8P_a$	$P_{0r}=F_r$

轴承型号				尺寸/mm							安装尺寸/mm				基本额定动载荷 C_r/kN		基本额定静载荷 C_{0r}/kN		极限转速(t/min)	
新		旧		d	D	B	r_a	r_b	E_w		d_a	D_a	r_{as}	r_{bs}						
							min		N 型	NF 型	min		max		N 型	NF 型	N 型	NF 型	脂润滑	油润滑
(0)2 尺寸系列																				
N204E	NF204	2204E	12204	20	47	14	1	0.6	41.5	40	25	42	1	0.6	25.8	12.5	24.0	11.0	12000	16000
N205E	NF205	2205E	12205	25	52	15	1	0.6	46.5	45	30	47	1	0.6	27.5	14.2	26.8	12.8	10000	14000
N206E	NF206	2206E	12206	30	62	16	1	0.6	55.5	53.5	36	56	1	0.6	36.0	19.5	35.5	18.2	8500	11000
N207E	NF207	2207E	12207	35	72	17	1.1	0.6	64	61.8	42	64	1	0.6	46.5	28.5	48.0	28.0	7500	9500
N208E	NF208	2208E	12208	40	80	18	1.1	1.1	71.5	70	47	72	1	1	51.5	37.5	53.0	38.2	7000	9000
N209E	NF209	2209E	12209	45	85	19	1.1	1.1	76.5	75	52	77	1	1	58.5	39.8	63.8	41.0	6300	8000

续表 11—3

径向当量动载荷																	径向当量静载荷			
$P_r=F_r$				对轴向承载的轴承(NF 型 02,03 系列) 当 $0\leqslant F_a/F_r\leqslant 0.12$ 时,$P_r=F_r+0.3F_a$ 当 $0.12\leqslant F_a/F_r\leqslant 0.3$ 时,$P_r=0.94P_r+0.8P_a$													$P_{0r}=F_r$			
轴承型号				尺寸/mm							安装尺寸/mm				基本额定动载荷 C_r/kN		基本额定静载荷 C_{0r}/kN		极限转速(t/min)	
新		旧		d	D	B	r_a	r_b	E_w		d_a	D_a	r_{as}	r_{bs}	N 型	NF 型	N 型	NF 型	脂润滑	油润滑
							min		N 型	NF 型	min		max							
(0)2 尺寸系列																				
N210E	NF210	2210E	12210	50	90	20	1.1	1.1	81.5	80.4	57	83	1	1	61.2	43.2	69.2	48.5	6000	7500
N211E	NF211	2211E	12211	55	100	21	1.5	1.5	90	88.5	64	91	1.5	1	80.2	52.8	95.5	60.2	5300	6700
N212E	NF212	2212E	12212	60	110	22	1.5	1.5	100	97	69	100	1.5	1.5	89.8	62.8	102	73.5	5000	6300
N213E	NF213	2213E	12213	65	120	23	1.5	1.5	108.5	105.5	74	108	1.5	1.5	102	73.2	118	87.5	4500	5600
N214E	NF214	2214E	12214	70	125	24	1.5	1.5	113.5	110.5	79	114	1.5	1.5	112	73.2	135	87.5	4300	5300
N215E	NF215	2215E	12215	75	130	25	1.5	1.5	118.5	118.3	84	120	1.5	1.5	125	89.0	155	110	4000	5000
N216E	NF216	2216E	12216	80	140	26	2	2	127.3	125	90	128	2	2	132	102	165	125	3800	4800
(0)3 尺寸系列																				
N304E	NF304	2304E	12304	20	52	15	1.1	0.6	45.5	44.5	26.5	47	1	0.6	29.0	18.0	25.5	15.0	11000	15000
N305E	NF305	2305E	12305	25	62	17	1.1	1.1	54	53	31.5	55	1	1	38.5	25.5	35.8	22.5	9000	12000
N306E	NF306	2306E	12306	30	72	19	1.1	1.1	62.5	62	37	64	1	1	49.2	33.5	48.2	31.5	8000	10000
N307E	NF307	2307E	12307	35	80	21	1.5	1.1	70.2	68.2	44	71	1.5	1	62.0	41.0	63.2	39.2	7000	9000
N308E	NF307	2308E	12308	40	90	23	1.5	1.5	80	77.5	49	80	1.5	1.5	76.8	48.8	77.8	47.5	6300	8000
N309E	NF309	2309E	12309	45	100	25	1.5	1.5	88.5	86.5	54	89	1.5	1.5	93.0	66.8	98.0	66.8	5600	7000
N310E	NF310	2310E	12310	50	110	27	2	2	97	95	60	98	2	2	105	76.0	112	79.5	5300	6700
N311E	NF311	2311E	12311	55	120	29	2	2	106.5	104.5	65	107	2	2	128	97.8	138	105	4800	6000
N312E	NF312	2312E	12312	60	130	31	2.1	2.1	115	113	72	116	2.1	2.1	142	118	155	128	4500	5600
N313E	NF313	2313E	12313	65	140	33	2.1		124.5	121.5	77	125	2.1		170	125	188	135	4000	5000
N314E	NF314	2314E	12314	70	150	35	2.1		133	130	82	134	2.1		195	145	220	162	3800	4800
N315E	NF315	2315E	12315	75	160	37	2.1		143	139.5	87	143	2.1		228	260	260	188	3600	4500
N316E	NF316	2316E	12316	80	170	39	2.1		151	147	92	151	2.1		245	282	282	200	3400	4300

注:后缀带 E 为加强型圆柱滚子轴承,优先选用。

表 11-4　角接触球轴承(GB/T 292—1994)

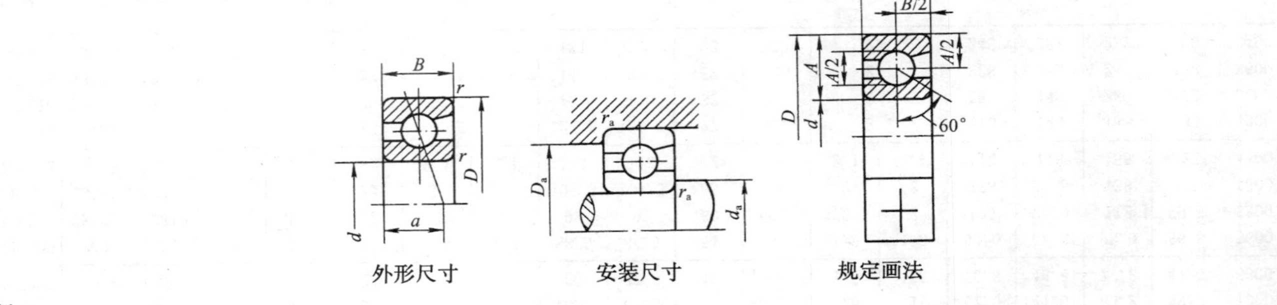

外形尺寸　　安装尺寸　　规定画法

标记示例：

滚动轴承 7216AC　GB/T 292

$\frac{F_a}{C_{0r}}$	C型(α=15°)							AC型(α=25°)						
	e	$F_a/F_r\leqslant e$		$F_a/F_r\leqslant e$		X_0	Y_0	e	$F_a/F_r\leqslant e$		$F_a/F_r>e$		X_0	Y_0
		X	Y	X	Y				X	Y	X	Y		
0.015	0.38				1.47									
0.029	0.40				1.40									
0.058	0.43				1.30									
0.087	0.46				1.23									
0.12	0.47	1	0	0.44	1.19	0.5	0.46	0.68	1	0	0.41	0.87	0.5	0.33
0.17	0.50				1.12									
0.29	0.55				1.02									
0.44	0.56				1.00									
0.58	0.56				1.00									

续表 11—4

轴承型号				尺寸/mm							安装尺寸/mm			基本额定动载荷				极限转速 (r/min)	
新		旧		d	D	B	r	r_1	a		d_a	D_a	r_a	C_r(动)		C_{0r}(静)			
							min	max	C型	AC型	min	max	max	C型	AC型	C型	AC型	脂润滑	油润滑
7204C	7204AC	36204	46204	20	47	14	1	0.3	11.5	14.9	26	41	1	14.5	14	8.22	7.82	13000	18000
7205C	7205AC	36205	46205	25	52	15	1	0.3	12.7	16.4	31	46	1	16.5	15.8	10.5	9.88	11000	16000
7206C	7206AC	36206	46206	30	62	16	1	0.3	14.2	18.7	36	56	1	23.0	22.0	15.0	14.2	9000	13000
7207C	7207AC	36207	46207	35	72	17	1.1	0.6	15.7	21	42	65	1	30.5	29	20.0	19.2	8000	11000
7208C	7208AC	36208	46208	40	80	18	1.1	0.6	17	23	47	73	1	36.8	35.2	25.8	24.5	7500	1000
7209C	7209AC	36209	46209	45	85	19	1.1	0.6	18.2	24.7	52	77	1	38.5	36.8	28.5	27.2	6700	9000
7210C	7210AC	36210	46210	50	90	20	1.1	0.6	19.4	26.3	57	83	1.5	42.8	40.8	32.0	30.5	6300	8500
7211C	7211AC	36211	46211	55	100	21	1.5	0.6	20.9	28.6	64	91	1.5	52.8	50.5	40.5	38.5	5600	7500
7212C	7212AC	36212	46212	60	110	22	1.5	0.6	22.4	30.8	69	101	1.5	61.0	58.2	48.5	46.2	5300	7000
7213C	7213AC	36213	46213	65	120	23	1.5	0.6	24.2	33.5	74	111	1.5	69.8	66.5	55.2	52.5	4800	6300
03尺寸系列																			
7304C	7304AC	36304	36304	20	52	15	1.1	0.6	11.3	16.3	27	45	1	14.2	13.8	9.68	9.10	12000	17000
7305C	7305AC	36305	36305	25	62	17	1.1	0.6	13.1	19.1	32	55	1	21.5	20.8	15.8	14.8	9500	14000
7306C	7306AC	36306	36306	30	72	19	1.5	0.6	15	22.2	37	65	1	26.5	25.2	19.8	18.5	8500	12000
7307C	7307AC	36307	36307	35	80	21	1.5	0.6	16.6	24.5	44	71	1.5	34.2	32.8	26.8	24.8	7500	10000
7308C	7308AC	36308	36308	40	90	23	1.5	0.6	18.5	27.5	49	81	1.5	40.2	38.5	32.8	30.5	6700	9000
7309C	7309AC	36309	36309	45	100	25	1.5	0.6	20.2	30.2	54	91	1.5	49.2	47.5	39.8	37.2	6000	8000
7310C	7310AC	36310	36310	50	110	27	2	1.0	22	33	60	99	2	55.5	53.5	47.2	44.5	5600	7500
7311C	7311AC	36311	36311	55	120	29	2	1.0	23.8	35.8	65	110	2	67.2	67.2	60.5	56.8	5000	6700
7312C	7312AC	36312	36312	60	130	31	2.1	1.1	25.6	38.7	72	118	2.1	80.5	77.8	70.2	65.8	4800	6300
7313C	7313AC	36313	36313	65	140	33	2.1	1.1	27.4	41.5	77	128	2.1	91.5	89.8	80.5	75.5	4300	5600
7314C	7314AC	36314	36314	70	150	35	2.1	1.1	29.2	44.3	82	138	2.1	102	98.5	91.5	86.0	4000	5300
7315C	7315AC	36315	36315	75	160	37	2.1	1.1	31	47.2	87	148	2.1	112	108	105	97.0	3800	5000

表 11-5　圆锥滚子轴承(GB/T 297—1994)

外形尺寸　　安装尺寸　　规定画法

e	见本表	
F_a/F_r	$\leqslant e$	$>e$
X	1	0.4
Y	0	见本表
X_0	1	0.5
Y_0	0	见本表
当 $P_0<F_r$ 时,取 $P_0=F_r$		

标记示例:

滚动轴承 30211　GB/T 297

轴承型号		尺寸/mm									安装尺寸/mm								基本额定负荷/kN		极限转速/(r/min)		计算系数		
新	旧	d	D	T	B	C	$a\approx$	r min	r_1 min	r_2 min	d_a min	d_b max	D_a max	D_b max	a_1 min	a_2 min	r_a max	r_{1a} max	C_r(动)	C_{0r}(静)	脂润滑	油润滑	e	Y	Y_0
02尺寸系列																									
30204	7204E	20	47	15.25	14	12	11.2	1	1	0.5	26	27	41	43	2	3.5	1	1	28.2	30.6	8000	10000	0.35	1.7	1
30205	7205E	25	52	16.25	15	13	12.6	1	1	0.5	31	31	46	48	2	3.5	1	1	32.2	37.0	7000	9000	0.37	1.6	0.9
30206	7206E	30	62	17.25	16	14	13.8	1	1	0.5	36	37	56	58	3	3.5	1	1	43.3	50.5	6000	7500	0.37	1.6	0.9
30207	7207E	35	72	18.25	17	15	15.3	1.5	1.5	0.8	42	44	65	67	3	3.5	1.5	1.5	54.2	63.5	5300	6700	0.37	1.6	0.9
30208	7208E	40	80	19.75	18	16	16.9	1.5	1.5	0.8	47	49	73	75	3	4	1.5	1.5	63.0	74.0	5000	6300	0.37	1.6	0.9
30209	7209E	45	85	20.75	19	16	18.6	1.5	1.5	0.8	52	53	78	80	3	5	1.5	1.5	67.9	83.6	4500	5600	0.4	1.5	0.8
30210	7210E	50	90	21.75	20	17	20	1.5	1.5	0.8	57	58	83	86	3	5	1.5	1.5	73.3	92.1	4300	5300	0.42	1.4	0.8
30211	7211E	55	100	22.75	21	18	21	2	1.5	0.8	64	64	91	95	4	5	1	1.5	90.8	114	3800	4800	0.4	1.5	0.8
30212	7212E	60	110	23.75	22	19	22.4	2	1.5	0.8	69	69	101	103	4	5	2	1.5	103	130	3600	4500	0.4	1.5	0.8
30213	7213E	65	120	24.75	23	20	24	2	1.5	0.8	74	77	111	114	4	5	2	1.5	121	153	3200	4000	0.4	1.5	0.8

续表 11—5

轴承型号		尺寸/mm									安装尺寸/mm								基本额定负荷/kN		极限转速/(r/min)		计算系数		
新	旧	d	D	T	B	C	$a\approx$	r min	r_1 min	r_2 min	d_a min	d_b max	D_a max	D_b max	a_1 min	a_2 min	r_a max	r_{1a} max	C_r (动)	C_{0r} (静)	脂润滑	油润滑	e	Y	Y_0
30214	7214E	70	125	26.25	24	21	25.8	2	1.5	0.8	79	81	116	119	4	5.5	2	1.5	132	175	3000	3800	0.42	1.4	0.8
30215	7215E	75	130	27.25	25	22	27.4	2	1.5	0.8	84	85	121	125	4	5.5	2	1.5	138	185	2800	3600	1.44	1.4	0.8
03 尺寸系列																									
30304	7304E	20	52	16.25	15	13	11.1	1.5	1.5	0.8	27	28	45	48	3	3.5	1.5	1.5	33	33.3	7500	9500	0.3	2	1.1
30305	7305E	25	62	18.25	17	15	13	1.5	1.5	0.8	32	34	55	58	3	3.5	1.5	1.5	46.8	48	6300	8000	0.3	2	1.1
30306	7306E	30	72	20.75	19	16	15.3	1.5	1.5	0.8	37	40	65	66	3	5	1.5	1.5	59	63	5600	7000	0.31	1.9	1
30307	7307E	35	80	22.75	21	18	16.8	2	2	0.8	44	45	71	74	3	5	2	1.5	75.2	82.5	5000	6300	0.35	1.9	1
30308	7308E	40	90	25.25	23	20	19.5	2	2	0.8	49	52	81	84	3	5.5	2	1.5	90.8	108	4500	5600	0.35	1.7	1
30309	7309E	45	100	27.75	25	22	21.3	2	2	0.8	54	59	91	94	3	5.5	2	1.5	108	130	4000	5000	0.35	1.7	1
30310	7310E	50	110	29.25	27	23	23	2.5	2.5	1	60	65	100	103	4	6.5	2.1	2	130	158	3800	4800	0.35	1.7	1
30311	7311E	55	120	31.5	29	25	24.9	2.5	2.5	1	65	70	110	112	4	6.5	2.1	2	152	188	3400	4500	0.35	1.7	1
30112	7312E	60	130	33.5	31	26	26.5	3	2.5	1.2	72	76	118	121	5	7.5	2.5	2.1	170	210	3200	4000	0.35	1.7	1
30313	7313E	65	140	36	33	28	28.7	3	2.5	1.2	77	83	128	131	5	8	2.5	2.1	195	242	2800	3600	0.35	1.7	1
30314	7314E	70	150	38	35	30	30.7	3	2.5	1.2	82	89	138	141	5	8	2.5	2.1	218	272	2600	3400	0.35	1.7	1
30315	7315E	75	160	40	37	31	32	3	2.5	1.2	87	95	148	150	4	9	2.5	2.1	252	318	2400	3200	0.35	1.7	1
22 尺寸系列																									
32206	7506E	30	62	21.25	20	17	15.6	1	1	0.5	36	36	56	58	3	4.5	1	1	51.8	63.8	6000	7500	0.37	1.6	0.9
32207	7507E	35	72	24.25	23	19	17.9	1.5	1.5	0.8	42	42	65	68	3	5.5	1.5	1.5	70.5	89.5	5300	6700	0.37	1.6	0.9
32208	7508E	40	80	24.75	23	19	18.9	1.5	1.5	0.8	47	48	73	75	3	6	1.5	1.5	77.8	97.2	5000	7300	0.37	1.6	0.9
32209	7509E	45	85	24.75	23	19	20.1	1.5	1.5	0.8	52	52	78	81	3	6	1.5	1.5	80.8	105	4500	5600	0.4	1.5	0.8
32210	7510E	50	90	24.75	23	19	21	1.5	1.5	0.8	57	57	83	86	3	6	1.5	1.5	82.8	108	4300	5300	0.42	1.4	0.8
32211	7511E	55	100	26.75	25	21	22.8	2	1.5	0.8	64	62	91	96	4	6	2	1.5	108	142	3800	4800	0.4	1.5	0.8
32212	7512E	60	110	29.75	28	24	25	2	1.5	0.8	69	68	101	105	4	6	2	1.5	132	180	3600	4500	0.4	1.5	0.8
32212	7512E	65	120	32.75	31	27	27.3	2	1.5	0.8	74	75	111	115	4	6	2	1.5	160	222	3200	4000	0.4	1.5	0.8

续表 11－5

轴承型号		尺寸/mm									安装尺寸/mm								基本额定负荷/kN		极限转速/(r/min)		计算系数		
新	旧	d	D	T	B	C	$a\approx$	r min	r_1 min	r_2 min	d_a min	d_b max	D_a max	D_b max	a_1 min	a_2 min	r_a max	r_{1a} max	C_r (动)	C_{0r} (静)	脂润滑	油润滑	e	Y	Y_0
32214	7514E	70	125	33.25	31	27	28.8	2	1.5	0.8	79	79	116	120	4	6.5	2	1.5	1.68	238	3000	3800	0.42	1.4	0.8
32215	7515E	75	130	33.25	31	27	30	2	1.5	0.8	84	84	121	126	4	6.5	2	1.5	170	242	2800	2800	0.44	1.4	0.8
23尺寸系列																									
32304	7604E	20	52	22.25	21	18	13.6	1.5	1.5	0.8	27	28	45	48	3	4.5	1.5	1.5	42.8	46.2	7500	9500	0.3	2	1
32305	7605E	25	62	25.25	24	20	15.9	1.5	1.5	0.8	32	32	55	58	3	5.5	1.5	1.5	61.5	68.8	6300	8000	0.3	2	1.1
32306	7606E	30	72	23.75	27	23	18.9	1.5	1.5	0.8	37	38	65	66	4	6	1.5	1.5	81.5	96.5	5600	7000	0.31	1.9	1
32307	7607E	35	80	32.75	31	25	20.4	2	1.5	0.8	44	43	71	74	4	8	2	1.5	99.0	118	5000	6300	0.35	1.9	1
32308	7608E	40	90	35.25	33	27	23.3	2	1.5	0.8	49	49	81	83	4	8.5	2	1.5	115	148	4500	5600	0.35	1.7	1
32309	7609E	45	100	38.25	36	30	25.6	2	1.5	0.8	54	56	91	93	4	8.5	2	1.5	145	188	4000	5000	0.35	1.7	1
32310	7610E	50	110	42.25	40	33	28.2	2.5	2	1	60	61	100	102	5	9.5	2.1	2	178	235	3800	4800	0.35	1.7	1
32311	7611E	55	120	45.5	43	35	30.4	2.5	2	1	65	66	110	111	5	10.5	2.1	2	202	270	3400	4300	0.35	1.7	1
32312	7612E	60	130	48.5	46	37	32	3	2.5	1.2	72	72	118	122	6	11.5	2.5	2.1	228	302	3200	4000	0.35	1.7	1
32313	7613E	65	140	51	48	39	34.3	3	2.5	1.2	77	79	128	131	6	12	2.5	2.1	260	350	2800	3600	0.35	1.7	1
32314	7614E	70	150	54	51	42	36.5	3	2.5	1.2	82	84	138	141	6	12	2.5	2.1	298	408	2600	3400	0.35	1.7	1
32315	7615E	75	160	58	55	45	39.4	3	2.5	1.2	87	91	148	150	7	13	2.5	2.1	348	482	2400	3200	0.35	1.7	1
32316	7616E	80	170	61.5	58	48	42.1	3	2.5	1.2	92	97	158	160	7	13.5	2.5	2.1	388	542	2200	3000	0.35	1.7	1

表 11－6　推力球轴承(GB/T 301－1995)

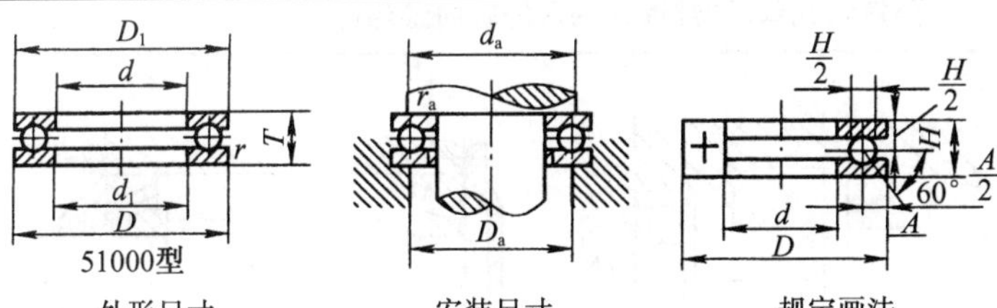

轴向当量动载荷　$P_a = F_a$

轴向当量静载荷　$P_{0a} = F_a$

标记示例：

滚动轴承 51208 GB/T 301

轴承型号		尺寸/mm						安装尺寸/mm			基本额定负荷/kN		极限转速(r/min)	
新	旧	d	D	T	d_1 min	D_1 max	r_a min	d_a min	D_a max	r_{as} min	C_a（动）	C_{0a}（静）	脂润滑	油润滑
12(51200型)尺寸系列														
51204	8204	20	40	14	22	40	0.6	32	28	0.6	22.2	37.5	3800	5300
51205	8205	25	47	15	27	47	0.6	38	34	0.6	27.8	50.5	3400	4800
51206	8206	30	52	16	32	52	1	43	39	1	28.0	54.2	3200	4500
51207	8207	35	62	18	37	62	1	51	46	1	39.2	78.2	2800	4000
51208	8208	40	68	19	42	68	1	57	51	1	47.0	98.2	2400	3600
51209	8209	45	73	20	47	73	1	62	56	1	47.8	105	2200	3400
51210	8210	50	78	22	52	78	1	67	61	1	48.5	112	2000	3200
51211	8211	55	90	25	57	90	1	76	69	1	67.5	158	1900	3000
51212	8212	60	95	26	62	95	1	81	74	1	73.5	178	1800	2800
51213	8213	65	100	27	67	100	1	86	79	1	75.8	188	1700	2600
51214	8214	70	105	27	72	105	1	91	84	1	73.5	188	1600	2400
51215	8215	75	110	27	77	110	1	96	89	1	74.8	198	1500	2200
51216	8216	80	115	28	82	115	1	101	94	1	83.8	222	1400	2000
13(51300型)尺寸系列														
51304	8304	20	47	18	22	47	1	36	31	1	35.0	55.8	3600	4500
51305	8305	25	52	18	27	52	1	41	36	1	35.5	61.5	3000	4300
51306	8306	30	60	21	32	60	1	48	42	1	42.8	78.5	2400	3600
51307	8307	35	68	24	37	68	1	55	48	1	55.2	105	2000	3200
51308	8308	40	78	26	42	78	1	63	55	1	69.2	135	1900	3000
51309	8309	45	85	28	47	85	1	69	61	1	75.8	150	1700	2600
51310	8310	50	95	31	52	95	1.1	77	68	1	96.5	202	1600	2400
51311	8311	55	105	35	57	105	1.1	85	75	1	115	242	1500	2200
51312	8312	60	110	35	62	110	1.1	90	80	1	118	262	1400	2000
51313	8313	65	115	36	67	115	1.1	95	85	1	115	262	1300	1900
51314	8314	70	125	40	72	125	1.1	103	92	1	148	340	1200	1800
51315	8315	75	135	44	77	135	1.5	111	99	1.5	162	380	1100	1700
51316	8316	80	140	44	82	140	1.5	116	104	1.5	160	380	1000	1600

表 11—7　角接触轴承、圆锥滚子轴承的轴向游隙　　μm

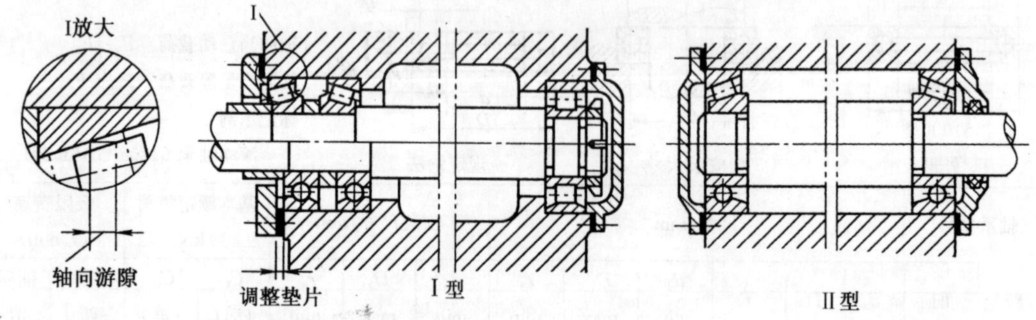

轴承内径 d/mm		角接触轴承允许轴向游隙范围							圆锥滚子轴承允许轴向游隙范围						
		接触角 $\alpha=15°$				$\alpha=25°$及$40°$		Ⅱ型轴承允许间距（大概值）	接触角 $\alpha=10°\sim18°$				$\alpha=27°\sim30°$		Ⅱ型轴承允许间距（大概值）
		Ⅰ型		Ⅱ型		Ⅰ型			Ⅰ型		Ⅱ型		Ⅰ型		
超过	到	min	max	min	max	min	max		min	max	min	max	min	max	
—	30	16	32	24	40	10	20	$8d$	19	37	37	65	—	—	$14d$
30	50	24	40	32	56	15	30	$7d$	37	65	46	93	19	38	$12d$
50	80	32	56	40	80	20	40	$6d$	46	93	74	139	29	48	$11d$
80	120	40	80	48	120	30	50	$5d$	74	139	112	186	38	67	$10d$
120	180	64	120	80	160	40	70	$4d$	112	186	186	279	48	95	$9d$
180	260	96	160	120	200	50	100	$(2\sim3)d$	149	232	232	325	76	143	$6.5d$

11.2　滚动轴承的配合

表 11—8　向心轴承和轴的配合、轴公差带代号

运转状态		载荷状态	深沟球轴承、调心球轴承和角接触球轴承	圆柱滚子轴承和圆锥滚子轴承	调心滚子轴承	公差带
说明	举例		轴承公称内径/mm			
旋转的内圈载荷及摆动载荷	一般通用机械、电动机、机床主轴、泵、内燃机、直齿轮传动装置、铁路机车车辆轴箱、破碎机等	轻负荷 $P\leqslant0.07C_r$	≤18	—	—	h5
			≥18～100	≤40	≤40	j6[①]
			>100～200	>40～100	>40～100	k6[①]
		正常负荷 $0.07C_r<P\leqslant0.15C_r$	≤18	—	—	j5,js5
			>18～100	≤40	≤40	k5[②]
			>100～140	>40～100	>40～65	m5[②]
			>140～200	>100～140	>65～100	m6
		重负荷 $0.15C_r<P$	—	>50～140	>50～100	n6
			—	>140～200	>100～140	p6[③]

续表 11—8

运转状态		载荷状态	深沟球轴承、调心球轴承和角接触球轴承	圆柱滚子轴承和圆锥滚子轴承	调心滚子轴承	公差带
说明	举例		轴承公称内径/mm			
固定的内圈载荷	静止轴上的各种轮子、张紧轮、绳轮、振动器、惯性振动器	所有载荷	所有尺寸			f6 g6① h6 j6
仅有轴向载荷		所有尺寸				j6,js6

注:1. 凡对精度有较高要求的场合,应用 j5,k5,…代替 j6,k6,…。

2. 圆锥滚子轴承、角接触球轴承配合对游隙影响不大,可用 k6 和 m6 代替 k5 和 m5。

3. 重载荷下轴承游隙应选大于 0 组。

表 11—9　向心轴承和孔的配合、孔公差带代号

运转状态		载荷状态	其他状态	公差带①	
说明	举例			球轴承	滚子轴承
固定的外圈载荷	一般机械、铁路机车车辆轴箱、电动机、泵、曲轴主轴承	轻、正常、重	轴向易移动,可采用剖分式外壳	H7,G7②	
		冲击	轴向能移动,可采用整体或剖分式外壳	J7,JS7	
摆动载荷		轻、正常			
		正常、重	轴向不移动,采用整体式外壳	K7	
		冲击		M7	
旋转的外圈载荷	张紧轮、滑轮、轮毂轴承	轻		J7	K7
		正常		K7,M7	M7,N7
		重		—	N7,P7

注:①并列公差带随尺寸的增大从左到右选择,对旋转精度有较高要求时,可相应提高一个公差等级。

②不适用于剖分式外壳。

表 11—10　推力轴承和轴、孔的配合、轴和孔公差带代号

运转状态	载荷状态	安装推力轴承的轴公差带		安装推力轴承的外壳孔公差带	
		轴承类型	公差带	轴承类型	公差带
仅有轴向载荷		推力球和推力滚子轴承	j6,js6	推力球轴承	H8
				推力圆柱、圆锥滚子轴承	H7
固定的座圈载荷	径向和轴向联合载荷	推力调心滚子轴承	j6,js6	推力调心滚子轴承	H7

11.3 滚动轴承座

表 11-11 轻系列适用圆柱孔轴承的等径孔滚动轴承座(GB/T 7813-1998) mm

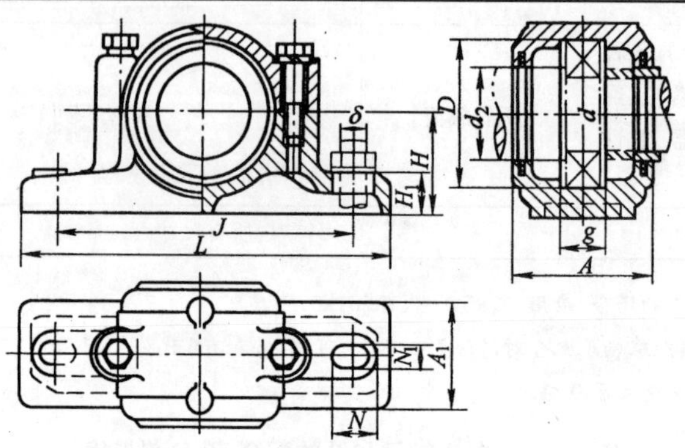

标记示例:

轴承内径 d=40 mm(代号 08)轻系列适用圆柱孔轴承的等径孔滚动轴承座的标记为:轴承座 SN208 GB/T 7813

<table>
<tr><th>型号</th><th>d</th><th>d_2</th><th>D</th><th>g</th><th>A
max</th><th>A_1</th><th>H</th><th>H_1
max</th><th>L</th><th>J</th><th>S
(螺栓)</th><th>N_1</th><th>N</th><th>质量/kg≈</th></tr>
<tr><td>SN205</td><td>25</td><td>30</td><td>52</td><td>25</td><td>67</td><td>46</td><td>40</td><td rowspan="3">22</td><td>165</td><td>130</td><td rowspan="3">M12</td><td rowspan="3">15</td><td rowspan="3">20</td><td>1.3</td></tr>
<tr><td>SN206</td><td>30</td><td>35</td><td>62</td><td>30</td><td>82</td><td rowspan="2">52</td><td rowspan="2">50</td><td rowspan="2">185</td><td rowspan="2">150</td><td>1.8</td></tr>
<tr><td>SN207</td><td>35</td><td>45</td><td>72</td><td>33</td><td>85</td><td>2.1</td></tr>
<tr><td>SN208</td><td>40</td><td>50</td><td>80</td><td rowspan="4">33</td><td rowspan="2">92</td><td rowspan="3">60</td><td rowspan="3">60</td><td rowspan="3">25</td><td rowspan="3">205</td><td rowspan="3">170</td><td rowspan="3">M12</td><td rowspan="3">15</td><td rowspan="3">20</td><td>2.6</td></tr>
<tr><td>SN209</td><td>45</td><td>55</td><td>85</td><td>2.8</td></tr>
<tr><td>SN210</td><td>50</td><td>60</td><td>90</td><td>100</td><td>3.1</td></tr>
<tr><td>SN211</td><td>55</td><td>65</td><td>100</td><td>105</td><td rowspan="2">70</td><td rowspan="2">70</td><td>28</td><td rowspan="2">255</td><td rowspan="2">210</td><td rowspan="3">M16</td><td rowspan="3">18</td><td rowspan="3">23</td><td>4.3</td></tr>
<tr><td>SN212</td><td>60</td><td>70</td><td>110</td><td>38</td><td>115</td><td rowspan="2">30</td><td>5.0</td></tr>
<tr><td>SN213</td><td>65</td><td>75</td><td>120</td><td>43</td><td>120</td><td>80</td><td>80</td><td>275</td><td>230</td><td>5.3</td></tr>
</table>

第 12 章　常用润滑剂

12.1　润滑油的选择

表 12−1　闭式齿轮传动中润滑油的粘度推荐值　mm^2/s

齿轮材料及热处理	齿面硬度	齿轮节圆速度(m/s)						
		≤0.5	0.5~1	1~2.5	2.5~5	5~12.5	12.5~25	>25
钢:调质	HB<280	266(32)	177(21)	118(11)	82	59	44	32
	HB=280~350	266(32)	266(32)	177(21)	118(11)	82	59	44
钢:整体或表面淬火、渗碳	HRC=40~64	444(52)	266(32)	266(32)	177(21)	118(11)	82	59
铸铁、青铜、塑料		177	118	82	59	44	32	—

注:1. 对多级减速器,润滑油粘度取各级传动所需粘度的平均值。

2. 括号外的数值为温度 t=50℃时的粘度,括号内的数值为温度 t=100℃时的粘度。

表 12−2　蜗杆传动的润滑油粘度荐用值及给油方法

蜗杆传动的相对滑动速度 v_s/(m/s)	0~1	0~2.5	0~5	>5~10	>10~15	>15~25	>25
载荷类型	重	重	中	(不限)	(不限)	(不限)	(不限)
运动粘度 v_{40}/cSt	900	500	350	220	150	100	80
给油方法	油池润滑			喷油润滑或油池润滑	喷油润滑时的喷油压力/MPa		
					0.7	2	3

表 12−3　常用润滑油的主要性能及用途

名称	代号	运动粘度 cSt			粘度指数不小于	闪点(开口)℃不低于	凝点℃不高于	最大无卡咬载荷 P_B(N)不小于	主要用途
		40℃	50℃	100℃					
机械油(GB/T 443—1984)	5	4.15~5.06	(3.27~3.91)			110	−10		对润滑油无特殊要求的锭子、轴承、齿轮和其他低负荷机械
	7	6.12~7.48	(4.63~5.52)						
	10	9.00~11.00	6.53~7.83			125			
	15	13.5~16.5	9.43~11.3			165	−15		
机械油(GB/T 443—1984)	22	19.8~24.2	13.6~16.3			170	−15		对润滑油无特殊要求的锭子、轴承、齿轮和其他低负荷机械
	32	28.8~35.2	19.0~22.6						
	46	41.4~50.6	26.1~31.3			180	−10		
	68	61.2~74.8	37.1~44.4			190			
	100	90.0~100	52.4~63.0			210	0		
	150	135~165	75.9~91.2			220			

续表 12—3

名称	代号	运动粘度 cSt			粘度指数不小于	闪点(开口)℃不低于	凝点℃不高于	最大无卡咬载荷 P_B(N)不小于	主要用途
		40℃	50℃	100℃					
抗氧防锈工业齿轮油(SY 1172—1980)	68	61.2~74.8	37.1~44.4		90	170	−8		一般齿轮,齿面应力小于350 N/mm²~500 N/mm²时的润滑
	100	90~110	52.4~63.0						
	150	135~165	75.9~91.2						
	220	198~242	108~129			200			
	320	288~352	151~182						
	460	414~506	210~252						
	680	612~748	300~360						
	1000	900~1100	466~560						
	1500	1350~1650	676~812						
中负荷工业齿轮油(GB/T 5903—1986)	68	61.2~74.8	37.1~44.4		90	180	−8		有冲击的低负荷齿轮及中负荷齿轮齿面应力为500 N/mm²~1000 N/mm²,如化工、冶金、矿山等机械的齿轮的润滑
	100	90~110	52.4~63.0						
	150	135~165	75.9~91.2			200			
	220	198~242	108~129						
	320	288~352	151~182						
	460	414~506	210~252						
	680	612~748	300~360			220	−5		
重负荷工业齿轮油	68	61.2~74.8	37.1~44.4		95	180	−8		高负荷齿轮,齿面应力大于1100 N/mm²,冶金、轧钢、井下采掘机械的齿轮润滑
	100	90~110	52.4~63.0						
	150	135~165	75.9~91.2			200			
	220	198~242	108~129						
	320	288~352	151~182						
	460	414~506	210~252						
	680	612~748	300~360			220			
工业齿轮油低凝抗氧防锈油(R和O型)	100		45~50			165	−45 −30 −25		
	150		65~75			170	−35 −30 −25		
	220		110~130				−35 −25 −20		
	320		140~160				−30 −25 −20		
	460		240~260			180	−30 −20 −15		
	680		330~470				−20 −20 −10		
	1000		430~470				−20 −10 −10		
低凝中负荷工业齿轮油	100		45~50		90	165	−45 −30 −25		
	150		65~75			170	−35 −30 −25		
	220		110~130				−30 −25 −20		
	320		140~160				−30 −25 −20		
	460		240~260			185	−25 −20 −15		
	680		330~470				−25 −20 −10		
	1000		430~470				−20 −15 −10		

续表 12—3

名称	代号	运动粘度 cSt			粘度指数不小于	闪点(开口)℃不低于	凝点℃不高于	最大无卡咬载荷 P_B(N)不小于	主要用途
		40℃	50℃	100℃					
低凝高负荷工业齿轮油	220		110～130		90	170	−30 −25 −20		
	320		140～160				−30 −25 −20		
	460		240～260			185	−30 −25 −15		
	680		330～370				−25 −20 −0		
	1000		430～470				−20 −15 −10		
普通开式齿轮油(SY 1232—1985)	68			60～75		200		686	适用于开式齿轮、链条和钢丝绳的润滑
	100			90～110					
	150			135～165					
	220			200～245		210			
	320			290～350					
硫—磷型极压工业齿轮油	90		80～100		90	195			适用于经常处于边界润滑的重载、高冲击的齿轮和蜗轮装置及轧钢机齿轮装置的润滑
	120		110～130			200			
	150		130～170			210			
	200		180～220						
	250		230～270						
	300		280～320						
	350		330～370						
4403 号合成齿轮油(SY 4024—1983)				26～29	190	230	−35	980	适用于闭式齿轮和蜗轮、蜗杆的润滑
蜗轮蜗杆油	220	198～242	108～129						用于蜗杆蜗轮传动的润滑
	320	288～352	151～182						
	460	414～506	210～252						
	680	612～748	300～360						
	1000	900～1100	425～509						
普通车辆齿轮油(ZBE34006—1987)	80W/90			15～19	90	170	−28	784	适用于汽车手动变速箱和后桥螺旋伞齿轮的润滑，主要用于解放牌汽车和各种拖拉机
	85W/90			15～19		180	−18		
	90			15～19		190	−10		
重负荷车辆齿轮油	75W			>7	90	150	−45		用于国产或进口双曲线汽车齿轮的润滑，特重载车辆应选高粘度牌号的油
	80W/90			13.5～24		165	−30		
	90			13.5～24		200	−10		
	85W/140			24～41		180	−20		

续表 12-3

名称	代号	运动粘度 cSt 40℃	运动粘度 cSt 50℃	运动粘度 cSt 100℃	粘度指数不小于	闪点(开口)℃不低于	凝点℃不高于	最大无卡咬载荷 P_B(N)不小于	主要用途
导轨油(SY 1228—1982)	32	28.8～35.2			70	170	−10	588	应用于各种精密机床导轨的润滑，特别适用于工作台导轨在低速滑动的润滑，能减少“爬行”滑动现象
	68	61.2～74.8						686	
	100	90～110				190	−5	784	
	150	135～165						882	
主轴油(SY 1129—1982)	2	2.0～2.4	1.7～2.0		90	60	−15	343	主要适用于精密机床主轴轴承以及其他以压力油浴、油雾润滑的滑动轴承或滚动轴承的润滑。其中N7也用作纺织业高速锭用油，N10也可作为普通轴承用油和缝纫机油，N15、N22可作低压系统或精密机械用油
	3	2.9～3.5	2.4～2.9			70		392	
	5	4.2～5.1	3.3～4.0			80		392	
	7	6.2～7.5	4.8～5.7			90		441	
	10	9.0～11.0	6.8～8.1			100		441	
	15	13.5～16.5	9.8～11.8			110		490	
	22	19.8～24.2	13.9～16.6			120		490	
汽轮机油(GB 2537—1981)	HU−20		18～22			180	−15		适用于蒸汽轮机、水力轮机、发电机轴承等机械的润滑
	HU−30		28～32				−10		
	HU−40		37～43						
	HU−45		43～47			195			
	HU−55		53～57				−5		
L－TSA汽轮机油(GB 1112—1989)	32	28.8～35.2			90	180	−7		适用于电力、船舶及其他工业汽轮机组、水轮机组的润滑
	46	41.4～50.6							
	68	61.2～74.8				195			
	100	90～110				195			
QB汽油机润滑油(GB 485—1984)	20号			6～9.3	90	185	−20		主要用于汽车、拖拉机等汽化器或发动机或其他机械动力设备的润滑
	30号			10～<12.5		200	−15		
	40号			14～<16.3		210	−5		
多级QB汽油机润滑油(ZBE 31001—1987)	5W/20			7～9.3		170	−42		适用于汽车或其他动力设备的汽油机的润滑
	10W/30			9.3～12.5		180	−32		
	15W/40			9.3～12.5			−23		
	20W/30			9.3～12.5			−18		

续表 12－3

名称	代号	运动粘度 cSt			粘度指数不小于	闪点(开口)℃不低于	凝点℃不高于	最大无卡咬载荷 P_B(N)不小于	主要用途
		40℃	50℃	100℃					
L－EQC 汽油机油(GB 1121－1989)	5W/20			5.6～9.3		180	－40		适用于中等载荷条件下工作的汽油机的润滑
	5W/30			9.3～12.5			－40		
	10W/30			9.3～12.5		200	－32		
	15W/40			12.5～16.3			－23		
	20W/40			12.5～16.3			－18		
	20/20W			5.6～9.3			－18		
	30			9.3～12.5	75	210	－15		
	40			12.6～16.3	80		－10		
L－ECC 柴油机油(GB 1122－1989)	5W/30			9.3～12.5		180	－40		适用于高速低增压或自然吸气非增压的柴油机润滑
	10W/30			9.3～12.5		205	－32		
	15W/40			12.5～16.3		210	－23		
	20W/40			12.5～16.3		210	－20		
	20/20W			7.4～9.3		205	－18		
	30			9.3～12.5	75	210	－15		
	40			12.5～16.3	80	220	－10		
高速机械油(GB 2827－1981)	4 号		3.2～3.9			110 闭口	－10		适用于纺织机械锭子及其他高速低负荷机械(<0.5N/mm²，>100r/min)
	5 号					110 闭口	－10		
	7 号					125 闭口	－10		
普通液压油(SY 1227－1982)	YA～N32	28.8～35.2			90	170	－10	588	
	YA～N46	41.4～50.6							
	YA～N68	61.2～74.8							
	YA～N32G	28.8～35.2							
	YA－N68G	61.2～74.8							
L－HL 液压油(GB 11119－1989)	15	13.5～16.5		≥3.2		155	－9		主要适用于机床和其他设备的低压齿轮泵，也可用于使用其他抗氧防锈型润滑油的机械设备(如齿轮和轴承等)
	22	19.8～24.2		≥4.1		165	－9		
	32	28.8～35.2		≥5		175	－6		
	46	42.4～50.6		≥6.1		185	－6		
	68	61.2～74.8		≥7.8		195	－6		
	100	90～110		≥9.9		205	－6		
L－HM 液压油(GB 11119－1989)	22	19.8～24.2		≥4.1		165	－15		主要适用于钢－钢摩擦副的液压泵
	32	28.8～35.2		≥5		175	－15		
	46	41.4～50.6		≥6.1		185	－9		
	68	61.2～74.8		≥7.8		195	－9		

续表 12－3

名称	代号	运动粘度 cSt			粘度指数不小于	闪点（开口）℃不低于	凝点℃不高于	最大无卡咬载荷 P_B(N)不小于	主要用途
		40℃	50℃	100℃					
压缩机油（SY 1216－1977）	HS－13			11～14		215			13 号油主要用作低、中压（至 40 个大气压）压缩机，19 号油主要用于高压多级压缩机的润滑
	HS－19			17～21		240			
合成锭子油（GB 442－1962）			12.0～14.0			163	－45		适用于机械润滑
车轴油（GB 488－1986）	冬油	30～40				145	－40		适用于铁路滑动轴承的润滑
	夏油	66～81				150	－10		
过热汽缸油（GB 447－1977）	HG－38			32～44		290	10		适用于活塞式蒸汽机，38 号油用于过热蒸汽 300℃以下，52 号油用于 320℃～400℃
	HG－52			49～55		300	10		
饱和汽缸油（GB 448－1965）	HG－11			9～13		215	5		适用于各处低速高负荷的机械，如饱和蒸汽机的润滑，HG－11 蒸汽压力＜5 个大气压，HG－24 为 5～16 个大气压
	HG－24			20～28		240	15		
合成汽缸油（SY 203－1977）	HG65H			8.0～9.5(E)		320			适用于高温高压的过热机车蒸汽机气缸的润滑和其他高温高负荷低转速机械的润滑
仪表油（GB 487－1984）		9～11				125（闭口）	－60		适用于各种仪表（包括低温下操作）的润滑
4122 号高低温仪表油（SY 4014－1982）				14		200	－65		适用于微型电机轴承的润滑。使用温度范围为－60℃～200℃

续表 12—3

名称	代号	运动粘度 cSt			粘度指数不小于	闪点(开口)℃不低于	凝点℃不高于	最大无卡咬载荷 P_B(N)不小于	主要用途
		40℃	50℃	100℃					
4402－1号热定型机润滑油(SY 4014—1982)				25	150	250	—30		适用于纺织印染工业热定型机的拉链及其他类似机械的润滑。最高使用温度可达220℃
L—AN全损耗系统用油(GB 443—1989)	5	4.14～5.06				80	—5		主要适用于对润滑油无特殊要求的全损耗润滑系统，不适用于循环润滑系统
	7	6.12～7.48				110			
	10	9～11				130			
	15	13.5～16.5				150			
	22	19.8～24.2				150			
	32	19.8～35.2				150			
	46	41.4～50.6				160			
	68	61.2～74.8				160			
	100	90～110				180			
	150	135～165				180			
4839号抗化学润滑油(ZBE 40005—1986)			20～40				—10		适用于制氧系统氧气阀门及其他与强腐蚀性介质接触的各种机器轴承的润滑，并可作为陀螺液使用
LECD柴油机油(GB 11123—1989)	10W			5.6～7.4	—	200	—32		适用于要求高效地控制磨损和沉积物的高速高负荷增压柴油机的润滑
	5W/30			9.3～12.5	—	180	—40		
	10W/30			9.3～12.5	—	205	—32		
	15W/30			9.3～12.5	—	215	—23		
	15W/40			12.5～16.3	—	215	—23		
	20W/40			12.5～16.3	—	215	—18		
	20W/20			7.4～9.3	—	215	—18		
	30			9.3～12.5	75	220	—15		
	40			12.5～16.3	80	230	—10		

12.2 润滑脂的选择

表 12—4 常用润滑脂的性质和应用

名称	代号（或牌号）	滴点℃ ≥	工作锥入度（25℃150g）1/10mm	应用
钙基润滑脂（GB/T 491—1987）	ZG—1 ZG—2 ZG—3 ZG—4	80 85 90 95	310～340 265～295 220～250 175～205	适用于汽车、拖拉机和冶金、纺织等机械，使用温度范围 −10℃～60℃。ZG—1 适用于集中润滑系统，使用温度 <55℃；ZG—2、ZG—3 为通用润滑脂，使用温度 ZG—2<55℃，ZG—3<60℃；ZG—4 用于高负荷低转速设备，使用温度<60℃
合成钙基润滑脂（ZBE 36005—1988）	ZG—2H ZG—3H	80 90	265～310 220～265	适用于工业、农业、交通运输等机械设备的润滑，使用温度<60℃
复合钙基润滑脂（ZBE 36006—1988）	ZFG—1 ZFG—2 ZFG—3 ZFG—4	180 200 220 240	310～340 265～295 220～250 175～205	适用于较高温（120℃～150℃）及潮湿条件下摩擦部位的润滑
合成复合钙基润滑脂（ZBE 36003—1988）	ZFG—1H ZFG—2H ZFG—3H ZFG—4H	180 200 220 240	310～340 265～295 220～250 175～205	适用于较高温及潮湿条件下摩擦部位的润滑
钠基润滑脂（GB 492—1989）	ZN—2 ZN—3	160 160	265～295 220～250	适用于−10℃～110℃范围内一般中等负荷机械设备的润滑，不适用于与水相接触（或潮湿）部位的润滑
钙钠基润滑脂（ZBE 36001—1988）	ZGN—1 ZGN—2	120 135	250～290 200～240	适用于电机、汽车、拖拉机、铁路机车等高温轴承，不宜在低温下使用。其工作温度：ZGN－1<85℃，ZGN－2<100℃
通用锂基润滑脂（GB 7324—1987）	ZL—1 ZL—2 ZL—3	170 175 180	310～340 265～295 220～250	适用于−20℃～120℃范围内各种机械的滚动轴承、滑动轴承及其他摩擦部位的润滑，ZL—1 适用于集中给脂系统，ZL—2 适用于中速中载机械（如汽车、拖拉机、水泵、中小型电机），ZL—3 适用于重载机械
合成锂基润滑脂（SY 1413—1980）①	ZL—1H ZL—2H ZL—3H ZL—4H	170 175 180 185	310～340 265～295 220～250 175～205	适用范围同上，但抗水性、机械安定性不如锂基脂，氧化安定性比锂基脂强
合成复合铝基润滑脂（SY 1414—1980）①	ZFU—1H ZFU—2H ZFU—3H ZFU—4H	180 190 200 210	310～340 265～295 220～250 175～205	适用于较高和潮湿有水条件下的设备，使用温度<120℃，ZFU—1H 用于冶金工业集中给脂系统；ZFU—2H 适用于中小型电机、水泵、汽车底盘、鼓风机等；ZFU—3H 用于矿山机械和大中型电机；ZFU—4H 适用于脂易流失的重载低速的滑动轴承
钡基润滑脂（SY 1406—1974）①	ZB—3	135	200～260	适用于船舶推进器、水泵及在高压、潮湿有水环境中工作的重型机械
钡铝基润滑脂（SY 1526—1982）	ZBU—3	80	210～270	有良好的抗水性，适用于与海水接触的机械和仪表的润滑
膨润土润滑脂（Q/SYJ 201—1981）	ZW—1 ZW—2 ZW—3	250	310～340 265～295 220～250	广泛用于冶金、化学、矿山、纺织工业等各类型的在高温潮湿环境下工作的机械的滚动轴承的润滑。1 号工作温度<160℃，2 号<170℃，3 号<190℃

续表 12-4

名称	代号 (或牌号)	滴点℃ ≥	工作锥入度 (25℃150g) 1/10mm	应用
滚动轴承润滑脂 (SY 1514—1982)①	ZG40—2	120	250～290	适用于铁路机车、货车、导杆滚动轴承、汽车轮毂轴承及各种电机滚动轴承的润滑，工作温度<90℃
7016—1 号精密轴承润滑脂 (ZBE 40011—1988)		250	66～78②	适用于各种高速、长寿命陀螺马达轴承和高速精密轴承的润滑，使用温度为—60℃～200℃，短期可达 230℃
电机轴承润滑脂 (Q 480—1984)	ZL40—2 ZL40—3	175	265～296 220～250	耐高温、防锈、抗水，广泛用于工作温度在—25℃～120℃的各种机械设备轴承的润滑，特别适用于中小电机轴承的润滑
701B 号高速轴承润滑脂 (ZBE 40012—1988)		200	64～78②	适用于各种高速轻载轴承，使用温度为—45℃～140℃，短期可达 160℃
7014—1 号高温润滑脂 (SY 4017—1982①)		260	62～75②	适用于高温下工作的各种滚动轴承的润滑，也可用于一般齿轮和滑动轴承的润滑，使用温度为—40℃～200℃
压延机润滑脂 (GB/T 493—1965)①	ZGN40—1 ZGN40—2	80 85	310～355 250～295	适用于集中送脂的压延机轴润滑，工作温度<60℃，ZGN40—1 冬季使用，ZGN40—2 夏季使用
汽车通用锂基润滑脂 (GB/T 5671—1985)	ZL40—2	180	265～295	适用于—30℃～120℃下汽车轮毂轴承、底盘、水泵等摩擦部位的润滑
7407 号齿轮润滑脂 (SY 4036—1984)		160	75～90②	适用于各种低速、中、重载齿轮、键和联轴器等部位的润滑，使用温度≤120℃，可承受冲击载荷≤25000MPa
7017—1 号高低温润滑脂 (ZBE 40001—1986)		300	65～80②	适用于高温下工作的滚珠和滚柱轴承的润滑，使用温度为—60℃～250℃，短期可达 300℃
特 7 号精密仪表脂 (SY 1522—1982)		160		适用于精密仪表的轴承和摩擦部件上，作为润滑和防护剂，使用温度为—70℃～120℃
3 号阀门脂 (Q/GQ 3—023—1982)	H 型 B 型	250	8～20 8～20	专用于旋塞阀门的密封与润滑，适用于氮、氢、空气、水、蒸汽、稀酸、碱液和沥青等介质，不宜用于强酸和普通石油产品，使用温度为—10℃～200℃。H 型用于系统压力较高，对润滑要求较高的阀门，B 型适用于对污染要求高的系统阀门
耐油密封润滑脂 (Q/SY 40060—1983)	7903 7903～1 7903～2 7903～3		55～68 55～68 20～45 68～80	具有良好的耐汽油、煤油、润滑油、水、乙醇、天然气等介质的性质和较好的粘附性和拉丝性，适用于振动或冲击下的静密封和丝扣接头、阀门、阀杆以及低中速的滑动或旋转轴的动密封中，使用温度为—20℃～150℃
7502、7503 号硅脂 (ZBE 40002—1986)			55～70②	适用于橡胶与金属间的密封和润滑，与某些化学品接触的玻璃、陶瓷或金属制阀门接头等低速滑动部位的密封与润滑。使用温度—54℃～205℃，短期达 260℃
特 221 号润滑脂 (SY 1525—1982)①		200	67～94②	适用于与腐蚀介质接触的摩擦组合件，如“金属与金属”或“金属与橡胶”的接触面上起润滑和密封作用。也用于滚动轴承的润滑，使用温度为—60℃～150℃

续表 12-4

名称	代号 (或牌号)	滴点℃ ≥	工作锥入度 (25℃150g) 1/10mm	应用
二硫化钼钙基润滑脂	ZG-1E ZG-2E ZG-3E ZG-4E ZG-5E	75 80 85 90 95	310~340 265~295 220~250 175~205 130~160	适用于重载的摩擦部位的润滑
二硫化钼复合钙基润滑脂	ZFG-1E ZFG-2E ZFG-3E ZFG-4E	180 200 220 240	310~340 260~205 220~250 175~205	适用于较高温度下摩擦部位的润滑
二硫化钼锂基润滑脂	ZL-1E ZL-2E ZL-3E ZL-4E ZL-5E	175	310~340 265~295 220~250 175~205 130~160	有一定的抗水性和较好的机械安定性及抗极压性，适用于工作温度在120℃以下较重负荷的各种机械设备的滚动和滑动摩擦部位的润滑
二硫化钼合成锂基润滑脂	0 1 2 3 4	165 170 175 180 185	335~385 310~340 265~295 220~250 175~205	有较好的耐高温、抗磨、抗极压性，适用于工作温度在120℃以下较重负荷的各种机械设备的滚动和滑动摩擦部位的润滑
极压锂基润滑脂 (GB/T 7323—1987)	0 1 2	170	355~385 310~340 265~295	具有良好的润滑性、防锈性、抗水性、泵送性、耐极压性，适用于冶金工业、大型化工设备的高温、潮湿、重负荷的集中润滑系统
石墨钙基润滑脂 (ZBE/T 36002—1988)	ZG-S	80		适用于压延机的人字齿轮、汽车弹簧、起重机齿轮转盘、矿山机械、绞车和钢丝绳等高负荷、低转速的粗糙机械的润滑
二硫化钼减速机润滑脂		140	355~385	重载减速机

注：该标准经1988年确认，继续执行。

第13章 联轴器

13.1 联轴器轴孔和键槽形式及尺寸

表 13-1 轴孔和键槽的形式、代号及系列尺寸(GB/T 3852-1997)

	长圆柱形轴孔 Y型	有沉孔的短圆柱形 轴孔J型(推荐选用)	无沉孔的短圆柱形 轴孔 J_1 型(推荐选用)	键槽
圆柱形轴孔、键槽	d L	d R d_1 L L_1	d L	b t A型 t b 120° b t B型 b t_1 B_1型
圆锥形轴孔、键槽	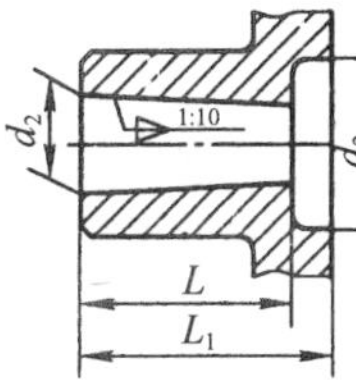 有沉孔的 长圆锥形轴Z型	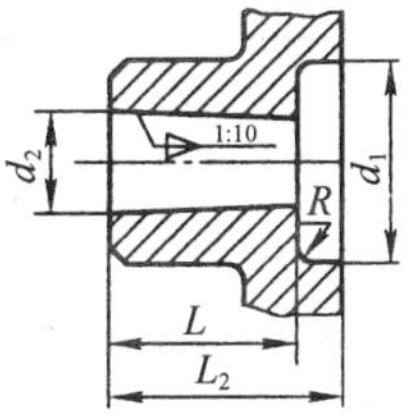	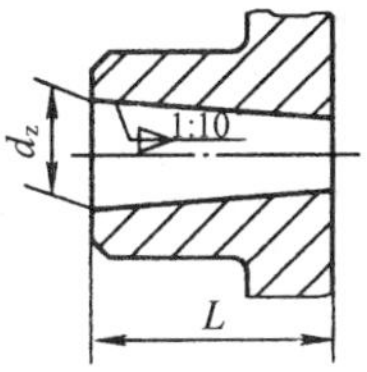 无沉孔的 长、短圆锥形轴 Z_1 型	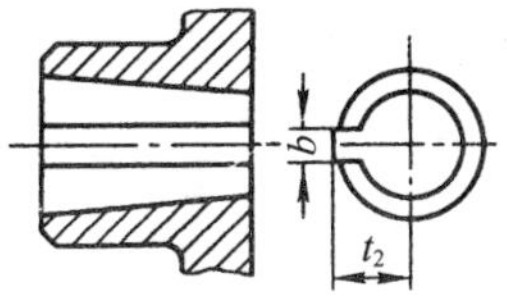 键槽
	d_2 1:10 d_2 L L_1	d_2 1:10 d_1 R L L_2	d_2 1:10 L	b t_2

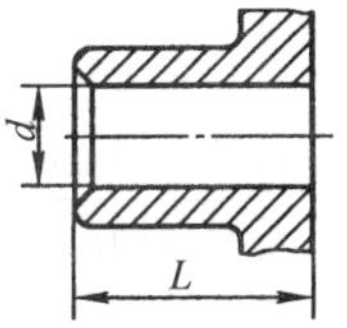

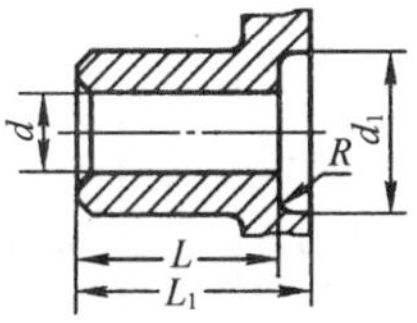

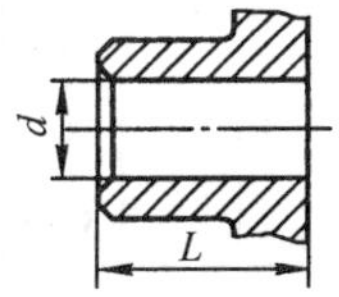

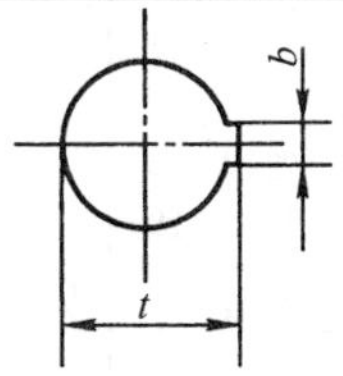

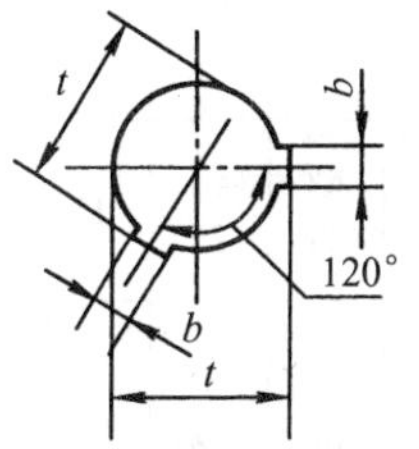

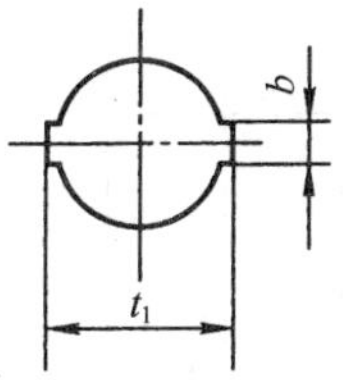

续表 13-1

尺寸																
轴孔直径	长度				沉孔		A型、B型、B_1型键槽						C型键槽			
	L							t		t_1				t_2		
d①、d_z②	长系列	短系列	L_1	L_2	d_1	R	b③	公称尺寸	极限偏差	公称尺寸	极限偏差	B型键槽位置度公差	b③	长系列	短系列	极限偏差
10	25 (17)	22 (—)					3	11.4		12.8		—	—	—		—
11								12.8		14.6				6.1		
12	32 (20)	27 (—)	—	—	—	—	4	13.8		15.6			2	6.5	—	
14								16.3		18.6				7.9		
16					38	1.5	5	18.3	+0.1 0	20.6	+0.2 0		3	8.7	9.0	
18	42 (30)	30 (18)	42	30				20.8		23.6		0.03		10.1	10.4	
19							6	21.8		24.6			4	10.6	10.9	
20								22.8		25.6				10.9	11.2	
22	52 (38)	38 (24)	52	38				24.8		27.6				11.9	12.2	+0.1 0
24								27.3		30.6				13.4	13.7	
25	62 (44)	44 (26)	46	44	48		8	28.3		31.6			5	13.7	14.2	
28								31.3		34.6				15.2	15.7	
30								33.3		36.6		0.04		15.8	16.4	
32	82 (60)	60 (38)	82	60	55			35.3		38.6				17.3	17.9	
35							10	38.3		41.6			6	18.8	19.4	
38								41.3	+0.2 0	44.6	+0.4 0			20.3	20.9	
40					65			43.3		46.6				21.2	21.9	
42						2.0	12	45.3		48.6			10	22.2	22.9	
45								48.8		52.6				23.7	24.4	
48	112 (84)	84 (56)	112	84	80		14	51.8		55.6		0.04	12	25.2	25.9	+0.2 0
50								53.8		57.6				26.2	26.9	
55					95			59.3		63.6				29.2	29.9	
56						2.5	16	60.3		64.6			14	29.7	30.4	

续表 13-1

尺寸																
轴孔直径	长度				沉孔		A 型、B 型、B_1 型键槽						C 型键槽			
d①、d_z②	L 长系列	L 短系列	L_1	L_2	d_1	R	b③	t 公称尺寸	t 极限偏差	t_1 公称尺寸	t_1 极限偏差	B 型键槽位置度公差	b③	t_2 长系列	t_2 短系列	t_2 极限偏差
60	142 (107)	107 (72)	142	107	105	2.5	18	64.4	+0.2 0	68.8	+0.4 0	0.05	16	31.7	32.5	+0.2 0
63								67.4		71.8				32.2	34.0	
65								69.4		73.8				34.2	35.0	
70					120		20	74.9		79.8		0.06	18	36.8	37.6	
71								75.9		80.8				37.3	38.1	
75								79.9		84.8				39.3	40.1	
80	172 (132)	132 (92)	172	132	140		22	85.4		90.8			20	41.6	42.6	
85						3.0		90.4		95.8				44.1	45.1	
90					160		25	95.4		100.8			22	47.1	48.1	
95								100.4		105.8				49.6	50.6	
100	212 (167)	167 (122)	212 167)	167	180		28	106.4		112.8			25	51.3	52.4	
110								116.4		122.8				56.3	57.4	
120					210	4.0	32	127.4		134.8		0.08	28	62.3	63.4	
125								132.4		139.8				64.8	65.9	
130	252 (202)	202 (152)	252	202	235			137.4		144.8				66.4	67.6	
140					265		36	148.4	+0.3 0	156.8	+0.6 0		32	72.4	73.6	
150								158.4		166.8				77.4	78.6	
160	302 (242)	242 (182)	302	242	330 (265)		40	169.4		178.8			36	82.4	83.9	+0.3 0
170								179.4		188.8				87.4	88.9	
180					330		45	190.4		200.8			40	93.4	94.9	

注:表中尺寸带括号者应用于圆锥形轴孔。

1. ①:圆柱形轴孔的直径偏差为 H7。
2. ②:圆锥形轴孔的直径偏差为 H8。
3. ③:键槽宽度 b 的极限偏差为 P9。

13.2 刚性联轴器

表 13-2 凸缘联轴器(GB/T 5843—2003)

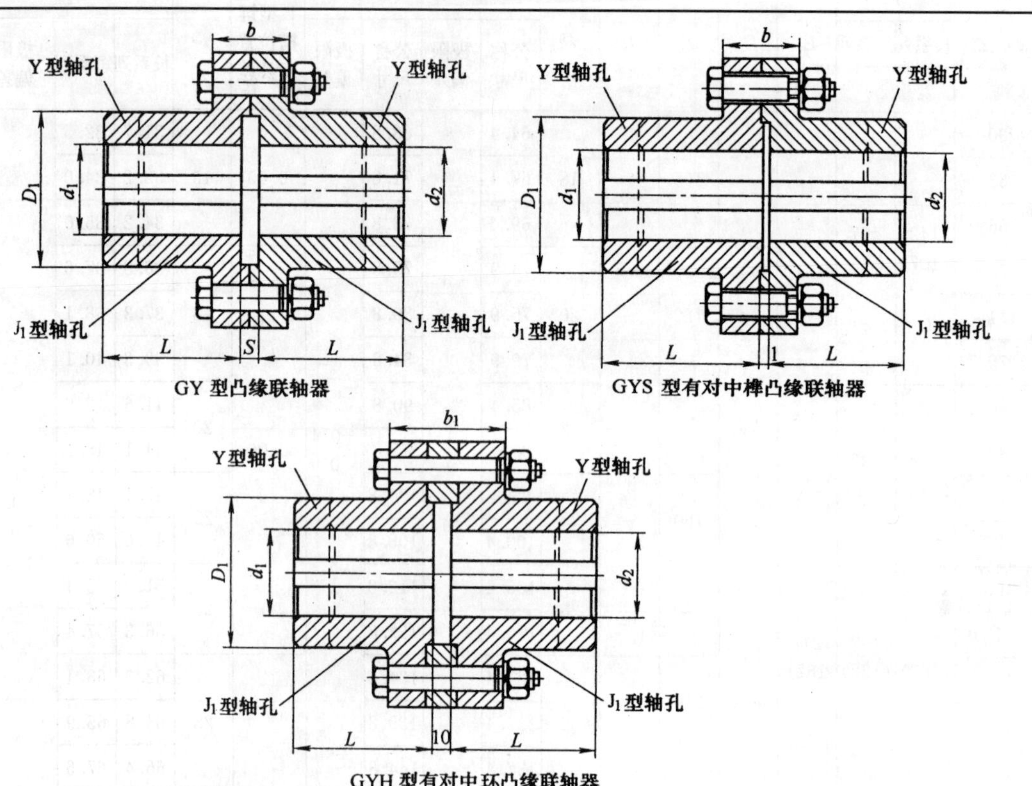

GY 型凸缘联轴器

GYS 型有对中榫凸缘联轴器

GYH 型有对中环凸缘联轴器

型号	公称转矩 T_n/(N·m)	许用转速 $[n]$/(r/min)	轴孔直径 d_1、d_2/mm	轴孔长度 L/mm Y 型	J_1 型	D	D_1	b	b_1	S	转动惯量 I/(kg·m²)	质量 m/kg
						mm						
GY1 GYS1 GYH1	25	12000	12	32	27	80	30	26	42	6	0.0008	1.16
			14									
			16	42	30							
			18									
			19									
GY2 GYS2 GYH2	63	10000	16	42	30	90	40	28	44	6	0.0015	1.72
			18									
			19									
			20	52	38							
			22									
			24									
			25	62	44							

续表 13-2

型号	公称转矩 T_n/(N·m)	许用转速 [n]/(r/min)	轴孔直径 d_1、d_2/mm	轴孔长度 L/mm Y型	J$_1$ 型	D	D_1	b	b_1	S	转动惯量 I/(kg·m^2)	质量 m/kg
						mm						
GY3 GYS3 GYH3	112	9500	20	52	38	100	45	30	46	6	0.0025	2.28
			22									
			24									
			25	62	44							
			28									
GY4 GYS4 GYH4	224	9000	25	62	44	105	55	32	48	6	0.003	3.15
			28									
			30	82	60							
			32									
			35									
GY5 GYS5 GYH5	400	8000	30	82	60	120	68	36	52	8	0.007	5.43
			32									
			35									
			38									
			40	112	84							
			42									
GY6 GYS6 GYH6	900	6800	38	82	60	140	80	40	56	8	0.015	7.59
			40	112	84							
			42									
			45									
			48									
			50									
GY7 GYS7 GYH7	1600	6000	48	112	84	160	100	40	56	8	0.031	13.1
			50									
			55									
			56									
			60	142	107							
			63									
GY8 GYS8 GYH8	3150	4800	60	142	107	200	130	50	68	10	0.103	27.5
			63									
			65									
			70									
			71									
			75									
			80	172	132							

续表 13—2

型号	公称转矩 T_n/(N·m)	许用转速 [n]/(r/min)	轴孔直径 d_1、d_2/mm	轴孔长度 L/mm Y型	轴孔长度 L/mm J_1型	D (mm)	D_1 (mm)	b (mm)	b_1 (mm)	S (mm)	转动惯量 I/(kg·m²)	质量 m/kg
GY9 GYS9 GYH9	6300	3600	75	142	107	260	160	66	84	10	0.319	47.8
			80	172	132							
			85									
			90									
			95									
			100	212	167							
GY10 GYS10 GYH10	10000	3200	90	172	132	300	200	72	90	10	0.720	82.0
			95									
			100	212	167							
			110									
			120									
			125									
GY11 GYS11 GYH11	25000	2500	120	212	167	380	260	80	98	10	2.278	162.2
			125									
			130	252	202							
			140									
			150									
			160	302	242							
GY12 GYS12 GYH12	50000	2000	150	252	202	460	320	92	112	12	5.923	285.6
			160	302	242							
			170									
			180									
			190	353	282							
			200									
GY13 GYS13 GYH13	100000	1000	190	352	282	590	400	110	130	12	19.978	611.9
			200									
			220									
			240	410	330							
			250									

注：质量、转动惯量是按 GY 型联轴器 Y/J_1 轴孔组合形式和最小轴孔直径计算的。

表 13-3　套筒联轴器　　mm

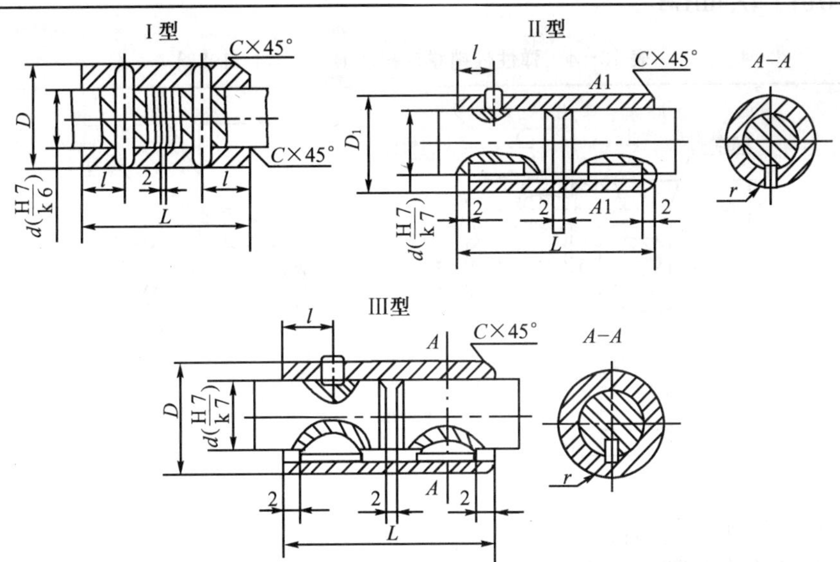

d	额定载矩/(N·m)			D	L	l	C	r≤	圆锥销 GB/T 117—1986	螺钉 GB/T 71—1985	平键 GB/T 1096—1979	半圆键 GB/T 1099—1979	质量/kg		
	Ⅰ型	Ⅱ型	Ⅲ型										Ⅰ型	Ⅱ型	Ⅲ型
10	4.5			18	35	8	0.5		2.5×18				0.06		
12	7.5			22	40	8	0.5		3×22				0.09		
14	16			25	45	10	0.5		4×25				0.13		
16	28			28	45	10	0.5		5×28				0.16		
18	32		56	32	55	12	1.0	0.2	5×32	M5×10		5×19	0.25		0.25
20	50	71	90	35	60	15	1.0	0.3	6×35	M6×10	6×22	6×22	0.31	0.30	0.30
22	56	90	110	35	65	15	1.0	0.3	6×35	M6×10	6×25	6×25	0.30	0.30	0.36
25	112	125	160	40	75	20	1.0	0.3	8×40	M6×10	8×28	8×28	0.47	0.46	0.47
28	127	170	220	45	80	20	1.0	0.3	8×45	M8×12	8×32	8×32	0.63	0.62	0.68
30	132	212	280	45	90	20	1.0	0.3	8×45	M8×12	8×32	8×38	0.65	0.73	0.65
35	250	355	450	50	105	25	1.5	0.3	10×50	M8×12	10×45	10×45	0.84	0.84	0.86
40	280	450		60	120	25	1.5	0.3	10×60	M8×12	12×50		1.52	1.50	
45	460	710		70	140	35	1.5	0.3	12×70	M10×18	14×60		2.58	2.52	
50	510	850		80	150	35	1.5	0.5	12×80	M12×18	16×70		3.71	3.64	
55	560	1060		90	160	35	1.5	0.5	12×90	M12×22	16×70		5.15	5.07	
60	1060	1500		100	180	45	2.0	0.5	16×100	M12×25*	18×80		7.50	7.21	
70	1250	2240		110	200	45	2.0	0.5	16×110	M16×25*	20×90		9.15	9.00	
80	2240	3150		120	220	50	2.0	0.5	20×120	M16×25*	24×100		11.30	11.10	
90	2500	4000		130	240	50	2.0	0.5	20×130	M16×25*	24×100		13.60	13.30	
100	4000	5600		140	280	60	2.0	0.8	25×140	M20×25*	28×125		17.60	16.70	

13.3 挠性联轴器

表 13-4 弹性柱销联轴器(GB/T 5014-1985)

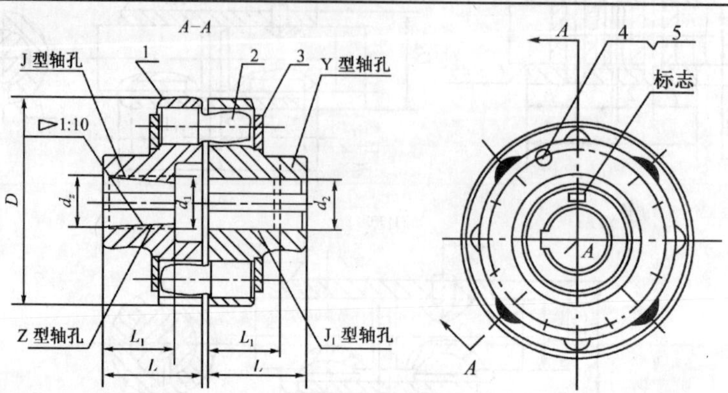

标记示例：HL7 联轴器 $\frac{\text{ZC75×107}}{\text{JB70×107}}$ GB/T 5014

主动端：Z 型轴孔，C 型键槽，$d_z=75$ mm，$L_1=107$ mm；

从动端：J 型轴孔，B 型键槽，$d_2=70$ mm，$L_1=107$ mm

1—半联轴器；
2—柱销；
3—挡板；
4—螺栓；
5—垫圈

型号	公称扭矩/(N·m)	许用转速 r/min		轴孔直径 d_1,d_2,d_z /mm	轴孔长度/mm			D /mm	质量 /kg	转动惯量/(kg·m²)	许用补偿量		
					Y 型	J、J_1、Z 型					径向 ΔY	轴向 ΔX	角向 $\Delta\alpha$
		铁	钢		L	L_1	L_2				mm		
HL1	160	7100	7100	12,14	32	27	32	90	2	0.0064	0.15	±0.5	≤0°30′
				16,18,19	42	30	42						
				20,22,(24)	52	38	52						
HL2	315	5600	5600	20,22,24				120	5	0.253		±1	
				25,28	62	44	62						
				30,32,(35)	82	60	82						
HL3	630	5000	5000	30,32,35,38				160	8	0.6			
				40,42,(45),(48)	112	84	112						
HL4	1250	2800	4000	40,42,45,48,50,55,56	112	84	112	195	22	3.4	0.15	±1.5	≤0°30′
				(60),(63)	142	107	142						
HL5	2000	2500	3550	50,55,56,60,63,65,70,(71),(75)				220	30	5.4			
HL6	3150	2100	2800	60,63,65,70,71,75,80				280	53	15.6	0.20	±2	
				(85)	172	132	172						
HL7	6300	1700	2240	70,71,75	142	107	142	320	98	41.1			
				80,85,90,95	172	132	172						
				100,(110)	212	167	212						
HL8	10000	1600	2120	80,85,90,95,100,110,(120),(125)				360	119	56.5			
HL9	16000	1250	1800	100,110,120,125				410	197	133.3			
				130,(140)	252	202	252						

续表 13-4

型号	公称扭矩/(N·m)	许用转速 r/min		轴孔直径 d_1,d_2,d_z /mm	轴孔长度/mm			D /mm	质量 /kg	转动惯量/ (kg·m²)	许用补偿量		
					Y 型	J、J_1、Z 型					径向 ΔY	轴向 ΔX	角向 Δα
		铁	钢		L	L_1	L_2				mm		
HL10	25000	1120	1560	110,120,125	212	167	212	480	322	273.2	0.25	±2.5	≤0°30′
				130,140,150	252	202	252						
				160,(170),(180)	302	242	302						

注:1. 括号内的值仅适用于钢制联轴器。

2. 本联轴器结构简单,制造容易,装拆更换弹性元件方便,有微量补偿两轴线偏移和缓冲吸振能力,主要用于载荷较平稳、启动频繁,对缓冲要求不高的中、低速轴系传动,工作温度为-20℃~70℃。

表 13-5 滑块联轴器(JB/ZQ 4384-1986)

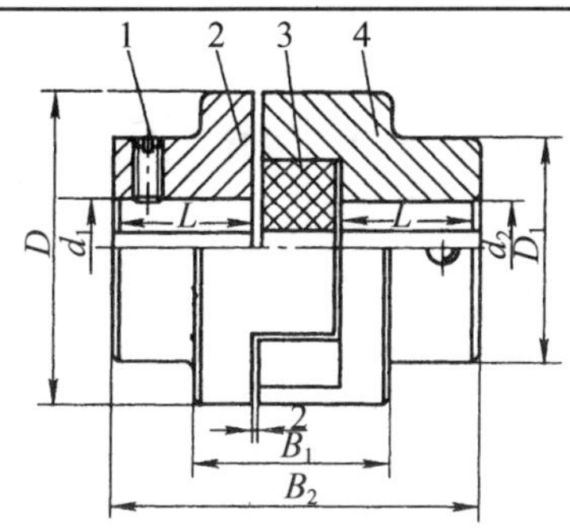

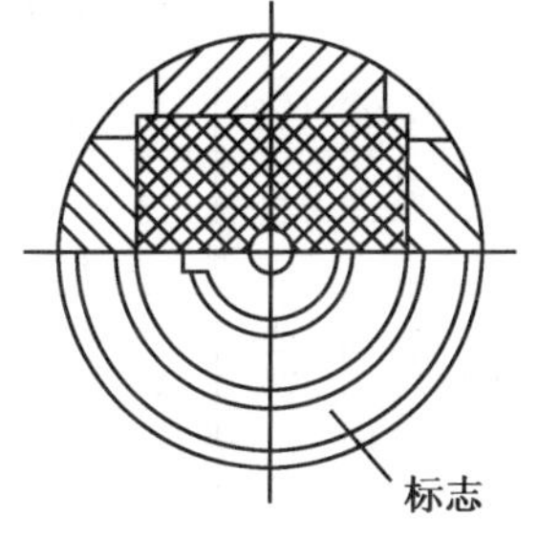

滑块联轴器
1—螺钉;2,4—半联轴器;
3—滑块
标记示例:
KL6 滑块联轴器
主动端:Y 型轴孔,A 型键槽,d_1=45 mm,L=112 mm
从动端:J_1 型轴孔,A 型键槽,d_2=42 mm,L=84 mm
KL6 联轴器 $\frac{45\times122}{J42\times84}$
JB. ZQ 4387-1986

型号	许用转矩 [T]/(N·m)	许用转速 [n]/(r/min)	轴孔直径 d_1、d_2	轴孔长度 L		D	D_1	B_1	B_2	转动惯量 /(kg·m²)	质量 /kg
				Y 型	J_1 型						
			mm								
KL1	16	10000	10,11 12,14	25 32	22 27	40	30	52	67 81	0.0007	0.6
KL2	31.5	8200	12,14 16,18	32 42	27 30	50	32	56	86 106	0.0038	1.5
KL3	63	7000	18,19 20,22	42 52	30 38	70	40	60	106 126	0.0063	1.8
KL4	160	5700	20,22,24 25,28	52 52	38 44	80	50	64	126 146	0.013	2.5
KL5	280	4700	25,28 30,32,35	62 82	44 60	100	70	75	151 191	0.045	5.8
KL6	500	3800	30,32,35 38,40,42, 45	82 112	60 84	120	80	90	201 261	0.12	9.5
KL7	900	3200	40,42,45 48,50,55	112	84	150	100	120	266	0.43	25
KL8	1800	2400	50,55,60 63,65,70	112 142	84 107	190	120	150	276 336	1.98	55
KL9	3550	1800	65,70,75 80,85	142 172	107 132	250	150	180	346 406	4.9	85
KL10	5000	1500	80,85,90 95,100	172 212	132 167	330	190	180	406 486	7.5	120

注:1. 适用于控制器和油泵装置或其他传递转矩较小的场合。

2. 表中联轴器质量和转动惯量是按最小轴孔直径和最大长度计算的近似值。

3. 装置时两轴的许用补偿量为:轴向 Δx=1 mm~2 mm;径向 $\Delta y\leqslant$0.2 mm;角向 $\Delta\alpha\leqslant40'$。

4. 联轴器的工作温度为-20℃~70℃。

表 13-6 LT 型弹性套柱销联轴器(GB/T 4323—2002)

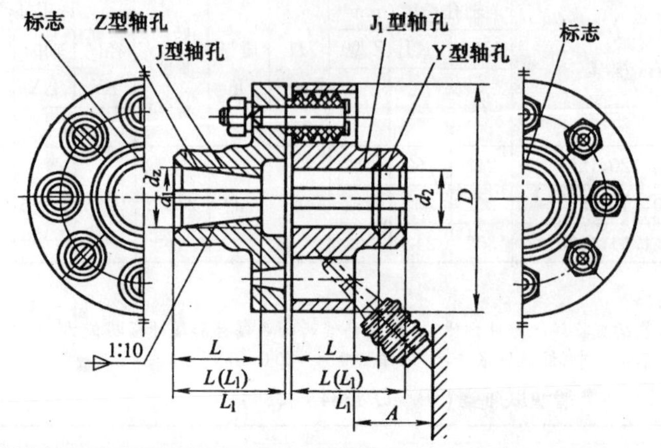

标记示例:

主动端:Z 型轴孔,C 型键槽,d_z=16 mm,L=30 mm;

从动端:J 型轴孔,B 型键槽,d_2=18 mm,L=42 mm

LT3 联轴器 $\frac{\text{ZC}16\times30}{\text{JB}18\times42}$

GB/T 4323—2002

型号	公称扭矩 T_n	许用转速[n]		轴孔直径 d_1,d_2,d_z		轴孔长度			$L_{推荐}$	D	A	质量	转动惯量	许用安装补偿	
		铁	钢	铁	钢	Y 型 L	J、J_1、Z 型 L_1	J、J_1、Z 型 L						ΔY	$\Delta\alpha$
	N·m	r/min		mm								kg	kg·m²	mm	(′)
LT1	6.3	6600	8800	9		20	14	—	25	71	18	0.82	0.0005	0.1	45
				10,11		25	17								
				12	12,14	32	20								
LT2	16	5500	7600	12,14					35	80		1.20	0.0008		
				16	16,18,19	42	30	42							
LT3	31.5	4700	6300	16,18,19					38	95	35	2.20	0.0023		
				20	20,22	52	38	52							
LT4	63	4200	5700	20,22,24					40	106		2.84	0.0037		
				—	25,28	62	44	62							
LT5	125	3600	4600	25,28					50	130	45	6.05	0.012	0.15	
				30,32	30,32,35	62	60	62							
LT6	250	3300	3800	32,35,38					55	160		9.75	0.028		30
				40	40,42	112	84	112							
LT7	500	2800	3600	40,42,45	40,42,45,48				65	190		14.01	0.055		
LT8	710	2400	3000	45,48,50,55					70	224	65	23.12	0.130	0.2	
				—	56										
				—	60,63	142	107	142							
LT9	1000	2100	2850	50,55,56		112	84	112	80	250		30.69	0.213		
				60,63		142	107	142							
				—	65,70,71										
LT10	2000	1700	2300	63, 65, 70, 71,75					100	315	315	61.40	0.660		
				80,85	80,85,90,95	172	132	172							
LT11	4000	1350	1800	80,85,90,96					115	400	400	120.70	2.122	0.25	15
				100,110		212	167	212							
LT12	8000	1100	1450	100,110,120,125					135	475	475	210.34	5.390		
				—	130	252	202	252							

续表 13－6

型号	公称扭矩 T_n	许用转速[n]		轴孔直径 d_1,d_2,d_z		轴孔长度				D	A	质量	转动惯量	许用安装补偿	
						Y 型	J、J_1、Z 型		$L_{推荐}$						
		铁	钢	铁	钢	L	L_1	L						ΔY	$\Delta\alpha$
	N·m	r/min		mm								kg	kg·m²	mm	(′)
LT13	16000	800	1150	120,125		212	167	212	160	600	180	419.36	17.580	0.3	15
				130,140,150		252	202	252							
				160	160,170	302	242	302							

注：1. 优先选用 $L_{推荐}$ 轴孔长度。

2. 质量、转动惯量是按材料为钢、最大轴孔、$L_{推荐}$ 计算的近似值。

3. 联轴器许用运转补偿量为安装补偿量的 1 倍。

3. 联轴器短时过载不得超过公称转矩的 2 倍。

表 13－7　轮胎式联轴器(GB/T 5844－1986)

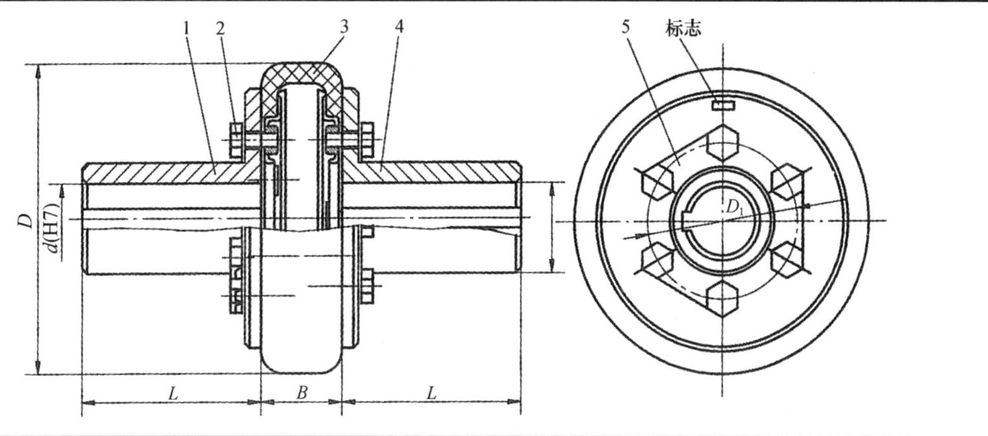

标记示例：UL3 联轴器 $\frac{28\times62}{J_1B32\times60}$ GB/T 5844－1986

主动端：Y 型轴孔，A 型键槽，d=28 mm，L=62 mm

从动端：J_1 型轴孔，B 型键槽，d=32 mm，L=60 mm

1、4—半联轴器

2—螺栓

3—轮胎环

5—止退垫板

mm

型号	公称扭矩 T_n/(N·m)	瞬时最大扭矩 T_{max}/(N·m)	许用转速[n]/(r/min)		轴孔直径** d	轴孔长度		D	B	D_1	许用补偿量		
			铁	钢		J、J_1 型	Y 型				径向 ΔY	轴向 ΔX	角向 $\Delta\alpha$
UL1	10	31.5	3500	5000	11	22	25	80	20	42	1.0	1.0	1°
					12,14	27	32						
					16,(18)	30	42						
UL2	25	80	3000		14	27	32	100	26	51			
					16,18,19	30	42						
					20,(22)	38	52						
UL3	63	180		4800	18,19	30	42	120	32	62	1.6	2.0	
					20,22,(24)	38	52						
					(25)	44	62						
UL4	100	315		4000	20,22,24	38	52	140	38	69			
					25,(28)	44	62						
					(30)	60	82						
UL5	160	500		4000	24	38	52	160	45	80			
					25,28	44	62						
					30,(32),(35)	69	82						

第 14 章　公差、形位公差、表面粗糙度及精度

14.1　公差与配合

14.1.1　基本偏差系列及配合种类(GB/T 1800.2—1998)

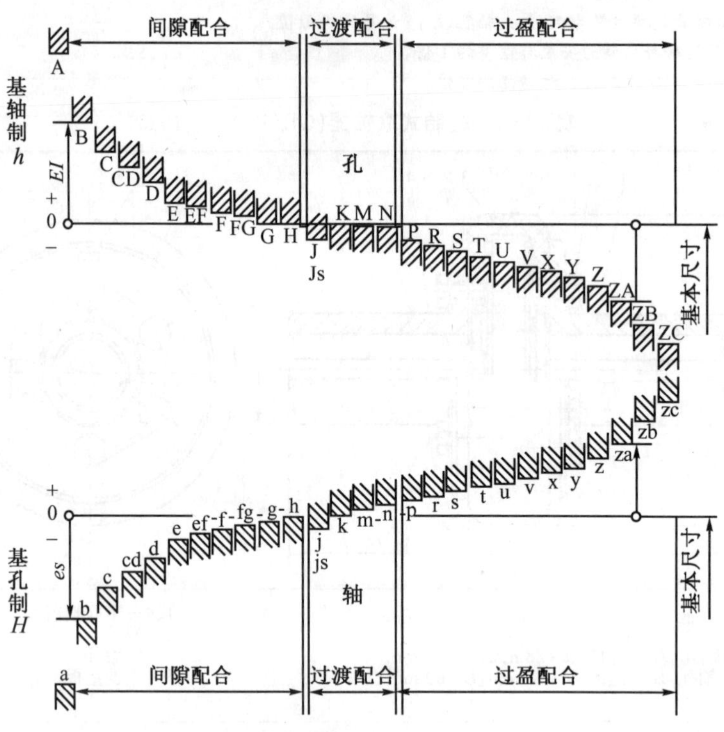

14.1.2　标准公差值及孔和轴的极限偏差值

表 14—1　标准公差数值(GB/T 1800.3—1998)　μm

基本尺寸 mm		公差等级											
大于	至	IT4	IT5	IT6	IT7	IT8	IT9	IT10	IT11	IT12	IT13	IT14	IT15
3	6	4	5	8	12	18	30	48	75	120	180	300	480
6	10	4	6	9	15	22	36	58	90	150	220	360	580
10	18	5	8	11	18	27	43	70	110	180	270	430	700
18	30	6	9	13	21	33	52	84	130	210	330	520	840
30	50	7	11	16	25	39	62	100	160	250	390	620	1000
50	80	8	13	19	30	46	74	120	190	300	460	740	1200
80	120	10	15	22	35	54	87	140	220	350	540	870	1400
120	180	12	18	25	40	63	100	160	250	400	630	1000	1600

续表 14－1

基本尺寸 mm		公差等级											
大于	至	IT4	IT5	IT6	IT7	IT8	IT9	IT10	IT11	IT12	IT13	IT14	IT15
180	250	14	20	29	46	72	115	185	290	460	720	1150	1850
250	315	16	23	32	52	81	130	210	320	520	810	1300	2100
315	400	18	25	36	57	89	140	230	360	570	890	1400	2300
400	500	20	27	40	63	97	155	250	400	630	970	1500	2500

表 14－2　孔的极限偏差值(GB/T 1800.3－1998)　　μm

公差带	等级	基本尺寸/mm 大于～至							
		10～18	18～30	30～50	50～80	80～120	120～180	180～250	250～315
D	8	+77 +50	+98 +65	+119 +80	+146 +100	+174 +120	+208 +145	+242 +170	+271 +190
	▼9	+93 +50	+117 +65	+142 +80	+174 +100	+207 +120	+245 +145	+285 +170	+320 +190
	10	+120 +50	+149 +65	+180 +80	+220 +100	+260 +120	+305 +145	+355 +170	+400 +190
	11	+160 +50	+195 +65	+240 +80	+290 +100	+340 +120	+395 +145	+460 +170	+510 +190
E	7	+50 +32	+61 +40	+75 +50	+90 +60	+107 +72	+125 +85	+146 +100	+162 +110
	8	+59 +32	+73 +40	+89 +50	+106 +60	+126 +72	+148 +85	+172 +100	+191 +110
	9	+75 +32	+92 +40	+112 +50	+134 +60	+159 +72	+185 +85	+215 +100	+240 +110
	10	+102 +32	+124 +40	+150 +50	+180 +60	+212 +72	+245 +85	+285 +100	+320 +110
F	6	+27 +16	+33 +20	+41 +25	+49 +30	+58 +36	+68 +43	+79 +50	+88 +56
	7	+34 +16	+41 +20	+50 +25	+60 +30	+71 +36	+83 +43	+96 +50	+108 +56
	▼8	+43 +16	+53 +20	+64 +25	+76 +30	+90 +36	+106 +43	+122 +50	+137 +56
	9	+59 +16	+72 +20	+87 +25	+104 +30	+123 +36	+143 +43	+165 +50	+186 +56
G	6	+17 +6	+20 +7	+25 +9	+29 +10	+34 +12	+39 +14	+44 +15	+49 +17
	▼7	+24 +6	+28 +7	+34 +9	+40 +10	+47 +12	+54 +14	+61 +15	+19 +17
	8	+33 +6	+40 +7	+48 +9	+56 +10	+66 +12	+77 +14	+87 +15	+98 +17

续表 14—2

公差带	等级	基本尺寸/mm							
		大于～至							
		10～18	18～30	30～50	50～80	80～120	120～180	180～250	250～315
H	6	+11 0	+13 0	+16 0	+19 0	+22 0	+25 0	+29 0	+32 0
	▼7	+18 0	+21 0	+25 0	+30 0	+35 0	+40 0	+46 0	+52 0
	▼8	+27 0	+33 0	+39 0	+46 0	+54 0	+63 0	+72 0	+81 0
	▼9	+43 0	+52 0	+62 0	+74 0	+87 0	+100 0	+115 0	+130 0
	10	+70 0	+84 0	+100 0	+120 0	+140 0	+160 0	185 0	+210 0
	▼11	+110 0	+130 0	+160 0	+190 0	+220 0	+250 0	+290 0	+320 0
J	7	+10 −8	+12 −9	+14 −11	+18 −12	+22 −13	+26 −14	+30 −16	+36 −16
	8	+15 −12	+20 −13	+24 −15	+28 −18	+34 −20	+41 −22	+47 −25	+55 −26
JS	6	±5.5	±6.5	±8	±9.5	±11	±12.5	±14.5	±16
	7	±9	±10	±12	±15	±17	±20	±23	±16
	8	±13	±16	±19	±23	±27	±31	±36	±40
K	6	+2 −9	+2 −11	+3 −13	+4 −15	+4 −18	+4 −21	+5 −24	+5 −27
	▼7	+6 −12	+6 −15	+7 −18	+9 −21	+10 −25	+12 −28	+13 −33	+16 −36
	8	+8 −19	+10 −23	+12 −27	+14 −32	+16 −38	+20 −43	+22 −50	+25 −56
N	6	−9 −20	−11 −24	−12 −28	−14 −33	−16 −38	−20 −45	−22 −51	−25 −57
	▼7	−5 −23	−7 −28	−8 −33	−9 −39	−10 −45	−12 −52	−14 −60	−14 −60
	8	−3 −30	−3 −36	−3 −42	−4 −50	−4 −58	−4 −67	−5 −77	−6 −86
P	6	−15 −26	−18 −31	−21 −37	−26 −45	−30 −52	−36 −61	−41 −70	−47 −79
	▼7	−11 −29	−14 −35	−17 −42	−21 −51	−24 −59	−28 −68	−33 −79	−36 −88

注：标注▼者为优先公差等级，应优先选用。

表 14-3　轴的极限偏差值(GB/T 1800.3-1998)　　μm

公差带	等级	基本尺寸/mm							
		大于~至							
		10~18	18~30	30~50	50~80	80~120	120~180	180~250	250~315
d	7	-50 -68	-65 -86	-80 -105	-100 -130	-120 -155	-145 -185	-170 -216	-190 -242
	8	-50 -77	-65 -98	-80 -119	-100 -146	-120 -174	-145 -208	-170 -242	-190 -271
	▼9	-50 -93	-65 -117	-80 -142	-100 -174	-120 -207	-145 -245	-170 -285	-190 -320
	10	-50 -120	-65 -149	-80 -180	-100 -220	-120 -260	-145 -305	-170 -355	-190 -400
e	6	-32 -43	-40 -53	-50 -66	-60 -79	-72 -94	-85 -110	-100 -129	-110 -142
	7	-32 -50	-40 -61	-50 -75	-60 -90	-72 -107	-85 -125	-100 -146	-110 -142
	8	-32 -59	-40 -73	-50 -89	-60 -106	-72 -126	-85 -148	-100 -172	-110 -191
	9	-32 -75	-40 -92	-50 -112	-60 -134	-72 -159	-85 -185	-100 -215	-110 -240
f	6	-16 -27	-20 -33	-25 -41	-30 -49	-36 -58	-43 -68	-50 -79	-56 -88
	▼7	-16 -34	-20 -41	-25 -50	-30 -60	-36 -71	-43 -83	-50 -96	-56 -108
	8	-16 -43	-20 -53	-25 -64	-30 -76	-36 -90	-43 -106	-50 -122	-56 -137
	9	-16 -59	-20 -72	-25 -87	-30 -104	-36 -123	-43 -143	-50 -165	-56 -186
g	5	-6 -14	-7 -16	-9 -20	-10 -23	-12 -27	-14 -32	-15 -35	-17 -40
	▼6	-6 -17	-7 -20	-9 -25	-10 -29	-12 -34	-14 -39	-15 -44	-17 -49
	7	-6 -24	-7 -28	-9 -34	-10 -40	-12 -47	-14 -54	-15 -61	-17 -69
	8	-6 -33	-7 -40	-9 -48	-10 -56	-12 -66	-14 -77	-18 -87	-17 -98
h	5	0 -8	0 -9	0 -11	0 -13	0 -15	0 -18	0 -20	0 -23
	▲6	0 -11	0 -13	0 -16	0 -19	0 -22	0 -25	0 -29	0 -32
	▼7	0 -18	0 -21	0 -25	0 -30	0 -35	0 -40	0 -46	0 -52

续表 14—3

公差带	等级	基本尺寸/mm							
		大于～至							
		10～18	18～30	30～50	50～80	80～120	120～180	180～250	250～315
h	8	0 −27	0 −33	0 −39	0 −46	0 −54	0 −63	0 −72	0 −81
	▲9	0 −43	0 −52	0 −62	0 −74	0 −87	0 −100	0 −115	0 −130
	10	0 −70	0 −84	0 −100	0 −120	0 −140	0 −160	0 −185	0 −210
j	5	+5 −3	+5 −4	+6 −5	+6 −7	+6 −9	+7 −11	+7 −13	+7 −16
	6	+8 −3	+9 −4	+11 −5	+12 −7	+13 −9	+14 −11	+16 −13	—
	7	+12 −6	+13 −8	+15 −10	+18 −12	+20 −15	+22 −18	+25 −21	—
js	5	±4	±4.5	±5.5	±6.5	±7.5	±9	±10	±11.5
	6	±5.5	±6.5	±8	±9.5	±11	±12.5	±14.5	±16
	7	±9	±10	±12	±15	±17	±20	±23	±26
k	5	+9 +1	+11 +2	+13 +2	+15 +2	+18 +3	+21 +3	+24 +4	+27 +4
	▼6	+12 +1	+15 +2	+18 +2	+21 +3	+25 +3	+28 +3	+33 +4	+36 +4
	7	+19 +1	+23 +2	+27 +2	+32 +2	+38 +3	+43 +3	+50 +4	+56 +4
m	5	+15 +7	+17 +8	+20 +9	+24 +11	+28 +13	+33 +15	+37 +17	+43 +20
	6	+18 +7	+21 +8	+25 +9	+30 +11	+35 +13	+40 +15	+46 +17	+52 +20
	7	+25 +7	+29 +8	+34 +9	+41 +11	+48 +13	+55 +15	+63 +17	+72 +20
n	5	+20 +12	+24 +15	+28 +17	+33 +20	+38 +23	+45 +27	+51 +31	+57 +34
	▼6	+23 +12	+28 +15	+33 +17	+39 +20	+45 +23	+52 +27	+60 +31	+66 +34
	7	+30 +12	+36 +15	+42 +17	+50 +20	+58 +23	+67 +27	+77 +31	+86 +34
p	5	+26 +18	+31 +22	+37 +26	+45 +32	+52 +37	+61 +43	+70 +50	+79 +56
	▼6	+29 +18	+35 +22	+42 +26	+51 +32	+59 +37	+68 +43	+79 +50	+88 +56
	7	+36 +18	+43 +22	+51 +26	+62 +32	+72 +37	+83 +43	+96 +50	+108 +56

续表 14—3

公差带	等级	基本尺寸/mm														
		大于～至														
		10～18	18～30	30～50	50～80		80～120		120～180			180～250			250～315	
r	5	+31 +23	+37 +28	+45 +34	+54 +41	+56 +43	+66 +51	+39 +54	+81 +63	+83 +65	+86 +68	+97 +77	+100 +80	+104 +84	+117 +94	+121 +98
	6	+34 +23	+41 +28	+50 +34	+60 +41	+62 +43	+73 +51	+76 +54	+88 +63	+90 +65	+93 +68	+106 +77	+109 +80	+133 +84	+126 +94	+130 +98
	7	+41 +23	+49 +28	+59 +34	+71 +41	+73 +43	+86 +51	+89 +54	+103 +63	+105 +65	+108 +68	+123 +77	+126 +80	+130 +84	+146 +94	+150 +98

注：标注▼者为优先公差等级，应优先选用。

表 14—4　优先配合特性及应用举例

基孔制	基轴制	优先配合特性及应用举例
H11/c11	C11/h11	间隙非常大，用于很松的、转动很慢的动配合；要求大公差与大间隙的外露组件；要求装配方便、很松的配合，相当于旧国标 D6/dd6
H9/d9	D9/h9	间隙很大的自由转动配合，用于精度非主要要求时，或有大的温度变动、高转速或大的轴颈压力时，相当于旧国标 D4/de4
H8/f7	F8/h7	间隙不大的转动配合，用于中等转速与中等轴颈压力的精确转动；也用于装配较易的中等定位配合，相当于旧国标 D/dc
H7/g6	G7/h6	间隙很小的滑动配合，用于不希望自由转动，但可自由移动和滑动并精密定位时，也可用于要求明确的定位配合，相当于旧国标 D/db
H7/h6　H8/h7 H9/h9　H11/h11	H7/h6　H8/h7 H9/h9　H11/h11	均为间隙定位配合，零件可自由装拆，而工作时一般相对静止不动，在最大实体条件下的间隙为零，在最小实体条件下的间隙由公差等级决定。H7/h6 相当于 D/d；H8/h7 相当于 D3/d3；H9/h9 相当于 D4/d4；H11/h11 相当于 D6/d6
H7/k6	K7/h6	过渡配合，用于精密定位，相当于旧国标 D/gc
H7/h6	N7/h6	过渡配合，允许有较大过盈的更精密定位，相当于旧国标 D/ga
H7* /p6	P7/h6	过盈定位配合，即小过盈配合，用于定位精度特别重要时，能以最好的定位精度达到部件的刚性及对中性要求，而对内孔承受压力无特殊要求，不依靠配合的紧固性传递摩擦负荷，相当于旧国标 D/ga～D/jf
H7/s6	S7/h6	中等压入配合，适用于一般钢件；或用于薄壁件的冷缩配合，用于铸铁件可得到最紧的配合，相当于旧国标 D/je
H7/u6	U7/h6	压入配合，适用于可以承受大压入力的零件或不宜承受大压入力的冷缩配合

注：* 表示小于或等于 3 mm 为过渡配合。

表 14-5　轴的各种基本偏差的应用

配合种类	基本偏差	配合特性及应用
间隙配合	a、b	可得到特别大的间隙，很少应用
	c	可得到很大的间隙，一般适用于缓慢、松弛的配合。用于工作条件较差（如农业机械），受力变形，或为了便于装配而必须保证有较大的间隙时。推荐配合为 H11/c11，其较高级的配合，如 H8/c7 适用于轴在高温工作的紧密动配合，例如内燃机排气阀和导管
	d	配合一般用于 IT7～IT11，适用于松的转动配合，如密封盖、滑轮、空转带轮等与轴的配合；也适用于大直径滑动轴承配合，如透平机、球磨机、轧滚成型和重型弯曲机及其他重型机械中的一些滑动支承
	e	多用于 IT7～IT9 级，通常适用于要求有明显间隙，易于转动的支承配合，如大跨距、多支点支承等。高等级的 e 轴适用于大型、高速、重载支承配合，如蜗轮发电机、大型电动机、内燃机、凸轮轴及摇臂支承等
	f	多用于 IT6～IT8 级的一般转动配合，当温度影响不大时，被广泛用于普通润滑油（或润滑脂）润滑的支承，如齿轮箱、小电动机、泵等的转轴与滑动支承的配合
	g	配合间隙很小，制造成本高，除很轻负荷的精密装置外，不推荐用于转动配合。多用于 IT5～IT7 级，最适合不回转的精密滑动配合，也用于插销等定位配合，如精密连杆轴承、活塞、滑阀及连杆销等
	h	多用于 IT4～IT11 级。广泛用于无相对转动的零件，作为一般的定位配合。若没有温度、变形影响，也用于精密滑动配合
过渡配合	js	为完全对称偏差（±IT/2），平均为稍有间隙的配合，多用于 IT4～IT7 级，要求间隙比 *h* 轴小，并允许略有过盈的定位配合，如联轴器，可用手或木锤装配
	k	平均为没有间隙的配合，适用于 IT4～IT7 级。推荐用于稍有过盈的定位配合。例如为了消除振动用的定位配合，一般用木锤装配
	m	平均为具有不大过盈的过渡配合，适用于 IT4～IT7 级，一般可用木锤装配，但在最大过盈时，要求相当的压入力
	n	平均过盈比 *m* 轴稍大，很少得到间隙，适用于 IT4～IT7 级，用锤或压力机装配，通常推荐用于紧密的组件配合，H6/n5 配合时为过盈配合
过盈配合	p	与 H6 或 H7 配合时是过盈配合，与 H8 孔配合时则为过渡配合。对非铁类零件，为较轻的压入配合，当需要时易于拆卸。对钢、铸铁或铜、钢组件装置是标准压入配合
	r	对铁类零件为中等打入配合，对非铁类零件，为轻打入配合，当需要时可以拆卸。与 H8 孔配合，直径在 100mm 以上时为过盈配合，直径小时为过渡配合
	s	用于钢和铁制零件的永久性和半永久性装配，可产生相当大的结合力。当用弹性材料，如轻合金时，配合性质与铁类零件的 *p* 轴相当。例如套环压装在轴上、阀座等的配合。尺寸较大时，为了避免损伤配合表面，需要热胀或冷缩法装配
	t　u v　x y　z	过盈量依次增大，一般不推荐

14.2 形状和位置公差

表 14－6　常用形位公差符号

分类	形位公差				位置公差								其他符号	
					定向			定位			跳动			
项目	直线度	平面度	圆度	圆柱度	平行度	垂直度	倾斜度	同轴度	对称度	位置度	圆跳动	全跳动	最大实体状态	理论正确尺寸
符号	—	▱	○	⌭	//	⊥	∠	◎	⌯	⌖	↗	⌰	Ⓜ	50

表 14－7　直线度和平面度公差(GB/T 1184－1996)　μm

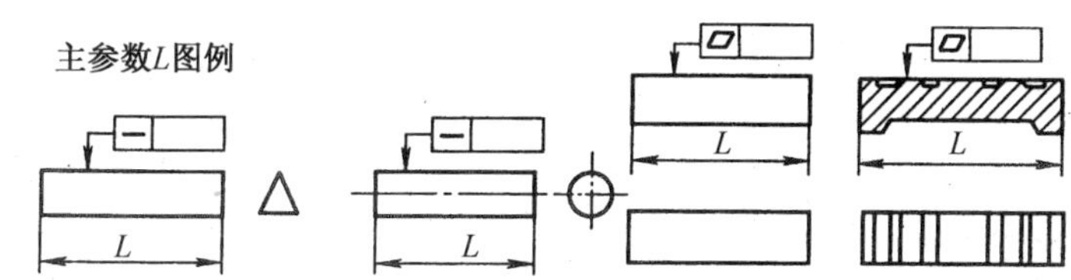

公差等级	主参数 L/mm										应用举例
	大于～至										
	16～25	25～40	40～63	63～100	100～160	160～250	250～400	400～630	630～1000	1000～1600	
5	3	4	5	6	8	10	12	15	20	25	用于 1 级平板，普通机床导轨面，柴油机进、排气门导杆，机体结合面
6	5	6	8	10	12	15	20	25	30	40	
7	8	10	12	15	20	25	30	40	50	60	用于 2 级平板，机床传动箱体的结合面，减速器箱体的结合面
8	12	15	20	25	30	40	50	60	80	100	
9	20	25	30	40	50	60	80	100	120	150	用于 3 级平板，法兰的连接面，辅助机构及手动机械的支承面
10	30	40	50	60	80	100	120	150	200	250	

注：1. 主参数 L 指被测要素的长度。

2. 应用举例栏仅供参考。

表 14－8　圆度和圆柱度公差(GB/T 1184－1996)　μm

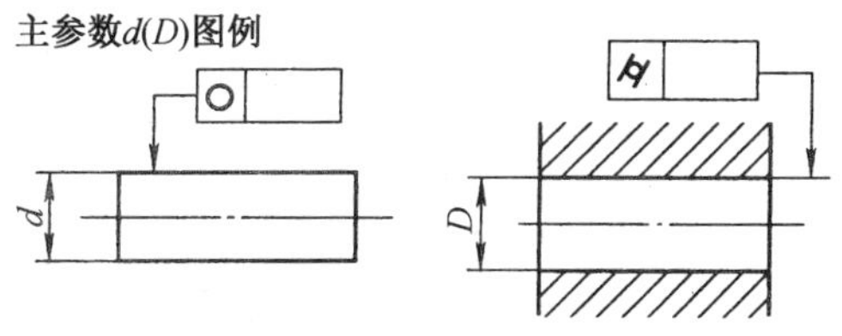

续表 14-8

公差等级	主参数 $d(D)$/mm										应用举例
	大于~至										
	6~10	10~18	18~30	30~50	50~80	80~120	120~180	180~250	250~315	315~400	
5	1.5	2	2.5	2.5	3	4	5	7	8	9	用于安装P6、P0级精度滚动轴承的配合面，通用减速器轴颈，一般机床主轴及箱孔
6	2.5	3	4	4	5	6	8	10	12	13	
7	4	5	6	7	8	10	12	14	16	18	用于千斤顶或压力油缸活塞、水泵及一般减速器轴颈，液压传动系统的分配机构
8	6	8	9	11	13	15	18	20	23	25	
9	9	11	13	16	19	22	25	29	32	36	用于通用机械杠杆、拉杆与套筒销子，吊车、起重机的滑动轴承轴颈
10	15	18	21	25	30	35	40	46	52	57	

注：1. 主参数 $d(D)$ 为被测轴（孔）的直径。

2. 应用举例栏仅供参考。

表 14-9 平行度、垂直度和倾斜度公差（GB/T 1184-1996） μm

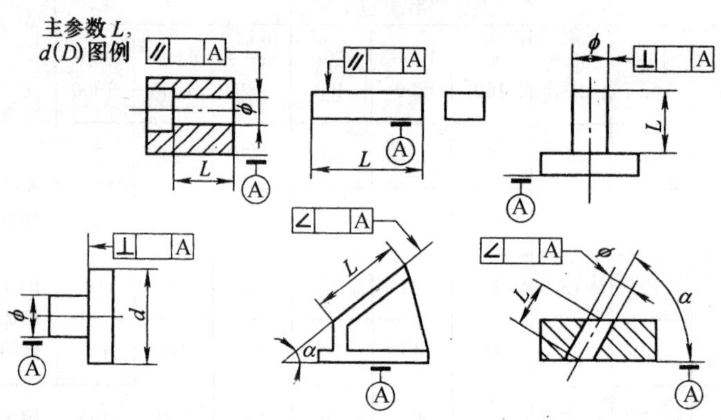

公差等级	主参数 L、$d(D)$mm										应用举例	
	大于~至										平行度	垂直度和倾斜度
	≤10	10~16	16~25	25~40	40~63	63~100	100~160	160~250	250~400	400~630		
5	5	6	8	10	12	15	20	25	30	40	用于重要轴承孔对基准面的要求，一般减速器箱体孔的中心线等	用于装P4、P5级轴承的箱体的凸肩，发动机轴和离合器的凸缘
6	8	10	12	15	20	25	30	40	50	60	用于一般机械中箱体孔中心线的要求，如减速器箱体的轴承孔、7~10级精度齿轮传动箱体孔的中心线	用于安装P6、P0级轴承的箱体孔的中心线，低精度机床主要基准面和工作面
7	12	15	20	25	30	40	50	60	80	100		

续表 14—9

<table>
<tr><td rowspan="3">公差等级</td><td colspan="10">主参数 L、d(D)mm</td><td colspan="2">应用举例</td></tr>
<tr><td colspan="10">大于～至</td><td rowspan="2">平行度</td><td rowspan="2">垂直度和倾斜度</td></tr>
<tr><td>≤10</td><td>10～16</td><td>16～25</td><td>25～40</td><td>40～63</td><td>63～100</td><td>100～160</td><td>160～250</td><td>250～400</td><td>400～630</td></tr>
<tr><td>8</td><td>20</td><td>25</td><td>30</td><td>40</td><td>50</td><td>60</td><td>80</td><td>100</td><td>120</td><td>150</td><td>用于重型机械轴承盖的端面，手动传动装置中的传动轴</td><td>用于一般导轨普通传动箱体中的轴肩</td></tr>
<tr><td>9</td><td>30</td><td>40</td><td>50</td><td>60</td><td>80</td><td>100</td><td>120</td><td>150</td><td>200</td><td>250</td><td rowspan="2">用于低精度零件、重型机械滚动轴承端盖</td><td rowspan="2">用于花键轴肩端面，减速器箱体平面等</td></tr>
<tr><td>10</td><td>50</td><td>60</td><td>80</td><td>100</td><td>120</td><td>150</td><td>200</td><td>250</td><td>300</td><td>400</td></tr>
</table>

注：1. 主要参数 L、d(D)是被测要素的长度或直径。

2. 应用举例栏仅供参考。

表 14—10 **同轴度、对称度、圆跳动和全跳动公差**(GB/T 1184—1996) μm

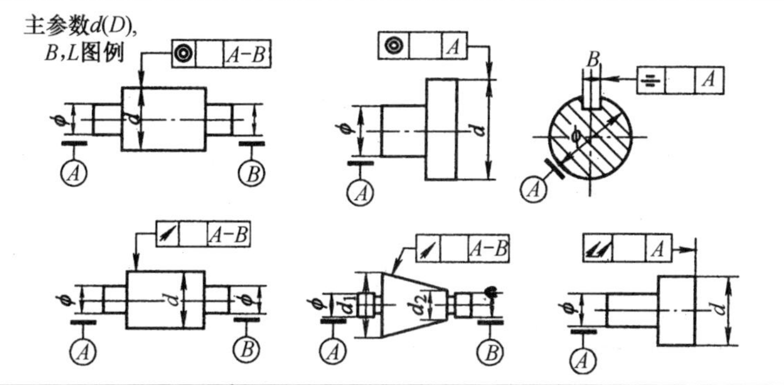

<table>
<tr><td rowspan="3">公差等级</td><td colspan="8">主参数 d(D)/mm</td><td rowspan="3">应用举例</td></tr>
<tr><td colspan="8">大于～至</td></tr>
<tr><td>3～6</td><td>6～10</td><td>10～18</td><td>18～30</td><td>30～50</td><td>50～120</td><td>120～250</td><td>250～500</td></tr>
<tr><td>5</td><td>3</td><td>4</td><td>5</td><td>6</td><td>8</td><td>10</td><td>12</td><td>15</td><td rowspan="2">用于机床轴颈、高精度滚动轴承外圈、一般精度轴承内圈、6～7 级精度齿轮轴的配合面</td></tr>
<tr><td>6</td><td>5</td><td>6</td><td>8</td><td>10</td><td>12</td><td>15</td><td>20</td><td>25</td></tr>
<tr><td>7</td><td>8</td><td>10</td><td>12</td><td>15</td><td>20</td><td>25</td><td>30</td><td>40</td><td rowspan="2">用于齿轮轴、凸轮轴、水泵轴轴颈、8～9 级精度齿轮轴的配合面</td></tr>
<tr><td>8</td><td>12</td><td>15</td><td>20</td><td>25</td><td>30</td><td>40</td><td>50</td><td>60</td></tr>
<tr><td>9</td><td>25</td><td>30</td><td>40</td><td>50</td><td>60</td><td>80</td><td>100</td><td>120</td><td rowspan="2">用于 9 级精度以下齿轮轴、自行车中轴、摩托车活塞的配合面</td></tr>
<tr><td>10</td><td>50</td><td>60</td><td>80</td><td>100</td><td>120</td><td>150</td><td>200</td><td>250</td></tr>
</table>

注：1. 主参数 d(D)、B、L 为被测要素的直径、宽度及间距。

2. 应用举例栏仅供参考。

表 14—11　轴和外壳的形位公差(GB/T 275—1993)

基本尺寸/mm		圆柱度 t				端面圆跳动 t_1			
		轴颈		外壳孔		轴肩		外壳孔肩	
		轴承公差等级							
		0	6(6X)	0	6(6X)	0	6(6X)	0	6(6X)
大于～至		公差值/μm							
	6	2.5	1.5	4	2.5	5	3	8	5
6	10	2.5	1.5	4	2.5	6	4	10	6
10	18	3.0	2.0	5	3.0	8	5	12	8
18	30	4.0	2.5	6	4.0	10	6	15	10
30	50	4.0	2.5	7	4.0	12	8	20	12
50	80	5.0	3.0	8	5.0	15	10	25	15
80	120	6.0	4.0	10	6.0	15	10	25	15
120	180	8.0	5.0	12	8.0	20	12	30	20
180	250	10.0	7.0	14	10.0	20	12	30	20

14.3　表面粗糙度

表 14—12　R_a 的数值(GB/T 1031—1995)　　μm

0.012	0.20	3.2	50
0.025	0.40	6.3	100
0.050	0.80	12.5	—
0.100	1.60	25	—

表 14—13　表面粗糙度 R_a 值的应用范围

粗糙度代号 Ⅰ	粗糙度代号 Ⅱ	原光洁度代号	表面形状、特征	加工方法	应用范围
∀		～	除净毛刺	铸、锻、冲压、热轧、冷轧	用不去除材料的方法获得(铸、锻等),或用于保持原供应状况的表面
25	12.5	▽3	微见刀痕	粗车、刨、立铣、平铣、钻	毛坯经粗加工后的表面,焊接前的焊缝表面,螺栓和螺钉孔的表面
12.5	6.3	▽4	可见加工痕迹	车、镗、刨、钻、平铣、立铣、锉、粗铰、磨、铣齿	比较精确的粗加工表面,如车端面、倒角、不重要零件的非配合表面
6.3	3.2	▽5	微见加工痕迹	车、镗、刨、铣、刮 1～2 点/cm²、拉、磨、锉、滚压、铣齿	不重要零件的非结合面,如轴、盖的端面、倒角、齿轮及皮带轮的侧面、平键及键槽的上下面,花键非定心表面,轴或孔的退刀槽
3.2	1.6	▽6	看不见加工痕迹	车、镗、刨、铣、铰、拉、磨、滚压、铣齿、刮1～2 点/cm²	IT12 级公差的零件的结合面,如盖板、套筒等与其他零件连接但不形成配合的表面,齿轮的非工作面,键与键槽的工作面,轴与毡圈的摩擦面
1.6	0.8	▽7	可辨加工痕迹的方向	铰、车、镗、拉、磨、立铣、滚压、刮 3～10 点/cm²	IT8～IT12 级公差的零件的结合面,如皮带轮的工作面,普通精度齿轮的齿面,与低精度滚动轴承相配合的箱体孔

续表 14—13

<table>
<tr><th colspan="2">粗糙度代号</th><th rowspan="2">原光洁度代号</th><th rowspan="2">表面形状、特征</th><th rowspan="2">加工方法</th><th rowspan="2">应用范围</th></tr>
<tr><th>Ⅰ</th><th>Ⅱ</th></tr>
<tr><td>0.8 √</td><td>0.4 √</td><td>▽8</td><td>微辨加工痕迹的方向</td><td>铰、磨、镗、拉、滚压、刮 3～10 点/cm^2</td><td>IT6～IT8 级公差的零件的结合面，与齿轮、蜗轮、套筒等的配合面，与高精度滚动轴承相配合的轴颈，7 级精度大、小齿轮的工作面，滑动轴承轴瓦的工作面，7～8 级精度蜗杆的齿面</td></tr>
<tr><td>0.4 √</td><td>0.2 √</td><td>▽9</td><td>不可辨加工痕迹的方向</td><td>布轮磨、磨、研磨、超精加工</td><td>IT5、IT6 级公差的零件的结合面，与 P4 级精度滚动轴承配合的轴颈；P5 级精度齿轮的工作面</td></tr>
<tr><td>0.2 √</td><td>0.1 √</td><td>▽10</td><td>暗光泽面</td><td>超精加工</td><td>仪器导轨表面，要求密封的液压传动的工作面，活塞的外表面，汽缸的内表面</td></tr>
</table>

注：1. 粗糙度代号Ⅰ为新、旧国家标准转换的第 1 种过渡方式。它是取新国家标准中相应最靠近的下一档的第 1 系列值，如原光洁度（旧国家标准）为▽5，R_a 的最大允许值取 6.3。在满足表面功能要求的情况下，就尽量选用较大的表面粗糙度数值。

2. 粗糙度代号Ⅱ为新、旧国家标准转换的第 2 种过渡方式。它是取新国标中相应最靠近的上一档的第 1 系列值，如原光洁度为▽5，R_a 的最大允许值取 3.2。因此，取该值提高了原表面粗糙度的要求和加工的成本。

3. 表面粗糙度符号的画法。

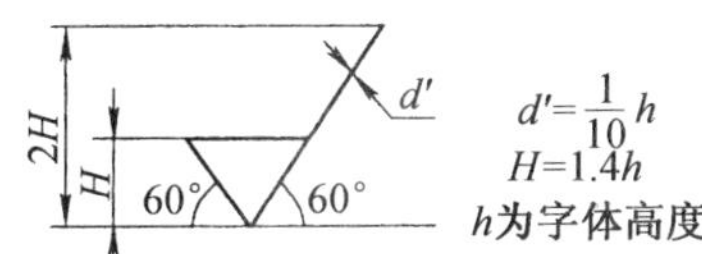

表 14—14　轴和孔的表面粗糙度参数推荐值

<table>
<tr><th colspan="3">表面特征</th><th colspan="3">R_a/μm 不大于</th></tr>
<tr><td rowspan="10">轻度装卸零件的配合表面（如挂轮、滚刀等）</td><td rowspan="2">公差等级</td><td rowspan="2">表面</td><td colspan="3">基本尺寸/mm</td></tr>
<tr><td>到 50</td><td colspan="2">大于 50 到 500</td></tr>
<tr><td rowspan="2">5</td><td>轴</td><td>0.2</td><td colspan="2">0.4</td></tr>
<tr><td>孔</td><td>0.4</td><td colspan="2">0.8</td></tr>
<tr><td rowspan="2">6</td><td>轴</td><td>0.4</td><td colspan="2">0.8</td></tr>
<tr><td>孔</td><td>0.4～0.8</td><td colspan="2">0.8～1.6</td></tr>
<tr><td rowspan="2">7</td><td>轴</td><td>0.4～0.8</td><td colspan="2">0.8～1.6</td></tr>
<tr><td>孔</td><td>0.8</td><td colspan="2">1.6</td></tr>
<tr><td rowspan="2">8</td><td>轴</td><td>0.8</td><td colspan="2">1.6</td></tr>
<tr><td>孔</td><td>0.8～1.6</td><td colspan="2">1.6～3.2</td></tr>
<tr><td rowspan="10">过盈配合的配合表面：①用压力机装配，②用热孔装配</td><td rowspan="2">公差等级</td><td rowspan="2">表面</td><td colspan="3">基本尺寸/mm</td></tr>
<tr><td>到 50</td><td>大于 50 到 120</td><td>大于 120 到 500</td></tr>
<tr><td rowspan="2">5</td><td>轴</td><td>0.1～0.2</td><td>0.4</td><td>0.4</td></tr>
<tr><td>孔</td><td>0.2～0.4</td><td>0.8</td><td>0.8</td></tr>
<tr><td rowspan="2">6～7</td><td>轴</td><td>0.4</td><td>0.8</td><td>1.6</td></tr>
<tr><td>孔</td><td>0.8</td><td>1.6</td><td>1.6</td></tr>
<tr><td rowspan="2">8</td><td>轴</td><td>0.8</td><td>0.8～1.6</td><td>1.6～3.2</td></tr>
<tr><td>孔</td><td>1.6</td><td>1.6～3.2</td><td>1.6～3.2</td></tr>
<tr><td rowspan="2">—</td><td>轴</td><td colspan="3">1.6</td></tr>
<tr><td>孔</td><td colspan="3">1.6～3.2</td></tr>
</table>

续表 14-14

表面特征		$R_a/\mu m$ 不大于		
精密定心用配合的零件表面	表面	径向跳动公差/μm		
		2.5~4	6~10	16~25
		$R_a/\mu m$ 不大于		
	轴	0.05~0.1	0.1~0.2	0.4~0.8
	孔	0.1~0.2	0.2~0.4	0.8~1.6
滑动轴承的配合表面	表面	公差等级		液体湿摩擦条件
		6~9	10~12	
		$R_a/\mu m$ 不大于		
	轴	0.4~0.8	0.8~3.2	0.1~0.4
	孔	0.8~1.6	1.6~3.2	0.2~0.8

表 14-15　齿面表面粗糙度推荐极限值(GB/T 1860.4-2002)　　μm

齿轮精度等级	R_a		R_z	
	$m_n<6$	$6\leqslant m_n\leqslant 25$	$m_n<6$	$6\leqslant m_n\leqslant 25$
3	—	0.16	—	1.0
4	—	0.32	—	2.0
5	0.5	0.63	3.2	4.0
6	0.8	1.00	5.0	6.3
7	1.25	1.60	8.0	10
8	2.0	2.5	12.5	16
9	3.2	4.0	20	25
10	5.0	6.3	32	40

14.4　渐开线圆柱齿轮的精度

14.4.1　精度等级及其选择

渐开线圆柱齿轮的精度标准对齿轮副规定了 13 个精度等级，第 0 级的精度最高，第 12 级的精度最低。

选择齿轮精度等级的主要依据是齿轮的用途、使用要求和工作条件等。在机械传动中应用最多的是既传递运动又传递动力的齿轮，其精度等级与圆周速度有关，可按齿轮的最高圆周速度，参考表 14-16 确定齿轮的精度等级。

14.4.2　检验项目的选用

考虑选用齿轮检验项目的因素很多，概括起来大致有以下几方面：

(1)齿轮的精度等级和用途。

(2)检验的目的(是工序间检验还是完工检验)。

(3)齿轮的切齿工艺。

(4)齿轮的生产批量。

(5)齿轮的尺寸大小和结构形式。

(6)生产企业现有测试设备情况等。

表 14—16 齿轮的精度等级及其选择

精度等级	齿轮用途	齿轮圆周速度/(m/s)		工作条件
		直齿轮	斜齿轮	
0 级、1 级、2 级（展望级）				
3 级（极精密级）		到 40	到 75	要求特别精密的或在最平稳且无噪声的特别高速下工作的齿轮传动；特别精密机械中的齿轮；特别高速传动透平齿轮；检测 5～6 级齿轮用的测量齿轮
4 级（特别精密级）	测量齿轮；汽轮机减速器；航空发动机	到 35	到 70	特别精密分度机构中或在最平稳，且无噪声的极高速下工作的齿轮传动；特别精密分度机构中的齿轮；高速透平传动；检测 7 级齿轮用的测量齿轮
5 级（高精密级）	金属切削机床	到 20	到 40	精密分度机构中或要求极平稳且无噪声的调整工作的齿轮传动；精密机构用齿轮；透平齿轮；检测 8 级和9 级齿轮用的测量齿轮
6 级（高精密级）		到 16	到 30	要求最高效率且无噪声的高速下平稳工作的齿轮传动或分度机构的齿轮传动；特别重要的航空、汽车齿轮；读数装置用特别精密传动的齿轮
7 级（精密级）	轻型汽车；机车；载重汽车、一般减速器	到 10	到 15	增速和减速用齿轮传动；金属切削机床送刀机构用齿轮；高速减速器用齿轮；航空、汽车用齿轮；读数装置用齿轮
8 级（中等精密级）	拖拉机、轧钢机；起重机	到 6	到 10	无须特别精密的一般机械制造用齿轮；包括在分度链中的机床传动齿轮；飞机、汽车制造业中的不重要齿轮；起重机构用齿轮；农业机构中的重要齿轮，通用减速器齿轮
9 级（较低精度级）	矿山绞车；农业机械	到 2	到 4	用于粗糙工作的齿轮
10 级（低精度级）		小于 2	小于 4	
11 级（低精度级）				
12 级（低精度级）				

齿轮精度标准 GB/T 10095.1—2001、GB/T 10095.2—2001 及其指导性技术文件中给出的偏差项目虽然很多，但作为评价齿轮质量的客观标准，齿轮质量的检验项目应该主要是单项指标，即齿距偏差（F_p、f_{pt}、F_{pk}）、齿廓总偏差 F_α、螺旋线总偏差 F_β（直齿轮为齿向公差 F_β）及齿厚偏差 E_{sn}。标准中给出的其他参数，一般不是必检项目，而是根据供需双方具体要求协商确定的，这里体现了设计第一的思想。

根据我国多年来的生产实践及目前齿轮生产的质量控制水平，建议供需双方依据齿轮的功能要求、生产批量和检测手段，在以下（推荐的）检验组（表 14—17）中选取一个检验组来评定齿轮的精度等级。

表 14—17　推荐的齿轮检验组

检验组	检验项目	适用等级	测量仪器
1	F_p、F_α、F_β、F_r、E_{sn}或 E_{bn}	3～9	齿距仪、齿形仪、齿向仪、摆差测定仪、齿厚卡尺或公法线千分尺
2	F_p 与 F_{pk}、F_α、F_β、F_r、E_{sn}或 E_{bn}	3～9	齿距仪、齿形仪、齿向仪、摆差测定仪、齿厚卡尺或公法线千分尺
3	F_p、f_{pt}、F_α、F_β、F_r、E_{sn}或 E_{bn}	3～9	齿距仪、齿形仪、齿向仪、摆差测定仪、齿厚卡尺或公法线千分尺
4	F_i''、f_i''、E_{sn}或 E_{bn}	6～9	双面啮合测量仪、齿厚卡尺或公法线千分尺
5	f_{pt}、F_r、E_{sn}或 E_{bn}	10～12	齿距仪、摆差测定仪、齿厚卡尺或公法线千分尺
6	F_i''、f_i''、F_β、E_{sn}或 E_{bn}	3～6	单啮仪、齿向仪、齿厚卡尺或公法线千分尺

14.4.3　齿轮各种偏差允许值

表 14—18　$\pm f_{pt}$、F_p、F_α、$f_{f\alpha}$、$f_{H\alpha}$、F_r、f_i'、F_i'、F_w 和 $\pm F_{pk}$ 偏差允许值

（GB/T 10095.1—2001、GB/T 10095.2001）　μm

分度圆直径 d/mm		模数 m_n/mm（精度等级 / 偏差项目）		单个齿距极限偏差 $\pm f_{pt}$				齿距累积总公差 F_p				齿廓总公差 F_α				齿廓形状偏差 $f_{f\alpha}$			
大于	至	大于	至	5	6	7	8	5	6	7	8	5	6	7	8	5	6	7	8
5	20	0.5	2	4.7	6.5	9.5	13	11	16	23	32	4.6	6.5	9.0	13	3.5	5.0	7.0	10
		2	3.5	5.0	7.5	10	15	12	17	23	33	6.5	9.5	13	19	5.0	7.0	10	14
20	50	0.5	2	5.0	7.0	10	14	14	20	29	41	5.0	7.5	10	15	4.0	5.5	8.0	11
		2	3.5	5.5	7.5	11	15	15	21	30	42	7.0	10	14	20	5.5	8.0	11	16
		3.5	6	6.0	8.5	12	17	15	22	31	44	9.0	12	18	25	7.0	9.5	14	19
50	125	0.5	2	5.5	7.5	11	15	18	26	37	52	6.0	8.5	12	17	4.5	6.5	9.0	13
		2	3.5	6.0	8.5	12	17	19	27	38	53	8.0	11	16	22	6.0	8.5	12	17
		3.5	6	6.5	9.0	13	18	19	28	39	55	9.5	13	19	27	7.5	10	15	21
125	280	0.5	2	6.0	8.5	12	17	24	35	49	69	7.0	10	14	20	5.5	7.5	11	15
		2	3.5	6.5	9.0	13	18	25	35	50	70	9.0	13	18	25	7.0	9.5	14	19
		3.5	6	7.0	10	14	20	25	36	51	72	11	15	21	30	8.0	12	16	23

续表 14—18

分度圆直径 d/mm		精度等级 偏差项目 模数 m_n/mm		单个齿距极限偏差 $\pm f_{pt}$				齿距累积总公差 F_p				齿廓总公差 F_α				齿廓形状偏差 $f_{f\alpha}$			
280	560	0.5	2	6.5	9.5	13	19	32	46	64	91	8.5	12	17	23	6.5	9.0	13	18
		2	3.5	7.0	10	14	20	33	46	65	92	10	15	21	29	8.0	11	16	22
		3.5	6	8.0	11	16	22	33	47	66	94	12	17	24	34	9.0	13	18	26

分度圆直径 d/mm		精度等级 偏差项目 模数 m_n/mm		单个齿距极限偏差 $\pm f_{H\alpha}$				径向跳动公差 F_r				f_i/K 值				公法线长度变动公差 F_w		
大于	至	大于	至	5	6	7	8	5	6	7	8	5	6	7	8	5	6	7
5	20	0.5	2	2.9	4.2	6.0	8.5	9.0	13	18	25	14	19	27	38	10	14	20
		2	3.5	4.2	6.0	8.5	12	9.5	13	19	27	16	23	32	45			
20	50	0.5	2	3.3	4.6	6.5	9.5	11	16	23	32	14	20	29	41	12	16	23
		2	3.5	4.5	6.5	9.0	13	12	17	24	34	17	24	34	48			
		3.5	6	5.5	8.0	11	16	12	17	25	35	19	27	38	54			
50	125	0.5	2	3.7	5.5	7.5	11	15	21	29	42	16	22	31	44	14	19	27
		2	3.5	5.0	7.0	10	14	15	21	30	43	18	25	36	51			
		3.5	6	6.0	8.5	12	17	16	22	31	44	20	29	40	57			
125	280	0.5	2	4.4	6.0	9.0	12	20	28	39	55	17	24	34	49	16	22	31
		2	3.5	5.5	8.0	11	16	20	28	40	56	20	28	39	56			
		3.5	6	6.5	9.5	13	19	20	29	41	58	22	31	44	62			
280	560	0.5	2	5.5	7.5	11	15	26	36	51	73	19	27	39	54	19	26	37
		2	3.5	6.5	9.0	13	18	26	37	52	74	22	31	44	62			
		3.5	6	7.5	11	15	21	27	38	53	75	24	34	48	68			

注:1. 本表中 F_w 是根据我国的生产实践提出的,供参考。

2. 半 f_i'/K 乘以 K,即得到 f_i';当 $\varepsilon_r<4$ 时,$K=0.2\left(\frac{\varepsilon_r+4}{\varepsilon_r}\right)$;当 $\varepsilon_r\geqslant4$ 时,$K=0.4$。

3. $F_i'=F_p+f_i'$。

4. $\pm F_{pk}=f_{pt}+1.6\sqrt{(k-1)m_n}$(5 级精度),通常取 $K=z/8$;按相邻两级的公比$\sqrt{2}$,可求得其他级 $\pm F_{pk}$ 值。

表 14—19 F_β、$f_{f\beta}$和 $f_{H\beta}$偏差允许值(GB/T 10095.1—2001) μm

分度圆直径 d/mm		精度等级 偏差项目 齿宽 b/mm		螺旋线总公差 F_β				螺旋线形状公差 $f_{f\beta}$ 和螺旋线倾斜极限偏差 $\pm f_{H\beta}$			
大于	至	大于	至	5	6	7	8	5	6	7	8
5	20	4	10	6.0	8.5	12	17	4.4	6.0	8.5	12
		10	20	7.0	9.5	14	19	4.9	7.0	10	14
20	50	4	10	6.5	9.0	13	18	4.5	6.5	9.0	13
		10	20	7.0	10	14	20	5.0	7.0	10	14
		20	40	8.0	11	16	23	6.0	8.0	12	16

续表 14—19

分度圆直径 d/mm		精度等级 / 偏差项目 / 齿宽 b/mm		螺旋线总公差 F_β				螺旋线形状公差 $f_{f\beta}$ 和螺旋线倾斜极限偏差 $\pm f_{H\beta}$			
50	125	4	10	6.5	9.5	13	19	4.8	6.5	9.5	13
		10	20	7.5	11	15	21	5.5	7.5	11	15
		20	40	8.5	12	17	24	6.0	8.5	12	17
		40	80	10	14	20	28	7.0	10	14	20
125	280	4	10	7.0	10	14	20	5.0	7.0	10	14
		10	20	8.0	11	16	22	5.5	8.0	11	16
		20	40	9.0	13	18	25	6.5	9.0	13	18
		40	80	10	15	21	29	7.5	10	15	21
		80	160	12	17	25	35	8.5	12	17	25
280	560	10	20	8.5	12	17	24	6.0	8.5	12	17
		20	40	9.5	13	19	27	7.0	9.5	14	19
		40	80	11	15	22	31	8.0	11	16	22
		80	160	13	18	26	36	9.0	13	18	26
		160	250	15	21	30	43	11	15	22	30

表 14－20　F_i'' 和 f_i'' 公差值(GB/T 10095.1－2001)　μm

分度圆直径 d/mm		精度等级 / 公差项目 / 模数 m_n/mm		径向综合总公差 F_i''				一齿径向综合公差 f_i''			
大于	至	大于	至	5	6	7	8	5	6	7	8
5	20	0.2	0.5	11	15	21	30	2.0	2.5	3.5	5.0
		0.5	0.8	12	16	23	33	2.5	4.0	5.5	7.5
		0.8	1.0	12	18	25	35	3.5	5.0	7.0	10
		1.0	1.5	14	19	27	38	4.5	6.5	9.0	13
20	50	0.2	0.5	13	19	26	37	2.0	2.5	3.5	5.0
		0.5	0.8	14	20	28	40	2.5	4.0	5.5	7.5
		0.8	1.0	15	21	30	42	3.5	5.0	7.0	10
		1.0	1.5	16	23	32	45	4.5	6.5	9.0	13
		1.5	2.5	18	26	37	52	6.5	9.5	13	19
50	125	1.0	1.5	19	27	39	55	4.5	6.5	9.0	13
		1.5	2.5	22	31	43	61	6.5	9.5	13	19
		2.5	4.0	25	36	51	72	10	14	20	29
		4.0	6.0	31	44	62	88	15	22	31	44
		6.0	10	40	57	80	114	24	34	48	67
125	280	1.0	1.5	24	34	48	68	4.5	6.5	9.0	13
		1.5	2.5	26	37	53	75	6.5	9.5	13	19
		2.5	4.0	30	43	61	86	10	15	21	29
		4.0	6.0	36	51	72	102	15	22	31	44
		6.0	10	45	64	90	127	24	34	48	67

续表 14—20

分度圆直径 d/mm		精度等级/公差项目 模数 m_n/mm		径向综合总公差 F_i''				一齿径向综合公差 f_i''			
280	560	1.0	1.5	30	43	61	86	4.5	6.5	9.0	13
		1.5	2.5	33	46	65	92	6.5	9.5	13	19
		2.5	4.0	37	52	73	104	10	15	21	29
		4.0	6.0	42	60	84	119	15	22	31	44
		6.0	10	51	73	103	145	24	34	48	68

14.4.4 齿侧间隙及其检验项目

齿侧间隙是在中心距一定的情况下，用减薄轮齿齿厚的方法来获得。齿侧间隙通常有两种表示方法：法向侧隙 j_{bn} 和圆周侧隙 j_{wt}。设计齿轮传动时，必须保证有足够的最小侧隙 $j_{bn\,min}$，其值可按表 14－21 推荐的数据查取。

表 14－21 对于中、大模数齿轮最小侧隙 $j_{bn\,min}$ 的推荐数据(GB/T 18620.2－2002) mm

模数 m_n	中心距 a					
	50	100	200	400	800	1600
1.5	0.09	0.11	—	—	—	—
2	0.10	0.12	0.15	—	—	—
3	0.12	0.14	0.17	0.24	—	—
5	—	0.18	0.21	0.28	—	—
8	—	0.24	0.27	0.34	0.47	—
12	—	—	0.35	0.42	0.55	—
18	—	—	—	0.54	0.67	0.94

控制齿厚的方法有两种，即用齿厚极限偏差或用公法线平均长度极限偏差来控制齿厚。

14.4.4.1 齿厚极限偏差 E_{sns} 和 E_{sni}

分度圆齿厚偏差如图 14.1 所示。当主动轮与被动轮齿厚都做成最小值，亦即做成上偏差 E_{sns} 时，可获得最小侧隙 $j_{bn\,min}$。通常取两齿轮的齿厚上偏差相等，此时则有

$$j_{bn\,min}=2|E_{sns}|\cos\alpha_n$$

故有

$$E_{sns}=-j_{bn\,min}/2\cos\alpha_n \qquad (14-1)$$

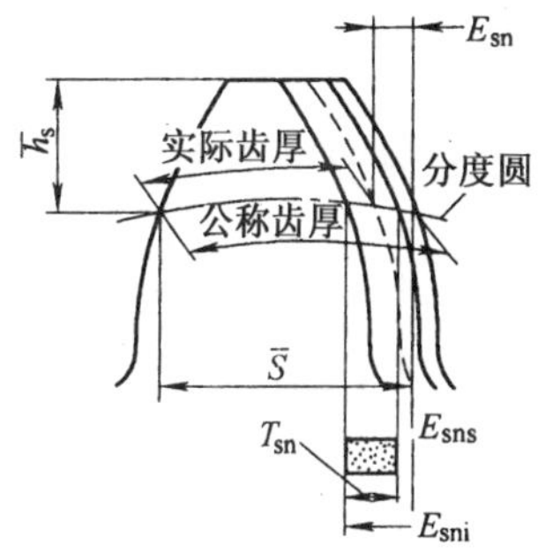

图 14.1 齿厚偏差

齿厚公差 T_{sn} 可按下式求得

$$T_{sn}=\sqrt{F_r^2+b_r^2}\,2\tan\alpha_n \qquad (14-2)$$

式中：b_r——切齿径向进刀公差，可按表 14－22 选取。

表 14－22 切齿径向进刀公差 b_r 值

齿轮精度等级	4	5	6	7	8	9
b_r 值	1.26IT7	IT8	1.26IT8	IT9	1.26IT9	IT10

注：查 IT 值的主参数为分度圆直径尺寸。

齿厚下偏差 E_{sni} 可按下式求得

$$E_{sni}=E_{sns}-T_{sn} \qquad (14\ \ 3)$$

式中,T_{sn} 为齿厚公差。显然,若齿厚偏差合格,则实际齿厚偏差 E_{sn} 应处于齿厚公差带内。

14.4.4.2　*用公法线平均长度极限偏差控制齿厚*

齿轮齿厚的变化必然引起公法线长度的变化,测得公法线长度同样可以控制齿侧间隙。公法线长度的上偏差 E_{bns} 和下偏差 E_{bni} 与齿厚偏差有如下关系:

$$E_{bns}=E_{sns}\cos\alpha_n \qquad (14-4)$$

$$E_{bni}=E_{sni}\cos\alpha_n \qquad (14-5)$$

14.4.5　齿厚和公法线长度

表 14－23　标准齿轮分度圆弦齿厚和弦齿高($m=m_n=1,\alpha=\alpha_n=20°,h_a^*=h_{an}^*=1$)　mm

齿数 z	分度圆弦齿厚 $\bar{s}^*$	分度圆弦齿高 $\bar{h}_n^*$	齿数 z	分度圆弦齿厚 $\bar{s}^*$	分度圆弦齿高 $\bar{h}_n^*$	齿数 z	分度圆弦齿厚 $\bar{s}^*$	分度圆弦齿高 $\bar{h}_n^*$	齿数 z	分度圆弦齿厚 $\bar{s}^*$	分度圆弦齿高 $\bar{h}_n^*$
6	1.5529	1.1022	40	1.5704	1.0154	74	1.5707	1.0084	108	1.5707	1.0057
7	1.5568	1.0873	41	1.5704	1.0150	75	1.5707	1.0083	109	1.5707	1.0057
8	1.5607	1.0769	42	1.5704	1.0147	76	1.5707	1.0081	110	1.5707	1.0056
9	1.5628	1.0684	43	1.5705	1.0143	77	1.5707	1.0080	111	1.5707	1.0056
10	1.5643	1.0616	44	1.5705	1.0140	78	1.5707	1.0079	112	1.5707	1.0055
11	1.5654	1.0559	45	1.5705	1.0137	79	1.5707	1.0078	113	1.5707	1.0055
12	1.5663	1.0514	46	1.5705	1.0134	80	1.5707	1.0077	114	1.5707	1.0054
13	1.5670	1.0474	47	1.5705	1.0131	81	1.5707	1.0076	115	1.5707	1.0054
14	1.5675	1.0440	48	1.5705	1.0129	82	1.5707	1.0075	116	1.5707	1.0053
15	1.5679	1.0411	49	1.5705	1.0126	83	1.5707	1.0074	117	1.5707	1.0053
16	1.5683	1.0385	50	1.5705	1.0123	84	1.5707	1.0074	118	1.5707	1.0053
17	1.5686	1.0362	51	1.5706	1.0121	85	1.5707	1.0073	119	1.5707	1.0052
18	1.5688	1.0342	52	1.5706	1.0119	86	1.5707	1.0072	120	1.5707	1.0052
19	1.5690	1.0324	53	1.5706	1.0117	87	1.5707	1.0071	121	1.5707	1.0051
20	1.5692	1.0308	54	1.5706	1.0114	88	1.5707	1.0070	122	1.5707	1.0051
21	1.5694	1.0294	55	1.5706	1.0112	89	1.5707	1.0069	123	1.5707	1.0050
22	1.5695	1.0281	56	1.5706	1.0110	90	1.5707	1.0068	124	1.5707	1.0050
23	1.5696	1.0268	57	1.5706	1.0108	91	1.5707	1.0068	125	1.5707	1.0049
24	1.5697	1.0257	58	1.5706	1.0106	92	1.5707	1.0067	126	1.5707	1.0049
25	1.5698	1.0247	59	1.5706	1.0105	93	1.5707	1.0067	127	1.5707	1.0049
26	1.5698	1.0237	60	1.5706	1.0102	94	1.5707	1.0066	128	1.5707	1.0048
27	1.5699	1.0228	61	1.5706	1.0101	95	1.5707	1.0065	129	1.5707	1.0048
28	1.5700	1.0220	62	1.5706	1.0100	96	1.5707	1.0064	130	1.5707	1.0047
29	1.5701	1.0213	63	1.5706	1.0098	97	1.5707	1.0064	131	1.5708	1.0047
30	1.5701	1.0205	64	1.5706	1.0097	98	1.5707	1.0063	132	1.5708	1.0047
31	1.5701	1.0199	65	1.5706	1.0095	99	1.5707	1.0062	133	1.5708	1.0047
32	1.5702	1.0193	66	1.5706	1.0094	100	1.5707	1.0061	134	1.5708	1.0046
33	1.5702	1.0187	67	1.5706	1.0092	101	1.5707	1.0061	135	1.5708	1.0046
34	1.5702	1.0181	68	1.5706	1.0091	102	1.5707	1.0060	140	1.5708	1.0044
35	1.5702	1.0176	69	1.5707	1.0090	103	1.5707	1.0060	145	1.5708	1.0042
36	1.5703	1.0171	70	1.5707	1.0088	104	1.5707	1.0059	150	1.5708	1.0041
37	1.5703	1.0167	71	1.5707	1.0087	105	1.5707	1.0059	齿条	1.5708	1.0000
38	1.5703	1.0162	72	1.5707	1.0086	106	1.5707	1.0058			
39	1.5703	1.0158	73	1.5707	1.0085	107	1.5707	1.0058			

注:1. 当 $m(m_n)\neq1$ 时,分度圆弦齿厚 $\bar{s}=\bar{s}^*m(\bar{s}_n=\bar{s}^*m_n)$,分度圆弦齿高 $\bar{h}_n=\bar{h}_n^*m(\bar{h}_n=\bar{h}_{sn}^*m_n)$。

2. 对于斜齿圆柱齿轮和圆锥齿轮,本表也可以用,所不同的是,齿数要用当量齿数 Z_v。

3. 如果齿数带小数,就要用比例插入法,把小数部分考虑进去。

表 14－24　公法线长度 W_k^* ($m=1$，$\alpha=20°$)

齿轮齿数 z	跨测齿数 k	公法线长度 W_k^*	齿轮齿数 z	跨测齿数 k	公法线长度 W_k^*	齿轮齿数 z	跨测齿数 k	公法线长度 W_k^*	齿轮齿数 z	跨测齿数 k	公法线长度 W_k^*	齿轮齿数 z	跨测齿数 k	公法线长度 W_k^*
			41	5	13.8588	81	10	29.1797	121	14	41.5484	161	18	53.9171
			42	5	13.8728	82	10	29.1937	122	14	41.5624	162	19	56.8833
			43	5	13.8868	83	10	29.2077	123	14	41.5764	163	19	56.8972
4	2	4.4842	44	5	13.9008	84	10	29.2217	124	14	41.5904	164	19	56.9113
5	2	4.4982	45	6	16.8670	85	10	29.2357	125	14	41.6044	165	19	56.9253
6	2	4.5122	46	6	16.8810	86	10	29.2497	126	15	44.5706	166	19	56.9393
7	2	4.5262	47	6	16.8950	87	10	29.2637	127	15	44.5846	167	19	56.9533
8	2	4.5402	48	6	16.9090	88	10	29.2777	128	15	44.5986	168	19	56.9673
9	2	4.5542	49	6	16.9230	89	10	29.2917	129	15	44.6126	169	19	56.9813
10	2	4.5683	50	6	16.9370	90	11	32.2579	130	15	44.6266	170	19	56.9953
11	2	4.5823	51	6	16.9510	91	11	32.2718	131	15	44.6405	171	20	59.9615
12	2	4.5963	52	6	16.9660	92	11	32.2858	132	15	44.6546	172	20	59.9754
13	2	4.6103	53	6	16.9660	93	11	32.2998	133	15	44.6686	173	20	59.9894
14	2	4.6243	54	7	19.9452	94	11	32.3136	134	15	44.6826	174	20	60.0034
15	2	4.6383	55	7	19.9591	95	11	32.3279	135	16	47.6490	175	20	60.0174
16	2	4.6523	56	7	19.9731	96	11	32.3419	136	16	47.6627	176	20	60.0314
17	2	4.6663	57	7	19.9871	97	11	32.3559	137	16	47.6767	177	20	60.0455
18	2	7.6324	58	7	20.0011	98	11	32.3699	138	16	47.6907	178	20	60.0595
19	3	7.6464	59	7	20.0152	99	12	35.3361	139	16	47.7047	179	20	60.0735
20	3	7.6604	60	7	20.0292	100	12	35.3500	140	16	47.7187	180	21	63.0397
21	3	7.6744	61	7	20.0432	101	12	35.3640	141	16	47.7327	181	21	63.0536
22	3	7.6884	62	7	20.0572	102	12	35.3780	142	16	47.7408	182	21	63.0676
23	3	7.7024	63	8	23.0233	103	12	35.3920	143	16	47.7608	183	21	63.0816
24	3	7.7165	64	8	23.0373	104	12	35.4060	144	17	50.7170	184	21	63.0956
25	3	7.7305	65	8	23.0513	105	12	35.4200	145	17	50.7409	185	21	63.1099
26	3	7.7445	66	8	23.0653	106	12	35.4340	146	17	50.7549	186	21	63.1236
27	4	10.7106	67	8	23.0793	107	12	35.4481	147	17	50.7689	187	21	63.1376
28	4	10.7246	68	8	23.0933	108	13	38.4142	148	17	50.7829	188	21	63.1516
29	4	10.7386	69	8	23.1073	109	13	38.4282	149	17	50.7969	189	22	66.1179
30	4	10.7526	70	8	23.1213	110	13	38.4422	150	17	50.8109	190	22	66.1318
31	4	10.7666	71	8	23.1353	111	13	38.4562	151	17	50.8249	191	22	66.1458
32	4	10.7806	72	9	26.1015	112	13	38.4702	152	17	50.8389	192	22	66.1598
33	4	10.7946	73	9	26.1155	113	13	38.4842	153	18	53.8051	193	22	66.1738
34	4	10.8086	74	9	26.1295	114	13	38.4982	154	18	53.8191	194	22	66.1878
35	4	10.8226	75	9	26.1435	115	13	38.5122	155	18	53.8331	195	22	66.2018
36	5	13.7888	76	9	26.1575	116	13	38.5262	156	18	53.8471	196	22	66.2158
37	5	13.8028	77	9	26.1715	117	14	41.4924	157	18	53.8611	197	22	66.2298
38	5	13.8168	78	9	26.1855	118	14	41.5064	158	18	53.8751	198	23	69.1961
39	5	13.8308	79	9	26.1995	119	14	41.5204	159	18	53.8891	199	23	69.2101
40	5	13.8448	80	9	26.2135	120	14	41.5344	160	18	53.9031	200	23	69.2241

注：1. 对标准直齿圆柱齿轮，公法线长度 $W_k=W_k^* m$，其中 W_k^* 为 $m=1$ mm，$\alpha=20°$时的公法线长度。

2. 对变位直齿圆柱齿轮，当变位系数 x 较小及 $|x|<0.3$ 时，跨测齿数 k 按照表 14－24 查出，而公法线长度 $W_k=(W_k^*+0.684x)m$。

当变位系数 x 较大，$|x|>0.3$ 时，跨测齿数

$$k'=z\frac{\alpha_z}{180^\circ}+0.5$$

式中，$\alpha_z=\arccos\frac{2d\cos\alpha}{d_a+d_f}$，而公法线长度

$$W_k=[2.9521(k'-0.5)+0.014z+0.684x]m$$

3.斜齿轮的公法线长度 W_{nk} 在法面内测量，其值也可按表 14－24 确定。但必须按假想齿数 z' 查，$z'=Kz$，式中 K 为与分度圆柱上齿的螺旋角 β 有关的假想齿数系数，见表 14－25。假想齿数常为非整数，其小数部分 Δz 所对应的公法线长度 ΔW_n^* 可查表 14－26。故总的公法线长度 $W_{nk}=(W_k^*+\Delta W_n^*)m_n$，式中 m_n 为法向模数，W_k^* 为与假想齿数 z' 整数部分相对应的公法线长度，可查表 14－24。

表 14－25　假想齿数系数 $K(\alpha_n=20^\circ)$

β	K	β	K	β	K	β	K	β	K
1°	1.000	5°	1.011	9°	1.036	13°	1.077	17°	1.136
2°	1.002	6°	1.016	10°	1.045	14°	1.090	18°	0.154
3°	1.004	7°	1.022	11°	1.054	15°	1.104	19°	1.173
4°	1.007	8°	1.028	12°	1.065	16°	1.119	20°	1.194

注：对于 β 中间值的系数 K，可按内插法求出。

表 14－26　公法线长度 ΔW_n^*　　mm

$\Delta z'$	0.00	0.01	0.02	0.03	0.04	0.05	0.06	0.07	0.08	0.09
0.0	0.000	0.0001	0.0003	0.0004	0.0006	0.0007	0.0008	0.0010	0.0011	0.0013
0.1	0.0014	0.0015	0.0017	0.0018	0.0020	0.0021	0.0022	0.0024	0.0025	0.0027
0.2	0.0028	0.0029	0.0031	0.0032	0.0034	0.0035	0.0036	0.0038	0.0039	0.0041
0.3	0.0042	0.0043	0.0045	0.0046	0.0048	0.0049	0.0051	0.0052	0.0053	0.0055
0.4	0.0056	0.0057	0.0059	0.0060	0.0061	0.0063	0.0064	0.0066	0.0067	0.0069
0.5	0.0070	0.0071	0.0073	0.0074	0.0076	0.0077	0.0079	0.0080	0.0081	0.0083
0.6	0.0084	0.0085	0.0087	0.0088	0.0089	0.0091	0.0092	0.0094	0.0095	0.0097
0.7	0.0098	0.0099	0.0101	0.0102	0.0104	0.0105	0.0106	0.0108	0.0109	0.0111
0.8	0.0112	0.0114	0.0115	0.0116	0.0118	0.0119	0.0120	0.0122	0.0123	0.0124
0.9	0.0126	0.0127	0.0129	0.0132	0.0130	0.0133	0.0135	0.0136	0.0137	0.0139

注：查取示例：$\Delta z'=0.65$ 时，由表 14－26 查得 $\Delta W_n^*=0.0091$。

14.4.6 齿轮副和齿坯的精度

表 14－27　中心距极限偏差 $\pm f_a$(供参考)　μm

中心距 a/mm		齿轮精度等级	
大于	至	5、6	7、8
6	10	7.5	11
10	18	9	13.5
18	30	10.5	16.5
30	50	12.5	19.5
50	80	15	23
80	120	17.5	27
120	180	20	31.5
180	250	23	36
250	315	26	40.5
315	400	28.5	44.5
400	500	31.5	48.5

表 14－28　轴线平行度偏差 $f_{\Sigma\beta}$ 和 $f_{\Sigma\delta}$

轴线平行度偏差图示	$f_{\Sigma\beta}$ 和 $f_{\Sigma\delta}$ 的最大推荐值/μm
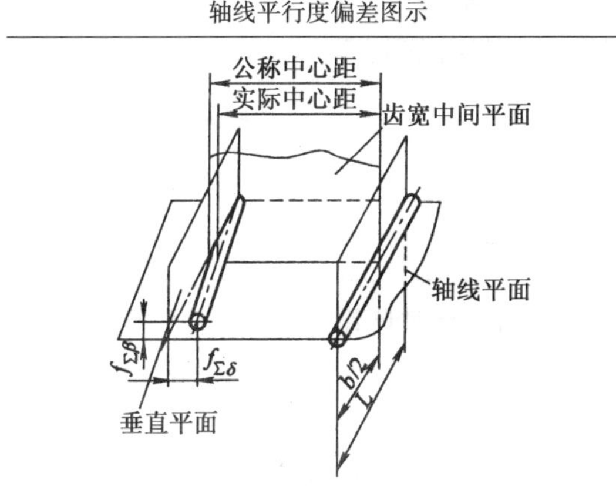	$f_{\Sigma\beta}=0.5\left(\frac{L}{b}\right)F_\beta$ $f_{\Sigma\delta}=2f_{\Sigma\beta}$ 式中：L——轴随跨距，mm； b——齿宽，mm

表 14－29　齿轮装配后接触斑点(GB/T 18620.4—2002)

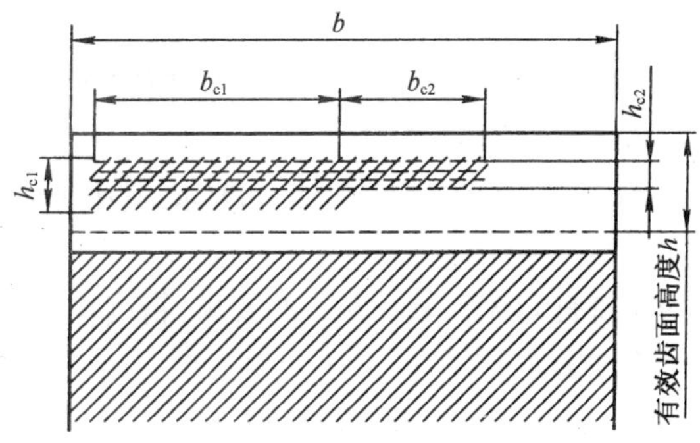

精度等级 \ 齿轮 \ 参数	$b_{c1}/b\times100\%$		$h_{c1}/h\times100\%$		$b_{c2}/b\times100\%$		$h_{c2}/h\times100\%$	
	直齿轮	斜齿轮	直齿轮	斜齿轮	直齿轮	斜齿轮	直齿轮	斜齿轮
4 级及更高	50	50	70	50	40	40	50	20

续表 14—29

精度等级 \ 齿轮 \ 参数	$b_{c1}/b\times100\%$		$h_{c1}/h\times100\%$		$b_{c2}/b\times100\%$		$h_{c2}/h\times100\%$	
	直齿轮	斜齿轮	直齿轮	斜齿轮	直齿轮	斜齿轮	直齿轮	斜齿轮
5 和 6	45	45	50	40	35	35	30	20
7 和 8	35	35	50	40	35	35	30	20
9 和 12	25	25	50	40	25	25	30	20

表 14—30 齿坯尺寸和形状公差

齿轮精度等级		6	7	8	9	10
孔	尺寸公差、形状公差	IT6	IT7		IT8	
轴	尺寸公差、形状公差	IT5	IT6		IT7	
顶圆直径	作测量基准	IT8			IT9	
	不作测量基准	公差按 IT11 给定,但不大于 $0.1m_n$				

注:1. 当 3 个公差组的精度等级不同时,按最高的精度等级确定公差值。
2. 当以顶圆作基准面时,本栏就指顶圆的径向跳动。

表 14—31 齿坯径向和端面跳动公差 μm

分度圆直径/mm		齿轮精度等级			
大于	至	3、4	5、6	7、8	9～12
≤125		7	11	18	28
125	400	9	14	22	36
400	800	12	20	32	50
800	1600	18	28	45	71

齿顶圆直径偏差对齿轮重合度及齿轮顶隙都有影响,有时还作为测量、加工基准,因此也要给出公差,一般可以按 $\pm0.05m_n$ 给出。

14.4.7 图样标注

14.4.7.1 齿轮精度等级的标注示例

例如:

7GB/T 10095.1

表示齿轮各项偏差均应符合 GB/T 10095.1 的要求,精度均为 7 级。

$7F_p6(F_\alpha、F_\beta)$GB/T 10095.1

表示偏差 F_p、F_α 和 F_β 均应符合 GB/T 10095.1 的要求,其中 F_p 为 7 级,F_α 和 F_β 为 6 级。

$6(F_i''、f_i'')$GB/T 10095.2

表示偏差 F_i'' 和 f_i'' 均应符合 GB/T 10095.2 的要求,精度均为 6 级。

14.4.7.2 齿厚偏差的常用标注方法

例如 $S_{n\,E_{sni}}^{\;E_{sns}}$ $4.71_{-0.195}^{-0.082}$

其中,S_n 为法向公称齿厚;E_{sns} 为齿厚上偏差;E_{sni} 为齿厚下偏差。

例如 $W_{k\,E_{bni}}^{\;E_{bns}}$ $87.551_{-0.183}^{-0.077}$

其中,W_k 为跨 k 个齿的公法线公称长度;E_{bns} 为公法线长度上偏差;E_{bni} 为公法线长度下偏差。

14.5 圆锥齿轮的精度

圆锥齿轮精度标准 GB/T 11365－1989 适用于齿宽中点处法向模数 $m_n \geqslant 1$ mm 的直齿、斜齿、曲齿圆锥齿轮。

14.5.1 精度等级

GB/T 11365－1989 对齿轮及齿轮副规定了 12 个精度等级，第 1 级的精度最高，其余的依次降低。这里仅介绍课程设计中常用的 7、8、9 级精度。

按照误差特性及其对传动性能的影响，将圆锥齿轮及其齿轮副的公差项目分成 3 个公差组，见表 14－32。选择精度时，应考虑其传动功率、圆周速度、使用条件及其他技术要求等有关因素。选用时，允许各公差组有不同的精度等级。但对齿轮副中大、小齿轮的同一公差组，应规定相同的精度等级。

表 14－32 齿轮和齿轮副各项公差与极限偏差的分组

公差组	类别	公差与极限偏差项目	
		代号	名称
Ⅰ	齿轮	F'_i	切向综合公差
		$F''_{i\Sigma}$	轴交角综合公差
		F_p	周节累积公差
		F_{pk}	k 个周节累积公差
		F_r	齿圈径向跳动公差
	齿轮副	F'_{ic}	齿轮副切向综合公差
		$F''_{i\Sigma c}$	齿轮副轴交角综合公差
		F_{vj}	齿轮副侧隙变动公差
Ⅱ	齿轮	f'_i	切向相邻综合公差
		$f''_{i\Sigma}$	轴交角相邻齿综合公差
		f'_{zk}	周期误差的公差

公差组	类别	公差与极限偏差项目	
		代号	名称
Ⅱ	齿轮	$\pm f_{pt}$	周节极限偏差
		f_c	齿形相对误差的公差
	齿轮副	F'_{ic}	齿轮副切向综合公差
		$F''_{i\Sigma c}$	齿轮副轴交角综合公差
		f'_{zkc}	齿轮副周期误差的公差
		f'_{zzc}	齿轮副齿频周期误差的公差
		$\pm f_{AM}$	齿圈轴向位移极限偏差
Ⅲ	齿轮		接触斑点
	齿轮副	$\pm f_a$	齿轮副轴间距极限偏差
			接触斑点

注：1. $F'_i = F_p + 1.15 f_c$；2. $F''_{i\Sigma} = 0.7 F''_{i\Sigma c}$；3. $f_i = 0.8(f_{pt} + 1.15 f_c)$；4. $f''_{i\Sigma} = 0.7 f''_{i\Sigma c}$；5. $F'_{ic} = F'_{i1} + F'_{i2}$；6. $f'_{ic} = f'_{i1} + f'_{i2}$。

圆锥齿轮第Ⅱ公差组的精度主要根据圆周速度的大小进行选择，见表 14－33。

表 14－33 齿轮第Ⅱ公差组精度等级与圆周速度的关系

类别	齿面硬度 HB	第Ⅱ公差组精度等级			备注
		7	8	9	
		圆周速度≤(m/s)			
直齿	≤350	7	4	3	1. 圆周速度按齿轮平均直径计算； 2. 此表不属于国标，仅供参考。
	＞350	6	3	2.5	
非直齿	≤350	16	9	6	
	＞350	13	7	5	

14.5.2　齿轮和齿轮副的检验与公差

齿轮的检验与公差:根据齿轮的工作要求和生产规模,可在表 14－34 各公差组中任选一个检验组来评定和检验齿轮的精度等级。

表 14－34　齿轮各公差组的检验组

公差组	检验组	适用范围	公差组	检验组	适用范围
Ⅰ	$\Delta F'_i$	4～8 级精度	Ⅱ	Δf_i	4～8 级精度
	$\Delta F'_{i\Sigma}$	7～12 级精度的直齿圆锥齿轮		$\Delta f'_{i\Sigma}$	7～12 级精度的直齿圆锥齿轮
	ΔF_p	7～8 级精度		Δf_{pt}	7～12 级精度
	ΔF_r	7～12 级精度	Ⅲ	接触斑点	见表 14－40

齿轮副的检验与公差:齿轮副精度包括Ⅰ、Ⅱ、Ⅲ公差组和侧隙四个方面的要求。当齿轮副安装在实际装置上时,应检验安装误差项目 Δf_{AM}、Δf_a、ΔE_Σ。根据齿轮副的工作要求和生产规模,可在表 14－35 各公差组中任选一个检验组来评定和检验齿轮副的精度。

表 14－35　齿轮副各公差的检验组

公差组	检验组	适用范围	公差组	检验组	适用范围
Ⅰ	$\Delta F'_{ic}$	4～8 级精度	Ⅱ	Δf_{ic}	4～8 级精度
	$\Delta F'_{i\Sigma c}$	7～12 级精度的直齿圆锥齿轮副		$\Delta f'_{i\Sigma c}$	7～12 级精度的直齿圆锥齿轮副
	ΔF_{vj}	9～12 级精度	Ⅲ	接触斑点	4～12 级精度

齿轮和齿轮副各项公差的公差值:齿轮和齿轮副各项公差的公差值可参见表 14－36～表 14－40。

表 14－36　周节累积公差 F_p 和 k 个周节累积公差 F_{pk} 值　　μm

中点分度圆弧长度 L(mm)		第Ⅰ公差组精度等级		
大于	到	7	8	9
11.2	20	22	32	45
20	32	28	40	56
32	50	32	45	63
50	80	36	50	71
80	160	45	63	90
160	315	63	90	125
315	630	90	125	180

注:查 F_p 时,$L=\frac{1}{2}\pi d=\frac{\pi m_n Z}{2\cos\beta}$;查 F_{pk} 时,取 $L=\frac{k\pi m_n}{\cos\beta}$(没有特殊要求时,$k$ 值取 $Z/6$ 或取最接近的整齿数)。式中,m_n 为中点法向模数,β 为中点螺旋角。

表 14－37　齿圈径向跳动公差 F_r、周节极限偏差 $\pm f_{pt}$ 及齿形相对误差的公差 f_c 值　μm

中点分度圆直径 d(mm) 大于	到	中点法向模数 m_n(mm)	F_r Ⅰ组精度等级 7	8	9	$\pm f_{pt}$ Ⅱ组精度等级 7	8	9	f_c Ⅱ组精度等级 7	8
—	125	≥1～3.5	36	45	56	14	20	28	8	10
		>3.5～6.3	40	50	63	18	25	36	9	13
		>6.3～10	45	56	71	20	28	40	11	17
125	400	≥1～3.5	50	63	80	16	22	32	9	13
		>3.5～6.3	56	71	90	20	28	40	11	15
		>6.3～10	63	80	100	22	32	45	13	19

表 14－38　齿轮副轴交角综合公差 $F'_{i\Sigma c}$、侧隙变动公差 F_{vj} 及相邻齿轴交角综合公差 $f'_{i\Sigma c}$ 值　μm

中点分度圆直径① d(mm) 大于	到	中点法向模数 m_n(mm)	$F'_{i\Sigma c}$ Ⅰ组精度等级 7	8	9	$\pm F_{vj}$② Ⅰ组精度等级 9	10	11	$f'_{i\Sigma c}$ Ⅱ组精度等级 7	8	9
—	125	≥1～3.5	67	85	110	75	90	120	28	40	53
		>3.5～6.3	75	95	120	80	100	130	36	50	60
		>6.3～10	85	105	130	90	120	150	40	56	71
125	400	≥1～3.5	100	125	160	110	140	170	32	45	60
		>3.5～6.3	105	130	170	120	150	180	40	56	67
		>6.3～10	120	150	180	130	160	200	45	63	80

注:1. 表中①指查值时取大、小齿轮中点分度圆直径之和的一半作为查表直径。

2. 表中②指当两齿轮的齿数比为不大于 3 的整数且采用选配时,可将表中 F_{vj} 值压缩 25%或更多。

表 14－39　齿圈轴向位移极限偏差 $\pm f_{AM}$、轴间距极限偏差 $\pm f_a$ 和轴交角极限偏差 $\pm E_\Sigma$ 值　μm

中点锥距 R(mm)		$\pm f_{AM}$											$\pm f_a$			$\pm E_\Sigma$						
		分锥角 δ(度)		Ⅱ组精度等级 7			8			9			Ⅲ组精度等级			小轮分锥角 δ(度)		最小法向侧隙种类				
				中点法向模数 m_n(mm)																		
大于	到	大于	到	≥1～3.5	>3.5～6.3	>6.3～10	≥1～3.5	>3.5～6.3	>6.3～10	≥1～3.5	>3.5～6.3	>6.3～10	7	8	9	大于	到	h、e	d	c	b	a
		—	20	20	11	—	28	16	—	40	22	—				—	15	7.5	11	18	30	45
—	50	20	45	17	9.5	—	24	13	—	34	19	—	18	28	36	15	25	10	16	26	42	63
		45	—	7.1	4	—	10	5.6	—	14	8	—				25	—	12	19	30	50	80

续表 14－39

中点锥距 R(mm)		$\pm f_{AM}$											$\pm f_a$			$\pm E_{\Sigma}$		最小法向侧隙种类				
		分锥角 δ(度)		Ⅱ组精度等级									Ⅲ组精度等级			小轮分锥角 δ(度)						
				7			8			9												
50	100	—	20	67	38	24	95	53	34	140	75	50	20	30	45	—	15	10	16	26	42	63
		20	45	56	32	21	80	45	30	120	62	42				15	25	12	19	30	50	80
		45	—	24	13	8.5	34	17	12	48	26	17				25	—	15	22	32	60	95
100	200	—	20	150	80	53	220	120	75	300	160	105	25	36	55	—	15	12	19	30	50	80
		20	45	130	71	45	180	100	63	260	140	90				15	25	17	26	45	71	110
		45	—	53	30	19	75	40	26	105	60	38				25	—	20	32	50	80	125

注：1. 表中 $\pm f_{AM}$ 值用于 $\alpha=20°$ 的非修形齿轮；对于修形齿轮，允许采用低一级的 $\pm f_{AM}$ 值。

2. 表中 $\pm f_a$ 值用于无纵向修形的齿轮副；对于纵向修形的齿轮副，允许采用低一级的 $\pm f_a$ 值。

3. 表中 $\pm E_{\Sigma}$ 值的公差带位置相对于零线，可以不对称或取在一侧；表中 $\pm E_{\Sigma}$ 值用于 $\alpha=20°$ 的正交齿轮副。

表 14－40　接触斑点

第Ⅲ公差组精度等级	7	8、9
沿齿长方向(%)	50～70	35～65
沿齿高方向(%)	55～75	40～70

注：1. 表中数值用于齿面修形的齿轮；对于齿面不修形的齿轮，其接触斑点不小于其平均值。

2. 接触斑点的形状、位置和大小，由设计者根据齿轮的用途、载荷情况和齿轮刚性及齿线形状特点等条件自行规定，对于齿面修形的齿轮，在齿面大端、小端和齿顶边缘处，不允许出现接触斑点。

3. 表中列出的接触斑点数与精度等级的关系，仅供参考。

14.5.3　齿轮副侧隙

标准中规定了齿轮副的最小法向侧隙种类为 a、b、c、d、e 和 h 共 6 种，其中，以 a 为最大，h 为零。应该说明的是：最小法向侧隙种类与精度等级无关。而标准中规定了齿轮副的法向侧隙公差种类则为 5 种，即 A、B、C、D 和 H。推荐的法向侧隙公差种类与最小法向侧隙种类的对应关系如图 14.2 所示。最大法向侧隙 $j_{n\max}$ 可按下式计算：

$$j_{n\max}=(|E_{\bar{s}s1}+E_{\bar{s}s2}|+T_{\bar{s}1}+T_{\bar{s}2}+E_{\bar{s}\Delta1}+E_{\bar{s}\Delta2})\cos\alpha$$

式中，$E_{\bar{s}s}$ 为齿厚上偏差，$T_{\bar{s}}$ 为齿厚公差，$E_{\bar{s}\Delta}$ 为制造误差的补偿部分。$j_{n\max}$、$T_{\bar{s}}$、$E_{\bar{s}s}$ 和 $E_{\bar{s}\Delta}$ 值分别见表 14－41～表 14－44。

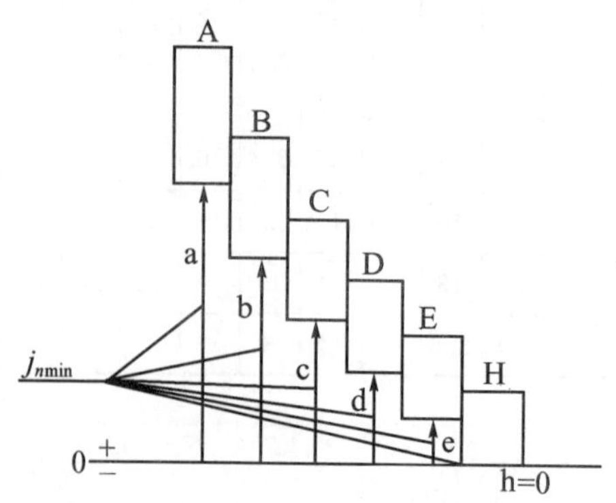

图 14.2　圆锥齿轮副的最小法向侧隙种类

表 14—41　最小法向侧隙 $j_{n\min}$　μm

中点锥距(mm)		小轮分锥角(度)		最小法向侧隙种类					
大于	到	大于	到	h	e	d	c	b	a
—	50	—	15	0	15	22	36	58	90
		15	25	0	21	33	52	84	130
		25	—	0	25	39	62	100	160
50	100	—	15	0	21	33	52	84	130
		15	25	0	25	39	62	100	160
		25	—	0	30	46	74	120	190
100	200	—	15	0	25	39	62	100	160
		15	25	0	35	54	87	140	220
		25	—	0	40	63	100	160	250

注：正交齿轮副按中点锥距 R 查表，非正交齿轮副按下式算出的 R' 查表：

$$R'=\frac{R}{2}(\sin 2\delta_1+\sin 2\delta_2)$$

式中 δ_1 和 δ_2 为小、大轮分锥角。

表 14—42　齿厚公差 T_s 值　μm

齿圈跳动公差		法向侧隙公差种类				
大于	到	H	D	C	B	A
32	40	42	55	70	85	110
40	50	50	65	80	100	130
50	60	60	75	95	120	150
60	80	70	90	110	130	181
80	100	90	110	140	170	220

表 14—43　齿厚上偏差 $E_{\bar{s}s}$ 值　μm

基本值	中点分度圆直径 d(mm)	≤125			>125～400		
	中点法向模数(mm) \ 分锥角 δ(度)	≤20	>20～45	>45	≤20	>20～45	>45
	≥1～3.5	−20	−20	−22	−28	−32	−30
	>3.5～6.3	−22	−22	−25	−32	−32	−30
	>6.3～10	−25	−25	−28	−36	−36	−34

系数	Ⅱ组精度等级	最小法向侧隙种类					
		h	e	d	c	b	a
	7	1.0	1.6	2.0	2.7	3.8	5.5
	8	—	—	2.2	3.0	4.2	6.0
	9	—	—	—	3.2	4.6	6.6

注：1. 各 $j_{n\min}$ 种类和各精度等级齿轮的 $E_{\bar{s}s}$ 值由基本值一栏查出的数值乘以系数得出。

2. 当轴交角公差带相对于零线不对称时，$E_{\bar{s}s}$ 应作修正。

3. 允许把大、小齿轮的齿厚上偏差之和重新分配在两个齿轮上。

表 14—44　最大法向侧隙($j_{n\max}$)中的制造误差补偿部分 $E_{\bar{s}\Delta}$ 值　μm

第Ⅱ公差组精度等级			7			8			9		
中点法向模数(mm)			≥1～3.5	>3.5～6.3	>6.3～10	≥1～3.5	>3.5～6.3	>6.3～10	≥1～3.5	>3.5～6.3	>6.3～10
中点分度圆直径(mm)	≤125	分锥角(度) ≤20	20	20	22	22	24	28	24	25	30
		>20～45	20	22	25	22	24	28	24	25	30
		>45	22	25	28	24	28	30	25	30	32
	>125～400	≤20	28	32	36	30	36	40	32	38	45
		>20～45	32	32	36	36	36	40	38	38	45
		>45	30	30	34	32	32	38	36	36	40

14.5.4 轮坯精度

圆锥齿轮在加工、检验和安装时的定位基准面应尽量一致，并在零件图上标注。有关轮坯精度的各项公差值如表 14－45～表 14－47 所示。

表 14－45 轮坯尺寸公差

精度等级	7、8	9～12
轴径尺寸公差	IT6	IT7
孔径尺寸公差	IT7	IT8
外径尺寸极限偏差	0 －IT8	0 －IT9

表 14－46 轮坯轮冠距和顶锥角极限偏差

中点法向模数 (mm)	轮冠距极限偏差 (μm)	顶锥角极限偏差 (分)
≤1.2	0 －50	＋15 0
＞1.2～10	0 －75	＋8 0

表 14－47 轮坯顶锥母线跳动和基准端面跳动公差

μm

项目	参数	尺寸范围		精度等级	
		大于	到	7、8	9～12
顶锥母线跳动公差	外径(mm)	—	30	25	50
		30	50	30	60
		50	120	40	80
		120	250	50	100
		250	500	60	120
基准端面跳动公差	基准端面直径(mm)	—	30	10	15
		30	50	12	20
		50	120	15	25
		120	250	20	30
		250	500	25	40

注：当 3 个公差组的精度等级不同时，按最高的精度等级确定公差值。

14.5.5 标注示例

在齿轮工作图上应标注齿轮的精度等级、最小法向侧隙种类及法向侧隙公差种类。

标注示例：

(1)齿轮的 3 个公差组精度同为 7 级，最小法向侧隙种类为 b，法向侧隙公差种类为 B，其标注为：

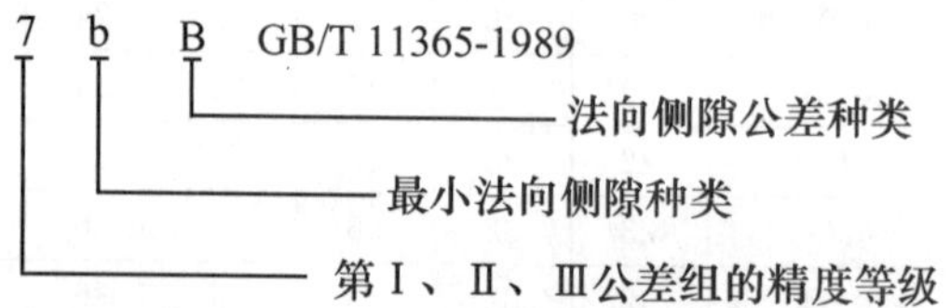

(2)齿轮的 3 个公差组同为 7 级，最小法向侧隙为 400μm，法向侧隙公差种类为 B，其标注为：

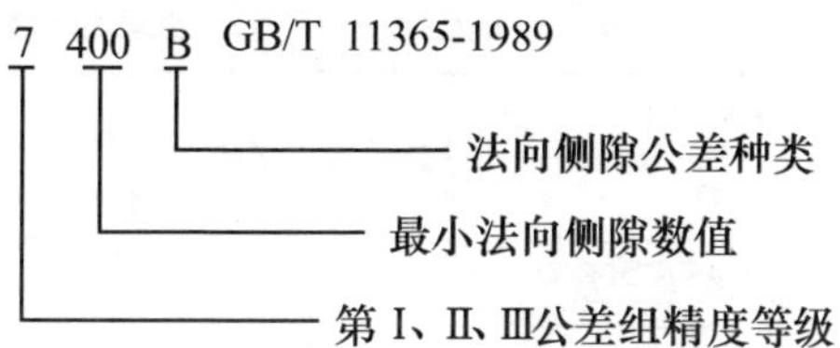

(3)齿轮的第Ⅰ公差组精度为8级，第Ⅱ、Ⅲ公差组精度为7级，最小法向侧隙种类为c，法向侧隙公差种类为B，其标注为：

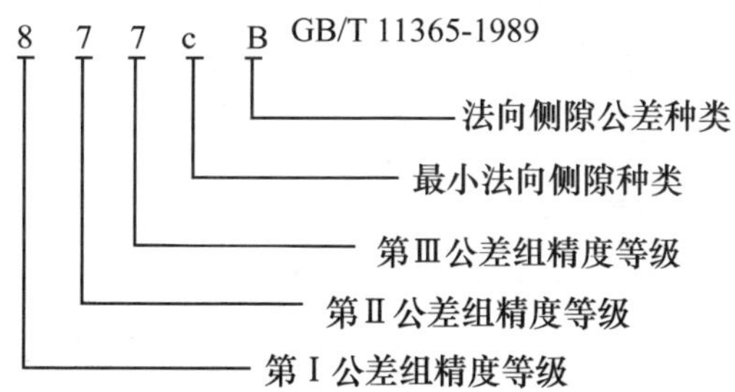

14.6 圆柱蜗杆和蜗轮的精度

圆柱蜗杆和蜗轮的精度标准 GB/T 10089－1988 适用于轴交角Σ为90°、模数$m \geqslant 1$ mm 的圆柱蜗杆和蜗轮及其传动副。蜗杆分度圆直径$d_1 \leqslant 400$ mm，蜗轮分度圆直径$d_2 <$ 4000 mm；基本蜗杆可为阿基米得蜗杆(ZA 蜗杆)、渐开线蜗杆(ZL 蜗杆)、法向直廓蜗杆(ZN 蜗杆)、锥面包络圆柱蜗杆(ZK 蜗杆)和圆弧圆柱蜗杆(ZC 蜗杆)。

14.6.1 精度等级

GB/T 10089－1988 对蜗杆、蜗轮和蜗杆传动规定了12个精度等级，第1级的精度最高，第12级的精度最低。蜗杆和配对蜗轮的精度等级一般相同(也允许不同)。对于有特殊要求的蜗杆传动，除F_r、F_i'、f_i'、f_r项目外，其蜗杆、蜗轮左右齿面的精度等级也可不同。

按公差特性对传动性能的影响，将蜗杆、蜗轮和蜗杆传动的公差(或极限偏差)分成3个公差组，见表14－48。根据使用要求的不同，允许各公差组选用不同的精度等级组合，但在同一公差组中，各项公差与极限偏差值应保持相同的精度等级。

表 14－48　蜗杆、蜗轮和蜗杆传动公差的分组

公差组	类别	公差与极限偏差项目		公差组	类别	公差与极限偏差项目	
		代号	名称			代号	名称
Ⅰ	蜗轮	F_i'	蜗轮切向综合公差	Ⅱ	蜗轮	f_i'	蜗轮一齿切向综合公差
		F_i''	蜗轮径向综合公差			f_i''	蜗轮一齿径向综合公差
		F_p	蜗轮齿距累积公差			f_{pt}	蜗轮齿距极限偏差
		F_{pk}	蜗轮 k 个齿距累积公差		传动	f_{ic}'	传动一齿径向综合公差
		F_r	蜗轮齿圈径向跳动公差		蜗杆	f_{f1}	蜗杆齿形公差
	传动	F_{ic}'	传动切向综合公差		蜗轮	f_{f2}	蜗轮齿形公差
Ⅱ	蜗杆	f_h	蜗杆一转螺旋线公差	Ⅲ	传动	接触斑点	
		f_{hL}	蜗杆螺旋线公差			f_a	传动中心距极限偏差
		f_{px}	蜗杆轴向齿距累积极限偏差			f_Σ	传动轴交角极限偏差
		f_{pxl}	蜗杆轴向齿距累积公差			f_x	传动中间平面极限偏差
		f_r	蜗杆齿槽径向跳动公差				

14.6.2　蜗杆和蜗轮的检验与公差

根据蜗杆传动的工作要求和生产规模，可在表 14－49 各公差组中任选一个检验组来评定和检验蜗杆和蜗轮的精度。当检验组中有两项或两项以上的误差时，应以检验组中最低的一项精度来评定蜗杆和蜗轮的精度等级。蜗杆和蜗轮的公差及极限偏差值分别见表 14－50和表 14－51。

表 14－49　蜗杆和蜗轮各公差组的检验组

	公差组	检验组	适用范围		公差组	检验组	适用范围
蜗杆	Ⅰ	—	—	蜗轮	Ⅰ	$\Delta F_i'$	
						ΔF_p、ΔF_{pk}	
						ΔF_p	5～12 级
						ΔF_r	9～12 级
	Ⅱ	Δf_h、Δf_{hL}	用于单头蜗杆			$\Delta F_i''$	7～12 级
		Δf_{px}、Δf_{hL}	用于多头蜗杆		Ⅱ	$\Delta f_i'$	
		Δf_{px}、Δf_{pxl}、Δf_r				$\Delta f_i''$	7～12 级
		Δf_{px}、Δf_{pxl}	7～9 级			Δf_{pt}	5～12 级
	Ⅲ	Δf_{f1}			Ⅲ	Δf_{f_2}	

注：当对蜗杆副的接触斑点有要求时，蜗轮的齿形误差 Δf_{f_2} 可不进行检验。

表 14－50　蜗杆的公差和极限偏差值

μm

第Ⅱ公差组																	第Ⅲ公差组		
蜗杆齿槽径向跳动公差 f_r					模数 m (mm)	蜗杆每一转螺旋线公差 f_h			蜗杆螺旋线公差 f_{hL}			蜗杆轴向齿距极限偏差 $\pm f_{px}$			蜗杆轴向齿距累积公差 f_{pxl}			蜗杆齿形公差 f_{f1}		
分度圆直径 d_1(mm)	模数 m(mm)	精度等级				精度等级														
		7	8	9		7	8	9	7	8	9	7	8	9	7	8	9	7	8	9
＞31.5～50	≥1～10	17	23	32	≥1～3.5	14	—	—	32	—	—	11	14	20	18	25	36	16	22	32
＞50～80	≥1～16	18	25	36	≥3.5～6.3	20	—	—	40	—	—	14	20	25	24	34	48	22	32	45
＞80～125	≥1～16	20	28	40	≥6.3～10	25	—	—	50	—	—	17	25	32	32	45	63	28	40	53
＞125～180	≥1～25	25	32	45	≥10～16	32	—	—	63	—	—	22	32	46	40	56	80	36	53	75

表 14－51　蜗轮的公差和极限偏差值

μm

第Ⅰ公差组															第Ⅱ公差组						第Ⅲ公差组		
分度圆弧长 L(mm)	蜗轮齿距累积公差 F_p 及 k 个齿距累积公差 F_{pk}			分度圆直径 d_2(mm)	模数 m (mm)	蜗轮径向综合公差 F_i''			蜗轮齿圈径向跳动公差 F_r			蜗轮一齿径向综合偏差 f_i''			蜗轮齿距极限偏差 $\pm f_{pt}$			蜗轮齿形公差 f_{f2}		
	精度等级					精度等级														
	7	8	9			7	8	9	7	8	9	7	8	9	7	8	9	7	8	9
＞11.2～20	22	32	45	≤125	≥1～3.5	56	71	90	40	50	63	20	28	36	14	20	28	11	14	22
＞20～32	28	40	56		＞3.5～6.3	71	90	112	50	63	80	25	36	45	18	25	36	14	20	32
＞32～50	32	45	63		＞6.3～10	80	100	125	56	71	90	28	40	50	20	28	40	17	22	36
＞50～80	36	50	71	＞125～400	≥1～3.5	63	80	100	45	56	71	22	32	40	16	22	32	13	18	28
＞80～160	45	63	90		＞3.5～6.3	80	100	125	56	71	90	28	40	50	20	28	40	16	22	36
＞160～315	63	90	125		＞6.3～10	90	112	140	63	80	100	32	45	56	22	32	45	19	28	45
＞315～630	90	125	180		10～16	100	125	160	71	90	112	36	50	63	25	36	50	22	32	50

注：1. F_p 和 F_{pk} 按分度圆弧长查表。查 F_p 时，取 $L=\frac{1}{2}\pi d_2=\frac{1}{2}\pi m Z_2$；查 F_{pk} 时，取 $L=k\pi m$（k 为 2 到小于 $Z_2/2$ 的整数）。

2. 除特殊情况外，对于 F_{pk}，k 值规定取为小于 $Z_2/6$ 的最大整数。

3. $F_i=F_p+f_{f2}$，$f_i'=0.6(f_{pt}+f_{f2})$。

14.6.3　蜗杆传动的检验与公差

蜗杆传动的精度主要以传动切向综合误差 $\Delta F_{ic}'$、传动一齿切向综合误差 $\Delta f_{ic}'$ 和传动接触斑点来评定。有关传动的检验项目与公差见表 14－52～表 14－54。

表 14－52　传动的检验项目与要求

检验项目	说明
$\Delta F_{ic}'$	对于 5 级和 5 级精度以下的传动，允许用 $\Delta F_i'$ 和 $\Delta f_i'$ 来代替 $\Delta F_{ic}'$ 和 $\Delta f_{ic}'$ 的检验，或以蜗杆和蜗轮相应公差组的检验组中最低结果来评定传动的第Ⅰ、Ⅱ公差组的精度等级。其中，$F_{ic}'=F_p+f_{ic}'$；$f_{ic}'=0.7(f_i'+f_h)$
$\Delta f_{ic}'$	

续表 14—52

检验项目	说明
接触斑点	
Δf_a	对于不可调中心距的蜗杆传动，检验接触斑点的同时，还要检验 Δf_a、Δf_x 和 Δf_Σ，对于接触斑点的要求，见表 14—53；f_a、f_x 和 f_Σ 值按表 14—54 的规定
Δf_x	
Δf_Σ	

注：对于进行 $\Delta F_{ic}'$、$\Delta f_{ic}'$ 和接触斑点检验的蜗杆传动，允许相应的第Ⅰ、Ⅱ、Ⅲ公差组的蜗杆、蜗轮检验组的 Δf_a、Δf_x、Δf_Σ 中任意一项的误差超差。

表 14—53　传动接触斑点

精度等级	接触面积百分比(%)		接触位置
	沿齿高不小于	沿齿长不小于	
7、8	55	50	接触斑点的痕迹应遍于啮出端，但不允许在齿顶和啮入、啮出端的棱边接触
9	45	40	

注：对于采用修形齿面的蜗杆传动，接触斑点的要求可不受本表的限制。

表 14—54　与传动有关的极限偏差 f_a、f_x 及 f_Σ 值　　μm

传动中心距 a(mm)	传动中心距极限偏差 $\pm f_a$			传动中间平面极限偏差 $\pm f_x$			蜗轮宽度 b_2 (mm)	传动轴交角极限偏差 $\pm f_\Sigma$		
	精度等级							精度等级		
	7	8	9	7	8	9		7	8	9
>30～50	31	50		25	40		≤30	12	17	24
>50～80	37	60		30	48		>30～50	14	19	28
>80～120	44	70		36	56		>50～80	16	22	32
>120～180	50	80		40	64		>80～120	19	24	36
>180～250	58	92		47	74		>120～180	22	28	42
>250～315	65	105		52	85		>180～250	25	32	48

注：f_a、f_x 和 f_Σ 应为正负值。

14.6.4　蜗杆传动副的侧隙

蜗杆传动副的侧隙种类按传动的最小法向侧隙大小分为八种：a、b、c、d、e、f、g 和 h。最小法向侧隙值以 a 为最大，h 为零，如图 14.3 所示。侧隙种类与精度等级无关。传动的最小法向侧隙由蜗杆齿厚的减薄量来保证。有关侧隙的各项内容见表 14—55～表 14—58。

表 14－55　齿厚偏差计算公式

项目名称		计算公式
蜗杆	齿厚上偏差	$E_{ss1}=-(j_{n\min}/\cos\alpha_n+E_{s\Delta})$
	齿厚下偏差	$E_{si1}=E_{ss1}-T_{s1}$
蜗轮	齿厚上偏差	$E_{ss2}=0$
	齿厚下偏差	$E_{si2}=-T_{s2}$

注：1. $E_{s\Delta}$ 为制造误差的补偿部分。

2. 对于可调中心距的传动或不要求互换的传动，允许传动的侧隙范围用 $j_{t\min}$（或 $j_{n\min}$）和 $j_{t\max}$（或 $j_{n\max}$）来规定，具体由设计确定，而且 T_{s2} 可不作规定，E_{ss1}、E_{si1} 由设计确定。

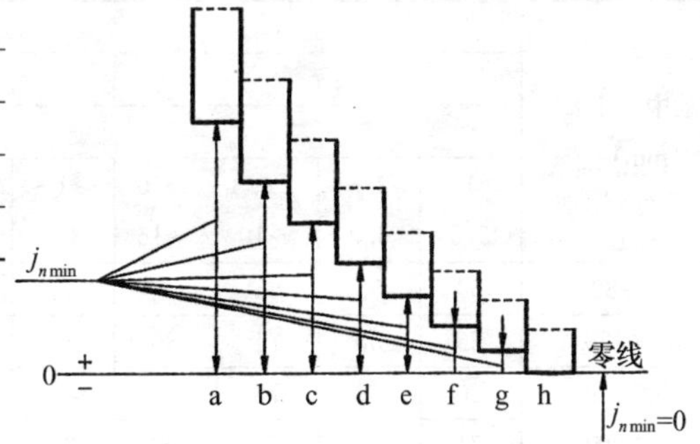

图 14.3　蜗杆副的最小法向侧隙种类

表 14－56　传动的最小法向侧隙 $j_{n\min}$ 值　μm

传动中心距 a(mm)	侧隙种类 h	g	f	e	d	c	b	a
≤30～50	0	11	16	25	39	62	100	160
>50～80	0	13	19	30	46	74	120	190
>80～120	0	15	22	35	54	87	140	220
>120～180	0	18	25	40	63	100	160	250
>180～250	0	20	29	46	72	115	185	290
>250～315	0	23	32	52	80	130	210	320

注：1. 表中数值系蜗杆传动在工作温度为 20℃的情况下，未计入传动发热和传动弹性变形的影响。

2. 传动最小圆周侧隙 $j_{t\min}\approx\dfrac{j_{n\min}}{\cos\gamma'\cos\alpha_n}$，式中，$\gamma'$ 为蜗杆节圆柱导程角，α_n 为蜗杆法向齿形角。

表 14－57　蜗杆齿厚公差 T_{s1} 和蜗轮齿厚公差 T_{s2} 值　μm

模数 m (mm)	蜗杆齿厚公差 T_{s1} 精度等级 7	8	9
≥1～3.5	45	53	67
>3.5～6.3	56	71	90
>6.3～10	71	90	110
>10～16	95	120	150

蜗轮分度圆直径 d_2(mm)	模数 m (mm)	蜗轮齿厚公差 T_{s2} 精度等级 7	8	9
≤125	≥1～3.5	90	110	130
	>3.5～6.3	110	130	160
	>6.3～10	120	140	170
>125～140	≥1～3.5	100	120	140
	>3.5～6.3	120	140	170
	>6.3～10	130	160	190
	>10～16	140	170	210

注：1. T_{s1} 按蜗杆第Ⅱ公差组精度等级确定，T_{s2} 按蜗轮第Ⅱ公差组精度等级确定。

2. 当传动最大法向侧隙 $j_{n\max}$ 无要求时，允许 T_{s1} 增大，但最大不超过表中值的 2 倍。

3. 在最小侧隙能保证的条件下，T_{s2} 公差带允许采用对称分布。

表 14－58　蜗杆齿厚上偏差(E_{ss1})中的制造误差补偿部分 $E_{s\Delta}$ 值　μm

<table>
<tr><td rowspan="4">传动中心距 a
(mm)</td><td colspan="12">精度等级</td></tr>
<tr><td colspan="4">7</td><td colspan="4">8</td><td colspan="4">9</td></tr>
<tr><td colspan="12">模数 m(mm)</td></tr>
<tr><td>≥1～3.5</td><td>>3.5～6.3</td><td>>6.3～10</td><td>>10～16</td><td>≥1～3.5</td><td>>3.5～6.3</td><td>>6.3～10</td><td>>10～16</td><td>≥1～3.5</td><td>>3.5～6.3</td><td>>6.3～10</td><td>>10～16</td></tr>
<tr><td>>50～80</td><td>50</td><td>58</td><td>65</td><td>—</td><td>58</td><td>75</td><td>90</td><td>—</td><td>90</td><td>100</td><td>120</td><td>—</td></tr>
<tr><td>>80～120</td><td>56</td><td>63</td><td>71</td><td>80</td><td>63</td><td>78</td><td>90</td><td>110</td><td>95</td><td>105</td><td>125</td><td>160</td></tr>
<tr><td>>120～180</td><td>60</td><td>68</td><td>75</td><td>85</td><td>68</td><td>80</td><td>95</td><td>115</td><td>100</td><td>110</td><td>130</td><td>165</td></tr>
<tr><td>>180～250</td><td>71</td><td>75</td><td>80</td><td>90</td><td>75</td><td>85</td><td>100</td><td>115</td><td>110</td><td>120</td><td>140</td><td>170</td></tr>
<tr><td>>250～315</td><td>75</td><td>80</td><td>85</td><td>95</td><td>80</td><td>90</td><td>100</td><td>120</td><td>120</td><td>130</td><td>145</td><td>180</td></tr>
</table>

注：精度等级按蜗杆的第Ⅱ公差组确定。

14.6.5　蜗杆和蜗轮齿坯的精度

蜗杆和蜗轮在加工、检验、安装时的径向、轴向基准面应尽可能一致，并应在相应的零件工作图上标注。其具体公差值见表 14－59 和表 14－60。

表 14－59　蜗杆和蜗轮齿轮齿坯的尺寸和形状公差

<table>
<tr><td colspan="2">精度等级</td><td>7</td><td>8</td><td>9</td></tr>
<tr><td rowspan="2">孔</td><td>尺寸公差</td><td colspan="2">IT7</td><td>IT8</td></tr>
<tr><td>形状公差</td><td colspan="2">IT6</td><td>IT7</td></tr>
<tr><td rowspan="2">轴</td><td>尺寸公差</td><td colspan="2">IT6</td><td>IT7</td></tr>
<tr><td>形状公差</td><td colspan="2">IT5</td><td>IT6</td></tr>
<tr><td colspan="2">齿顶圆直径公差</td><td colspan="2">IT8</td><td>IT9</td></tr>
</table>

注：1. 当三个公差组的精度等级不同时，按最高精度等级确定公差。
2. 当齿顶圆不作为测量齿厚的基准时，尺寸公差按 IT11 确定，但不得大于 0.1 mm。

表 14－60　蜗杆和蜗轮齿坯的基准面径向和端面跳动公差　μm

<table>
<tr><td rowspan="2">基准面直径 d
(mm)</td><td colspan="2">精度等级</td></tr>
<tr><td>7、8</td><td>9</td></tr>
<tr><td>≤31.5</td><td>7</td><td>10</td></tr>
<tr><td>>31.5～63</td><td>10</td><td>16</td></tr>
<tr><td>>63～125</td><td>14</td><td>22</td></tr>
<tr><td>>125～400</td><td>18</td><td>28</td></tr>
<tr><td>>400～800</td><td>22</td><td>36</td></tr>
</table>

注：1. 当三个公差组的精度等级不同时，按最高精度等级确定公差。
2. 当齿顶圆作为测量齿厚的基准时，齿顶圆也作为蜗杆、蜗轮的齿坯基准面。

14.6.6　标注示例

(1)在蜗杆和蜗轮的工作图上，应分别标注精度等级、齿厚极限偏差或相应的侧隙种类代号和本标准代号，其标注示例如下：

①蜗杆的第Ⅱ、Ⅲ公差组的精度等级为 5 级，齿厚极限偏差为标准值，相配的侧隙种类为 f，其标注为：

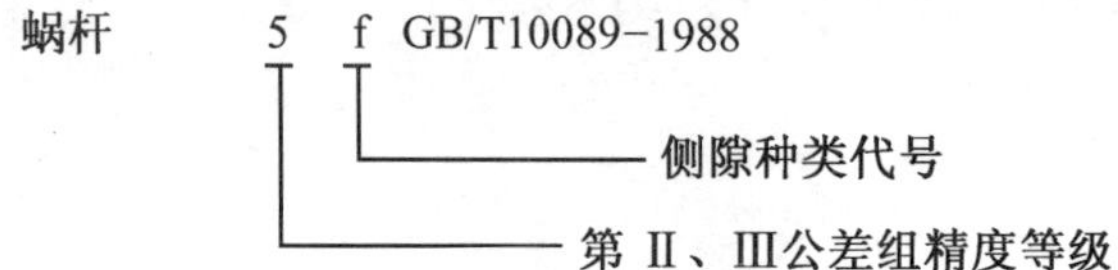

②若①中蜗杆的齿厚极限偏差为非标准值，如上偏差为 -0.27 mm，下偏差为 -0.40 mm，则标注为：

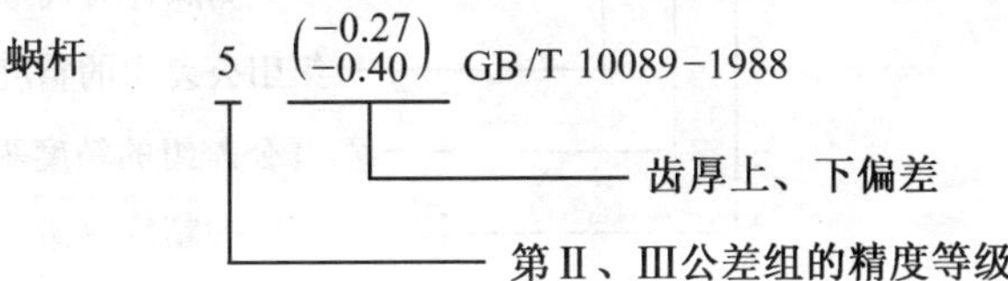

③蜗轮的三个公差组精度同为 5 级，齿厚极限偏差为标准值，相配的侧隙种类为 f，其标注为：

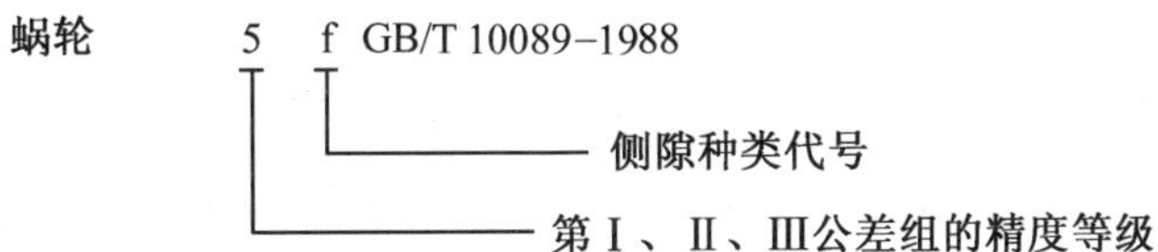

④蜗轮的第Ⅰ公差组的精度为 5 级，第Ⅱ、Ⅲ公差组的精度为 6 级，齿厚极限偏差为标准值，相配的侧隙种类为 f，其标注为：

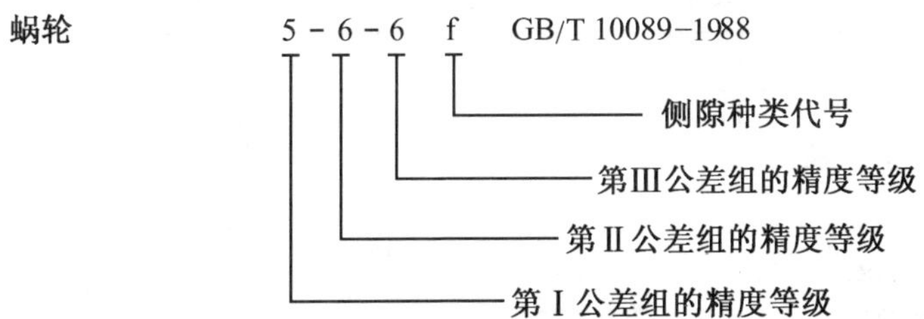

⑤若④中蜗轮的齿厚极限偏差为非标准值，如上偏差为 $+0.10$ mm，下偏差为 -0.10 mm，则标注为：

$$\text{蜗轮}\quad 5-6-6\binom{+0.10}{-0.10}\text{GB/T 10089}-1988$$

若④中蜗轮的齿厚无公差要求，则标注为：

蜗轮　5−6−6 GB/T 10089−1988

(2)对传动应标注出相应的精度等级、侧隙种类代号和本标准代号，其标注示例如下：

①传动的三个公差组精度同为 7 级，侧隙种类为 f，其标注为：

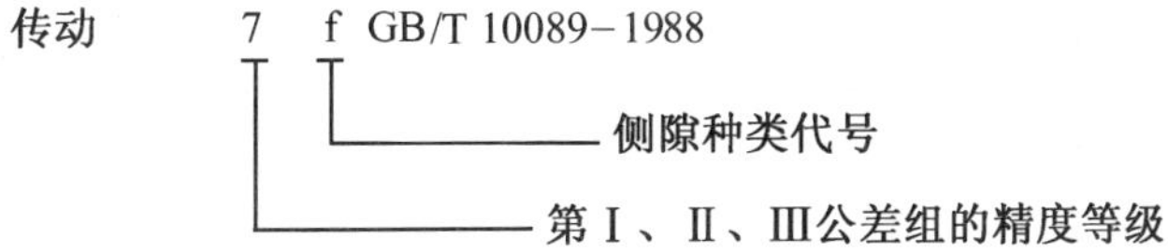

②传动的第Ⅰ公差组的精度为 5 级，第Ⅱ、Ⅲ公差组的精度为 6 级，侧隙种类为 f，其标注为：

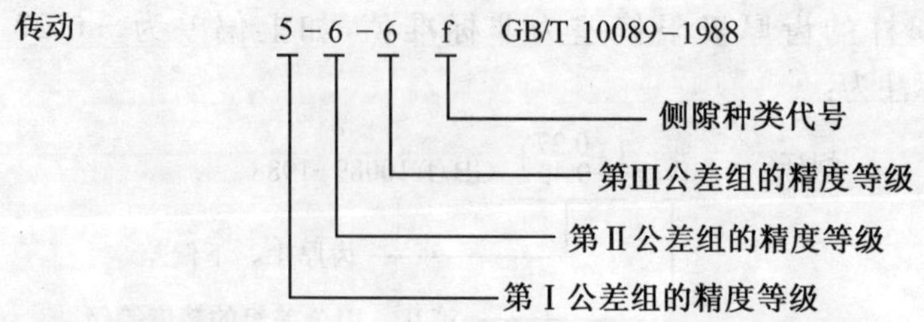

传动 5-6-6 f GB/T 10089-1988

- 5：第Ⅰ公差组的精度等级
- 6：第Ⅱ公差组的精度等级
- 6：第Ⅲ公差组的精度等级
- f：侧隙种类代号

③若②中的侧隙为非标准值，如 $j_{t\min}=0.03$ mm，$j_{t\max}=0.06$ mm，则标注为：

$$\text{传动}\quad 5-6-6\binom{0.03}{0.06}\ \text{GB/T 10089}-1988$$

14.6.7 应用示例

已知蜗杆传动为 $ZN_1 8\times 80R2/40$（ZN_1 为齿槽法向直廓蜗杆的代号，$m=8$ mm，$d_1=80$ mm，右旋，$Z_1=2$，$Z_2=40$），精度等级为传动 7fGB/T 10089－1988，传动中心距 $a=200$ mm，蜗轮齿宽 $b_2=60$ mm，其蜗杆、蜗轮及传动的各项公差与极限偏差值见表 14－61。

表 14－61 应用示例的公差或极限偏差

类型	项目名称	代号	公差或极限偏差(μm)	说明
蜗杆	螺旋线公差	f_{hL}	50	见表 14－50
	一转螺旋线公差	f_h	25	
	轴向齿距极限偏差	$\pm f_{px}$	±17	
	轴向齿距累积公差	f_{pxL}	32	
	齿槽径向跳动公差	f_r	18	
	齿形公差	f_{f1}	28	见表 14－50
	齿厚上偏差	E_{ss1}	±111	见表 14－55
	齿厚公差	T_{s1}	71	见表 14－57
	齿厚下偏差	E_{si1}	−182	$E_{si1}=E_{ss1}-T_{s1}$
蜗轮	切向综合公差	F_i'	109	$F_i'=F_p+f_{f2}$
	径向综合公差	F_i''	90	见表 14－51
	齿距累积公差	F_p	90	
	齿圈径向跳动公差	F_r	63	
	一齿切向综合公差	f_i'	25	$f_i'=0.6(f_{pt}-f_{f2})$
	一齿径向综合公差	f_i''	32	见表 14－51
	齿距极限偏差	$\pm f_{pt}$	±22	
	齿形公差	f_{f2}	19	见表 14－51
	齿厚极限偏差	E_{si2}	−130	$E_{ss2}=0$，$E_{si2}=-T_{s2}$
	齿厚公差	T_{s2}	130	见表 14－57

续表 14—61

类型	项目名称	代号	公差或极限偏差(μm)	说明
传动	传动切向综合公差	F'_{ic}	125	$F'_{ic}=F_p+f'_{ic}$
	传动一齿切向综合公差	f'_{ic}	35	$f'_{ic}=0.7(f_i-f_h)$
	接触斑点	沿齿高	55%	见表 14—53
		沿齿长	50%	
	中心距极限偏差	$\pm f_a$	±58	见表 14—54
	中间平面极限偏差	$\pm f_x$	±47	
	轴交角极限偏差	$\pm f_\Sigma$	±16	
	最小法向侧隙	$j_{n\min}$	29	见表 14—56

附录Ⅲ　电动机

表 1　Y 系列三相异步电动机的技术数据

<table>
<tr><th rowspan="2">型号</th><th rowspan="2">功率 kW</th><th colspan="4">满载时</th><th rowspan="2">堵转电流/额定电流</th><th rowspan="2">堵转转矩/额定转矩</th><th rowspan="2">最大转矩/额定转矩</th></tr>
<tr><th>电流
A</th><th>转速
r/min</th><th>效率
%</th><th>功率因数
cosφ</th></tr>
<tr><td colspan="9">同步转速 3000 r/min,2 级</td></tr>
<tr><td>Y801−2</td><td>0.75</td><td>1.9</td><td rowspan="2">2825</td><td>73</td><td>0.84</td><td rowspan="18">7.0</td><td rowspan="6">2.2</td><td rowspan="18">2.2</td></tr>
<tr><td>Y802−2</td><td>1.1</td><td>2.6</td><td>76</td><td>0.86</td></tr>
<tr><td>Y90S−2</td><td>1.5</td><td>3.4</td><td rowspan="2">2840</td><td>79</td><td>0.85</td></tr>
<tr><td>Y90L−2</td><td>2.2</td><td>4.7</td><td rowspan="2">82</td><td>0.86</td></tr>
<tr><td>Y100L−2</td><td>3</td><td>6.4</td><td>2880</td><td rowspan="2">0.87</td></tr>
<tr><td>Y112M−2</td><td>4</td><td>8.2</td><td>2890</td><td>85.5</td></tr>
<tr><td>Y132S1−2</td><td>5.5</td><td>11.1</td><td rowspan="2">2920</td><td>85.2</td><td rowspan="4">0.88</td><td rowspan="12">2.0</td></tr>
<tr><td>Y132S2−2</td><td>7.5</td><td>15</td><td>86.2</td></tr>
<tr><td>Y160M1−2</td><td>11</td><td>21.8</td><td rowspan="3">2930</td><td>87.2</td></tr>
<tr><td>Y160M2−2</td><td>15</td><td>29.4</td><td>88.2</td></tr>
<tr><td>Y160L−2</td><td>18.5</td><td>35.5</td><td rowspan="2">89</td><td rowspan="7">0.89</td></tr>
<tr><td>Y180M−2</td><td>22</td><td>42.2</td><td>2940</td></tr>
<tr><td>Y200L1−2</td><td>30</td><td>56.9</td><td rowspan="2">2950</td><td>90</td></tr>
<tr><td>Y200L2−2</td><td>37</td><td>69.8</td><td>90.5</td></tr>
<tr><td>Y225M−2</td><td>45</td><td>83.9</td><td rowspan="4">2970</td><td>91.5</td></tr>
<tr><td>Y250M−2</td><td>55</td><td>102.7</td><td rowspan="2">91.4</td></tr>
<tr><td>Y280S−2</td><td>75</td><td>140.1</td></tr>
<tr><td>Y280M−2</td><td>90</td><td>167</td><td>92</td><td></td></tr>
<tr><td colspan="9">同步转速 1500r/min,4 级</td></tr>
<tr><td>Y801−4</td><td>0.55</td><td>1.6</td><td rowspan="2">1390</td><td>70.5</td><td rowspan="2">0.76</td><td rowspan="3">6.5</td><td rowspan="3">2.2</td><td rowspan="3">2.2</td></tr>
<tr><td>Y802−4</td><td>0.75</td><td>2.1</td><td>72.5</td></tr>
<tr><td>Y90S−4</td><td>1.1</td><td>2.7</td><td>1400</td><td>79</td><td>0.78</td></tr>
</table>

续表 1

<table>
<tr><th rowspan="2">型号</th><th rowspan="2">功率 kW</th><th colspan="4">满载时</th><th rowspan="2">堵转电流/额定电流</th><th rowspan="2">堵转转矩/额定转矩</th><th rowspan="2">最大转矩/额定转矩</th></tr>
<tr><th>电流
A</th><th>转速
r/min</th><th>效率
%</th><th>功率因数
cosφ</th></tr>
<tr><td colspan="9">同步转速 1500 r/min，4 级</td></tr>
<tr><td>Y90L—4</td><td>1.5</td><td>3.7</td><td>1400</td><td>79</td><td>0.79</td><td>6.5</td><td rowspan="8">2.2</td><td rowspan="16">2.2</td></tr>
<tr><td>Y100L1—4</td><td>2.2</td><td>5.0</td><td rowspan="2">1420</td><td>81</td><td>0.82</td><td rowspan="15">7.0</td></tr>
<tr><td>Y100L2—4</td><td>3</td><td>6.8</td><td>82.5</td><td>0.81</td></tr>
<tr><td>Y112M—4</td><td>4</td><td>8.8</td><td rowspan="3">1440</td><td>84.5</td><td>0.82</td></tr>
<tr><td>Y132S—4</td><td>5.5</td><td>11.6</td><td>85.5</td><td>0.84</td></tr>
<tr><td>Y132M—4</td><td>7.5</td><td>15.4</td><td>87</td><td>0.85</td></tr>
<tr><td>Y160M—4</td><td>11</td><td>22.6</td><td rowspan="2">1460</td><td>88</td><td>0.84</td></tr>
<tr><td>Y160L—4</td><td>15</td><td>30.3</td><td>88.5</td><td>0.85</td></tr>
<tr><td>Y180M—4</td><td>18.5</td><td>35.9</td><td rowspan="3">1470</td><td>91</td><td rowspan="2">0.86</td><td rowspan="3">2.0</td></tr>
<tr><td>Y180L—4</td><td>22</td><td>42.5</td><td>91.5</td></tr>
<tr><td>Y200L—4</td><td>30</td><td>56.8</td><td>92.2</td><td rowspan="2">0.87</td></tr>
<tr><td>Y225S—4</td><td>37</td><td>69.8</td><td rowspan="5">1480</td><td>91.8</td><td rowspan="2">1.9</td></tr>
<tr><td>Y225M—4</td><td>45</td><td>84.2</td><td>92.3</td><td rowspan="3">0.88</td></tr>
<tr><td>Y250M—4</td><td>55</td><td>102.5</td><td>92.6</td><td>2.0</td></tr>
<tr><td>Y280S—4</td><td>75</td><td>139.7</td><td>92.7</td><td rowspan="2">1.9</td></tr>
<tr><td>Y280M—4</td><td>90</td><td>164.3</td><td>93.5</td><td>0.89</td></tr>
<tr><td colspan="9">同步转速 1000r/min，6 级</td></tr>
<tr><td>Y90S—6</td><td>0.75</td><td>2.3</td><td rowspan="2">910</td><td>72.5</td><td>0.70</td><td rowspan="4">6.0</td><td rowspan="6">2.0</td><td rowspan="6">2</td></tr>
<tr><td>Y90L—6</td><td>1.1</td><td>3.2</td><td>73.5</td><td>0.72</td></tr>
<tr><td>Y100L—6</td><td>1.5</td><td>4.0</td><td rowspan="2">940</td><td>77.5</td><td rowspan="2">0.74</td></tr>
<tr><td>Y112M—6</td><td>2.2</td><td>5.6</td><td>80.5</td></tr>
<tr><td>Y132S—6</td><td>3</td><td>7.2</td><td rowspan="2">960</td><td>83</td><td>0.76</td><td rowspan="2">6.5</td></tr>
<tr><td>Y132M1—6</td><td>4</td><td>9.4</td><td>84</td><td>0.77</td></tr>
</table>

续表 1

型号	功率 kW	满载时 电流 A	满载时 转速 r/min	满载时 效率 %	满载时 功率因数 cosφ	堵转电流/额定电流	堵转转矩/额定转矩	最大转矩/额定转矩
同步转速 1000 r/min,6 级								
Y132M2－6	5.5	12.6	960	85.3	0.78	6.5	2.0	2
Y160M－6	7.5	17.0	970	86				
Y160L－6	11	24.6		87				
Y180L－6	15	31.4		89.5	0.81		1.8	
Y200L1－6	18.5	37.7		89.8	0.83			
Y200L2－6	22	44.6		90.2				
Y225M－6	30	59.5	980		0.85		1.7	
Y250M－6	37	72		90.8	0.86		1.8	
Y280S－6	45	85.4		92	0.87			
Y280M－6	55	104.9		91.6				
同步转速 750r/min,8 级								
Y132S－8	2.2	5.8	710	81	0.71	5.5	2	2
Y132M－8	3	7.7		82	0.72			
Y160M1－8	4	9.9	720	84	0.73	6		
Y160M2－8	5.5	13.3		85	0.74			
Y160L－8	7.5	17.7		86	0.75	5.5		
Y180L－8	11	25.1	730	86.5	0.77	6	1.7	
Y200L－8	15	34.1		88	0.76		1.8	
Y225S－8	18.5	41.3		89.5			1.7	
Y225M－8	22	47.6		90	0.78		1.8	
Y250M－8	30	63		90.5	0.80			
Y280S－8	37	78.2	740	91	0.79			
Y280M－8	45	93.2		91.7	0.80			

表 2 机座带底脚、端盖无凸缘电动机的安装及外形尺寸

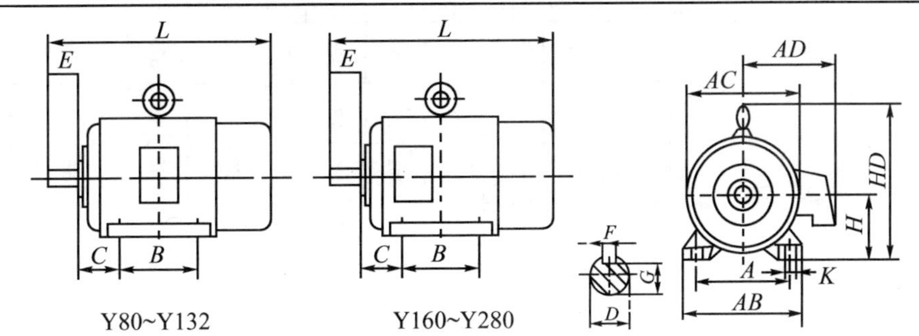

mm

<table>
<tr><th>机座号</th><th>极数</th><th>A</th><th>B</th><th>C</th><th colspan="2">D</th><th>E</th><th>F</th><th>G</th><th>H</th><th>K</th><th>AB</th><th>AC</th><th>AD</th><th>HD</th><th>L</th></tr>
<tr><td>80</td><td>2、4</td><td>125</td><td rowspan="2">100</td><td>50</td><td>19</td><td rowspan="5">+0.009
−0.004</td><td>40</td><td>6</td><td>15.5</td><td>80</td><td rowspan="3">10</td><td>165</td><td>165</td><td>150</td><td>170</td><td>285</td></tr>
<tr><td>90S</td><td rowspan="4">2、4、6</td><td rowspan="2">140</td><td rowspan="2">56</td><td rowspan="2">24</td><td rowspan="2">50</td><td rowspan="4">8</td><td rowspan="2">20</td><td rowspan="2">90</td><td rowspan="2">180</td><td rowspan="2">175</td><td rowspan="2">155</td><td rowspan="2">190</td><td>310</td></tr>
<tr><td>90L</td><td>125</td><td>335</td></tr>
<tr><td>100L</td><td>160</td><td rowspan="3">140</td><td>63</td><td rowspan="2">28</td><td rowspan="2">60</td><td rowspan="2">24</td><td>100</td><td rowspan="4">12</td><td>205</td><td>205</td><td></td><td>180</td><td>380</td></tr>
<tr><td>112M</td><td>190</td><td>70</td><td>112</td><td>245</td><td>230</td><td>190</td><td>265</td><td>400</td></tr>
<tr><td>132S</td><td rowspan="7">2、4、6、8</td><td rowspan="2">216</td><td rowspan="2">89</td><td rowspan="2">38</td><td rowspan="6">+0.018
+0.002</td><td rowspan="2">80</td><td rowspan="2">10</td><td rowspan="2">33</td><td rowspan="2">132</td><td rowspan="2">280</td><td rowspan="2">270</td><td rowspan="2">210</td><td rowspan="2">315</td><td>475</td></tr>
<tr><td>132M</td><td>178</td><td>515</td></tr>
<tr><td>160M</td><td rowspan="2">254</td><td>210</td><td rowspan="2">103</td><td rowspan="2">42</td><td rowspan="5">110</td><td rowspan="2">12</td><td rowspan="2">37</td><td rowspan="2">160</td><td rowspan="4">15</td><td rowspan="2">330</td><td rowspan="2">325</td><td rowspan="2">255</td><td rowspan="2">385</td><td>600</td></tr>
<tr><td>160L</td><td>254</td><td>645</td></tr>
<tr><td>180M</td><td rowspan="2">279</td><td>241</td><td rowspan="2">121</td><td rowspan="2">48</td><td rowspan="2">14</td><td rowspan="2">42.5</td><td rowspan="2">180</td><td rowspan="2">355</td><td rowspan="2">360</td><td rowspan="2">285</td><td rowspan="2">430</td><td>670</td></tr>
<tr><td>180L</td><td>279</td><td>710</td></tr>
<tr><td>200L</td><td>318</td><td>305</td><td>133</td><td>55</td><td rowspan="10">+0.030
+0.011</td><td>16</td><td>49</td><td>200</td><td rowspan="4">19</td><td>395</td><td>400</td><td>310</td><td>475</td><td>775</td></tr>
<tr><td>225S</td><td>4、8</td><td rowspan="3">356</td><td>286</td><td rowspan="3">149</td><td>60</td><td>140</td><td>18</td><td>53</td><td rowspan="3">225</td><td rowspan="3">435</td><td rowspan="3">450</td><td rowspan="3">345</td><td rowspan="3">530</td><td>820</td></tr>
<tr><td rowspan="2">225M</td><td>2</td><td rowspan="2">311</td><td>55</td><td>110</td><td>16</td><td>49</td><td>815</td></tr>
<tr><td>4、6、8</td><td rowspan="2">60</td><td rowspan="7">140</td><td rowspan="4">18</td><td rowspan="2">53</td><td>845</td></tr>
<tr><td rowspan="2">250M</td><td>2</td><td rowspan="2">406</td><td rowspan="2">349</td><td rowspan="2">168</td><td rowspan="2">250</td><td rowspan="6">24</td><td rowspan="2">490</td><td rowspan="2">495</td><td rowspan="2">385</td><td rowspan="2">575</td><td rowspan="2">930</td></tr>
<tr><td>4、6、8</td><td rowspan="2">65</td><td rowspan="2">58</td></tr>
<tr><td rowspan="2">280S</td><td>2</td><td rowspan="4">457</td><td rowspan="2">368</td><td rowspan="4">190</td><td rowspan="4">280</td><td rowspan="4">550</td><td rowspan="4">555</td><td rowspan="4">410</td><td rowspan="4">640</td><td rowspan="2">1000</td></tr>
<tr><td>4、6、8</td><td>75</td><td>20</td><td>67.5</td></tr>
<tr><td rowspan="2">280M</td><td>2</td><td rowspan="2">419</td><td>65</td><td>18</td><td>58</td><td rowspan="2">1050</td></tr>
<tr><td>4、6、8</td><td>75</td><td>20</td><td>37.5</td></tr>
</table>

表 3　机座带底脚、端盖有凸缘电动机的安装及外形尺寸

T80~Y132　　T160~Y280

mm

机座号	极数	A	B	C	D		E	F	G	H	K	M	N	P	R	S	T	凸缘孔数	AB	AC	AD	HD	L
80	2、4	125	100	50	19	+0.009 −0.004	40	6	15.5	80	10	165	130 +0.014 −0.011	200	0	12	3.5	4	165	165	150	170	285
90S	2、4、6	140		56	24		50	8	20	90									180	175	155	190	310
90L			125																				335
100L		160	140	63	28		60		24	100	12	215	180 +0.014 −0.011	250		15	4		205	205	180	245	380
112M		190		70						112									245	230	190	265	400
132S	2、4、6、8	216		89	38		80	10	33	132		265	230 +0.016 −0.013	300					280	270	210	315	475
132M			178																				515
160M		254	210	108	42	+0.018 −0.002	110	12	37	160	15	300	250 +0.016 −0.013	350					330	325	255	385	600
160L			254																				645
180M		279	241	121	48			14	42.5	180									355	360	285	430	670
180L			279																				710
200L		318	305	133	55	+0.030 −0.011		16	49	200	19	350	300±0.016	400					395	400	310	475	775
225S	4、8	356	286	149	60		140	18	53	225		400	350±0.008	450		19	6	8	435	450	345	530	820
225M	2		311		55		110	16	49														815
	4、6、8				60		140	18	53														845
250M	2	406	349	168						250	24	500	450±0.020	550					490	495	385	575	930
	4、6、8				65				58														
280S	2	457	368	190						280									550	555	410	640	1000
	4、6、8				75			20	67.5														
280M	2		419		65			18	58														1050
	4、6、8				75			20	67.5														

注：Y80～Y200 时，$\gamma=45°$；Y225～Y280 时，$\gamma=22.5°$。

表 4　机座不带底脚、端盖有凸缘电动机的安装及外形尺寸

mm

机座号	极数	D		E	F	G	M	N	P	R	S	T	凸缘孔数	AC	AD	HE	L
80	2、4	19	$^{+0.009}_{-0.004}$	40	6	15.5	165	$130^{+0.014}_{-0.011}$	200	0	12	3.5	4	165	150	185	285
90S	2、4、6	24		50	8	20								175	155	195	310
90L																	335
100L		28		60		24	215	$180^{+0.014}_{-0.011}$	250		15	4		205	180	245	380
112M														230	190	265	400
132S	2、4、6、8	38	$^{+0.018}_{+0.002}$	80	10	33	265	$230^{+0.016}_{-0.013}$	300					270	210	315	475
132M																	515
160M		43		110	12	37	300	$250^{+0.016}_{-0.013}$	350		19	5		325	255	385	600
160L																	645
180M		48			14	42.5								360	285	430	670
180L																	710
200L		55	$^{+0.030}_{+0.011}$		16	49	350	300±0.016	400					400	310	480	775
225S	4、8	60		140	18	53	400	350±0.018	450				8	450	345	535	820
225M	2	55		110	16	49											815
	4、6、8	60		140	18	53											845

注：Y80～Y200 时，$\gamma=45°$；Y225 时，$\gamma=22.5°$。

表 5　立式安装、机座不带底脚、端盖有凸缘、轴伸向下电动机的安装及外形尺寸

mm

<table>
<tr><th>机座号</th><th>极数</th><th colspan="2">D</th><th>E</th><th>F</th><th>G</th><th>M</th><th>N</th><th>P</th><th>R</th><th>S</th><th>T</th><th>凸缘孔数</th><th>AC</th><th>AD</th><th>HE</th><th>L</th></tr>
<tr><td>180M</td><td rowspan="3">2、4、6、8</td><td rowspan="2">48</td><td rowspan="2">+0.018
+0.002</td><td rowspan="3">100</td><td rowspan="2">14</td><td rowspan="2">42.5</td><td rowspan="2">300</td><td rowspan="2">250 +0.016 −0.013</td><td rowspan="2">350</td><td rowspan="12">0</td><td rowspan="12">19</td><td rowspan="12">5</td><td rowspan="3">4</td><td rowspan="2">360</td><td rowspan="2">285</td><td rowspan="2">500</td><td>730</td></tr>
<tr><td>180L</td><td>770</td></tr>
<tr><td>200L</td><td>55</td><td rowspan="10">+0.030
+0.011</td><td>16</td><td>49</td><td>350</td><td>300±0.016</td><td>400</td><td>400</td><td>310</td><td>550</td><td>850</td></tr>
<tr><td>225S</td><td>4、8</td><td>60</td><td>140</td><td>18</td><td>53</td><td rowspan="3">400</td><td rowspan="3">350±0.018</td><td rowspan="3">450</td><td rowspan="9">8</td><td rowspan="3">450</td><td rowspan="3">345</td><td rowspan="3">610</td><td>910</td></tr>
<tr><td rowspan="2">225M</td><td>2</td><td>55</td><td>110</td><td>16</td><td>49</td><td>905</td></tr>
<tr><td>4、6、8</td><td rowspan="2">60</td><td rowspan="7">140</td><td rowspan="4">18</td><td rowspan="2">53</td><td>935</td></tr>
<tr><td rowspan="2">250M</td><td>2</td><td rowspan="6">500</td><td rowspan="6">450±0.020</td><td rowspan="6">550</td><td rowspan="2">495</td><td rowspan="2">385</td><td rowspan="2">650</td><td rowspan="2">1035</td></tr>
<tr><td>4、6、8</td><td rowspan="2">65</td><td rowspan="2">58</td></tr>
<tr><td rowspan="2">280S</td><td>2</td><td rowspan="4">555</td><td rowspan="4">410</td><td rowspan="4">720</td><td rowspan="2">1120</td></tr>
<tr><td>4、6、8</td><td>75</td><td>20</td><td>67.5</td></tr>
<tr><td rowspan="2">280M</td><td>2</td><td>65</td><td>18</td><td>58</td><td rowspan="2">1170</td></tr>
<tr><td>4、6、8</td><td>75</td><td>20</td><td>67.5</td></tr>
</table>

注：Y180～Y200 时，$\gamma=45°$；Y225～Y280 时，$\gamma=22.5°$。

附录Ⅳ

减速器及零件参考图

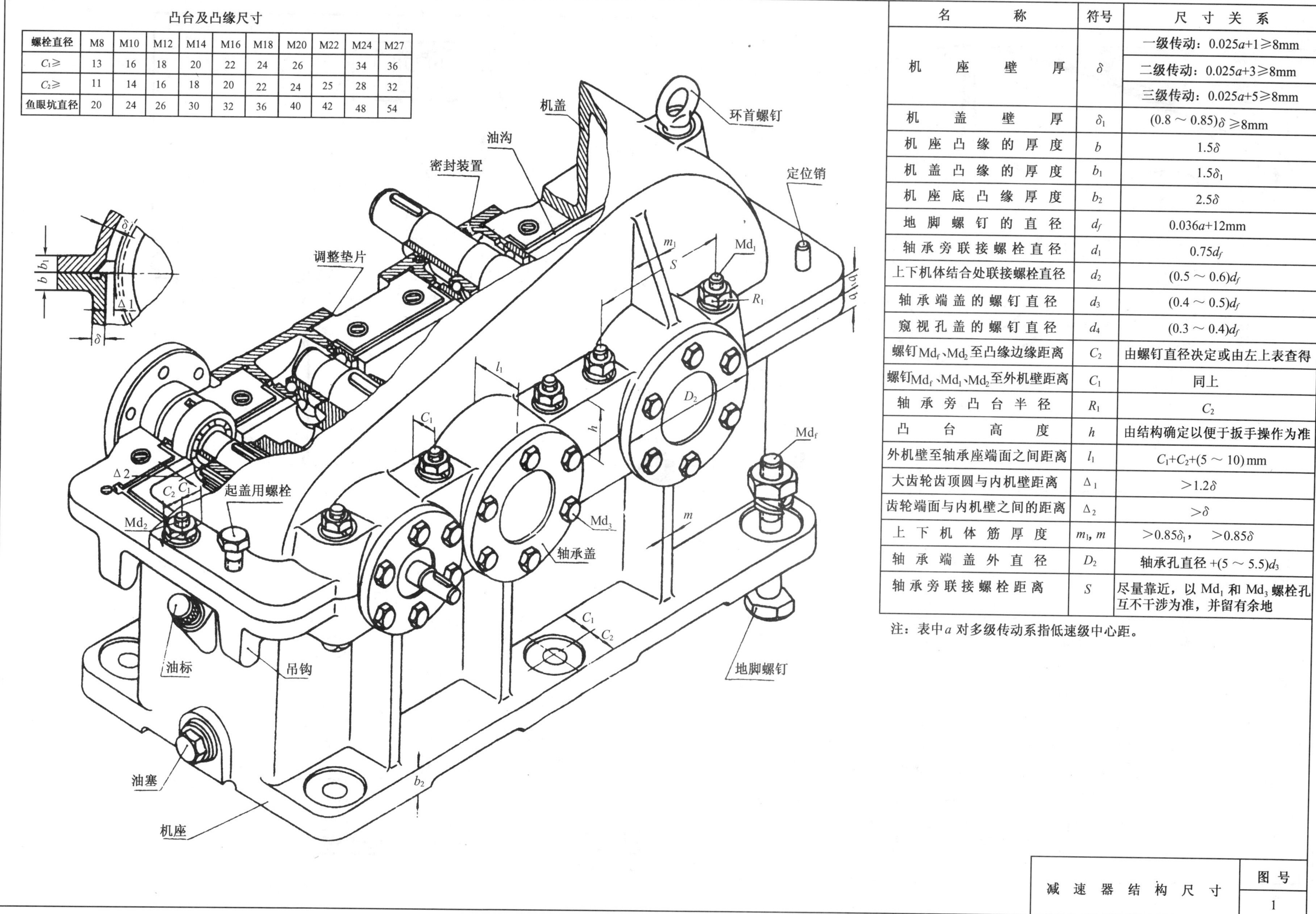

凸台及凸缘尺寸

螺栓直径	M8	M10	M12	M14	M16	M18	M20	M22	M24	M27
$C_1 \geqslant$	13	16	18	20	22	24	26		34	36
$C_2 \geqslant$	11	14	16	18	20	22	24	25	28	32
鱼眼坑直径	20	24	26	30	32	36	40	42	48	54

名　　称	符号	尺寸关系
机座壁厚	δ	一级传动：$0.025a+1 \geqslant 8$mm
		二级传动：$0.025a+3 \geqslant 8$mm
		三级传动：$0.025a+5 \geqslant 8$mm
机盖壁厚	δ_1	$(0.8 \sim 0.85)\delta \geqslant 8$mm
机座凸缘的厚度	b	1.5δ
机盖凸缘的厚度	b_1	$1.5\delta_1$
机座底凸缘厚度	b_2	2.5δ
地脚螺钉的直径	d_f	$0.036a+12$mm
轴承旁联接螺栓直径	d_1	$0.75d_f$
上下机体结合处联接螺栓直径	d_2	$(0.5 \sim 0.6)d_f$
轴承端盖的螺钉直径	d_3	$(0.4 \sim 0.5)d_f$
窥视孔盖的螺钉直径	d_4	$(0.3 \sim 0.4)d_f$
螺钉Md_f、Md_2至凸缘边缘距离	C_2	由螺钉直径决定或由左上表查得
螺钉Md_f、Md_1、Md_2至外机壁距离	C_1	同上
轴承旁凸台半径	R_1	C_2
凸台高度	h	由结构确定以便于扳手操作为准
外机壁至轴承座端面之间距离	l_1	$C_1+C_2+(5 \sim 10)$ mm
大齿轮齿顶圆与内机壁距离	Δ_1	$>1.2\delta$
齿轮端面与内机壁之间的距离	Δ_2	$>\delta$
上下机体筋厚度	m_1, m	$>0.85\delta_1$，　$>0.85\delta$
轴承端盖外直径	D_2	轴承孔直径 $+(5 \sim 5.5)d_3$
轴承旁联接螺栓距离	S	尽量靠近，以 Md_1 和 Md_3 螺栓孔互不干涉为准，并留有余地

注：表中a对多级传动系指低速级中心距。

减速器结构尺寸	图号
	1

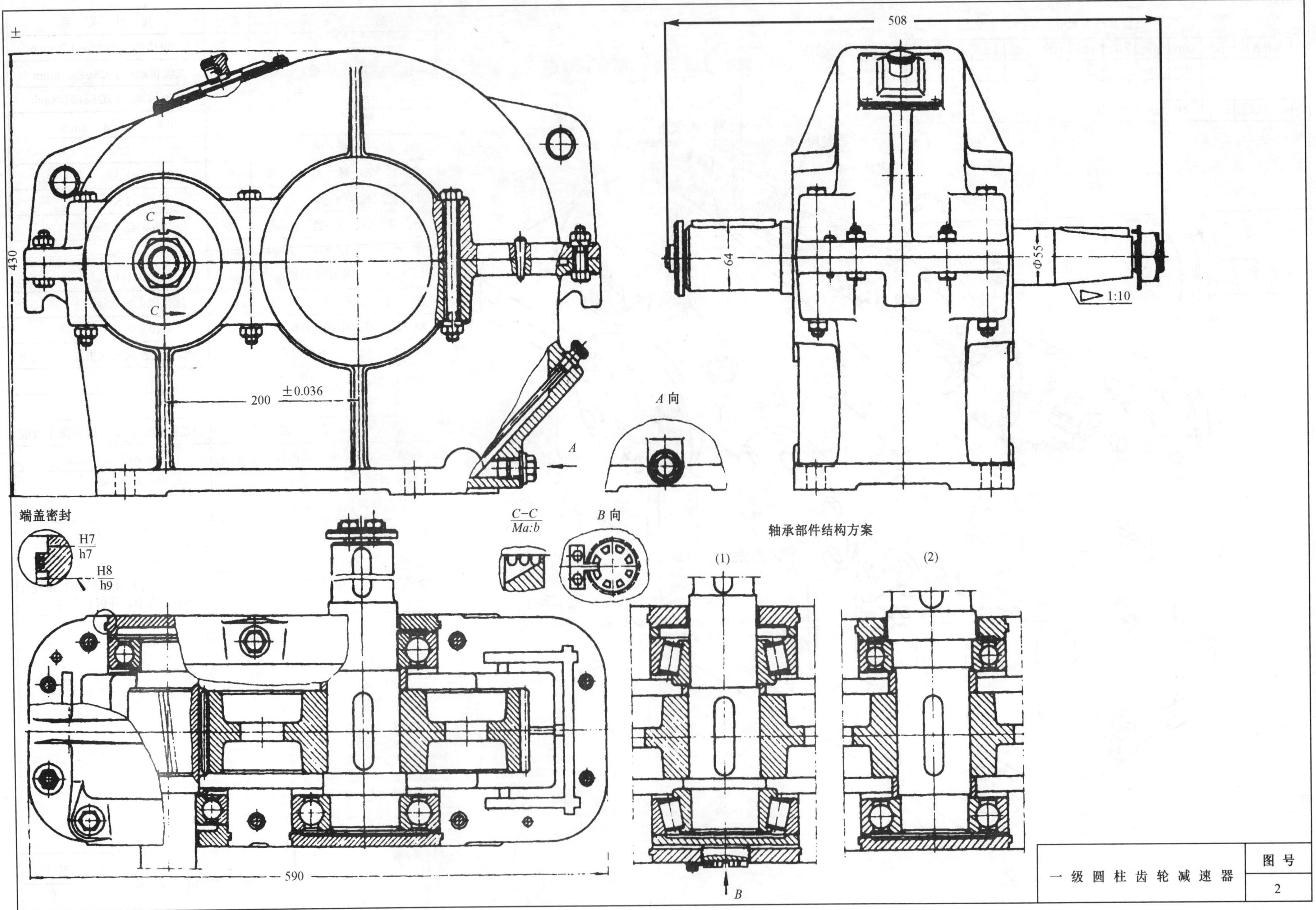
508
430
64
Φ55
1:10
C
C
200 ±0.036
A
A 向
端盖密封
H7/h7
H8/h9
C−C
Ma:b
B 向
轴承部件结构方案
(1)
(2)
B
590
一级圆柱齿轮减速器
图号
2

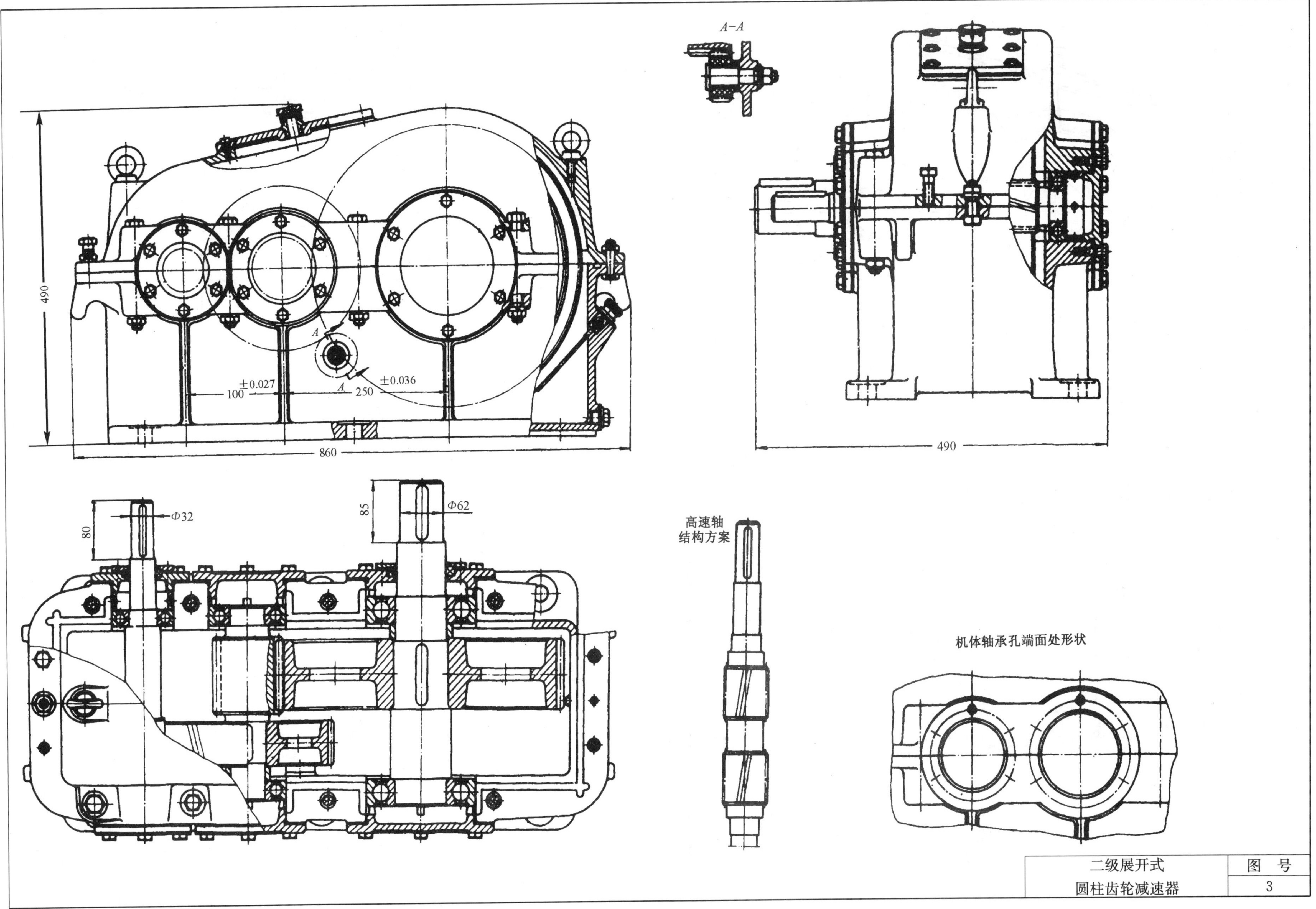

二级展开式	图　号
圆柱齿轮减速器	3

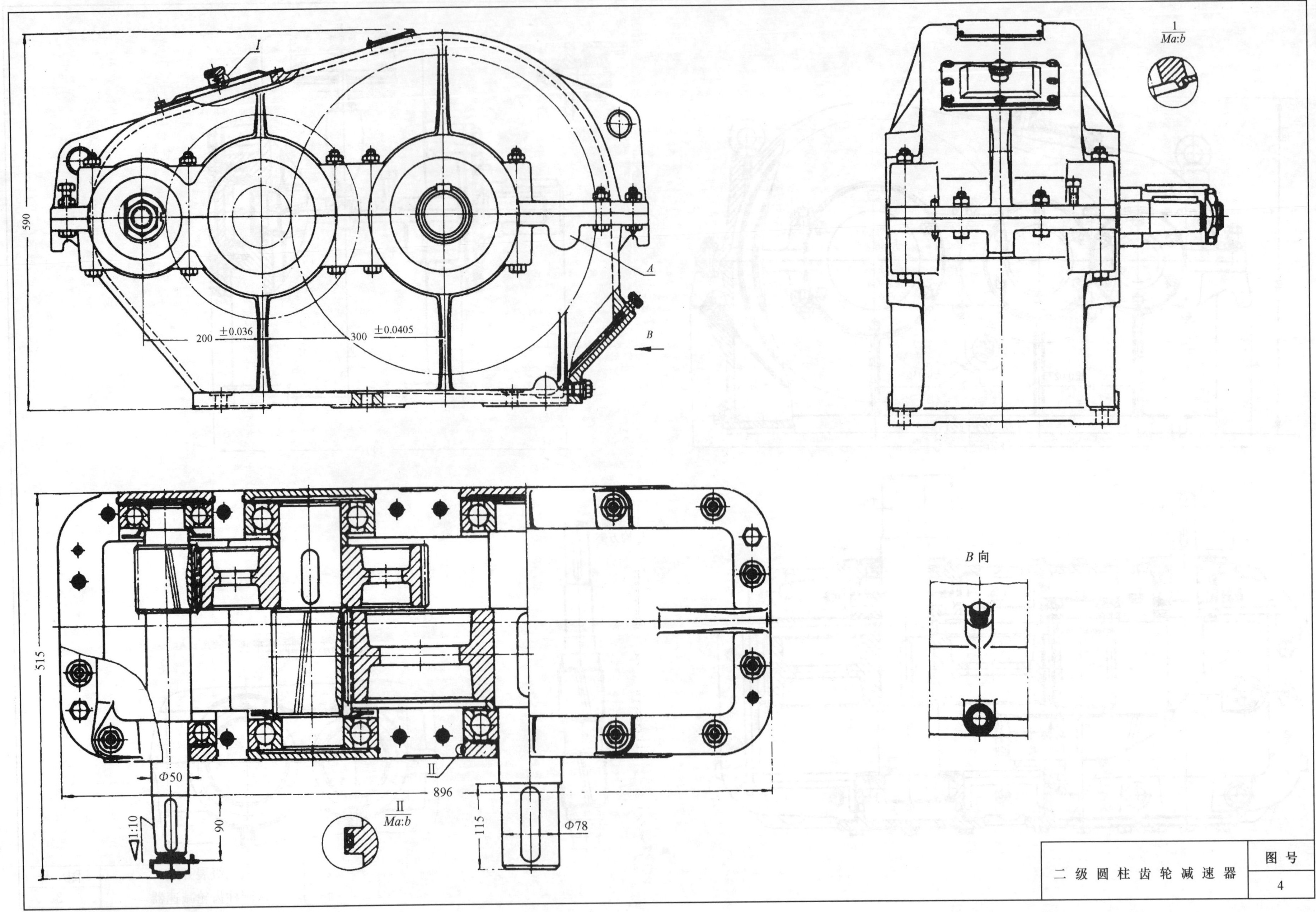

二级圆柱齿轮减速器	图号
	4

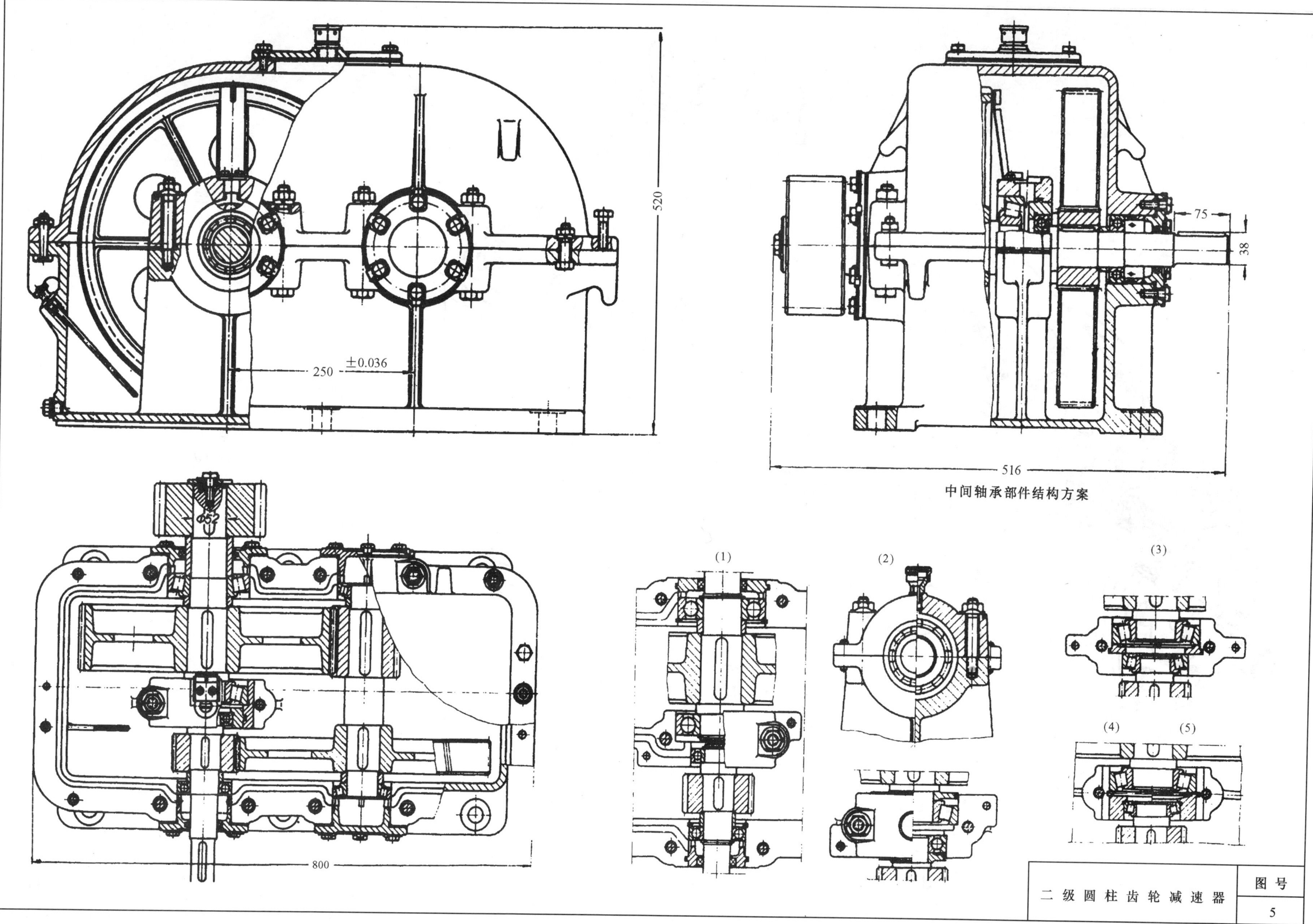
520
250
±0.036
75
38
516
中间轴承部件结构方案
(1)
(2)
(3)
(4)
(5)
800
二级圆柱齿轮减速器
图号
5

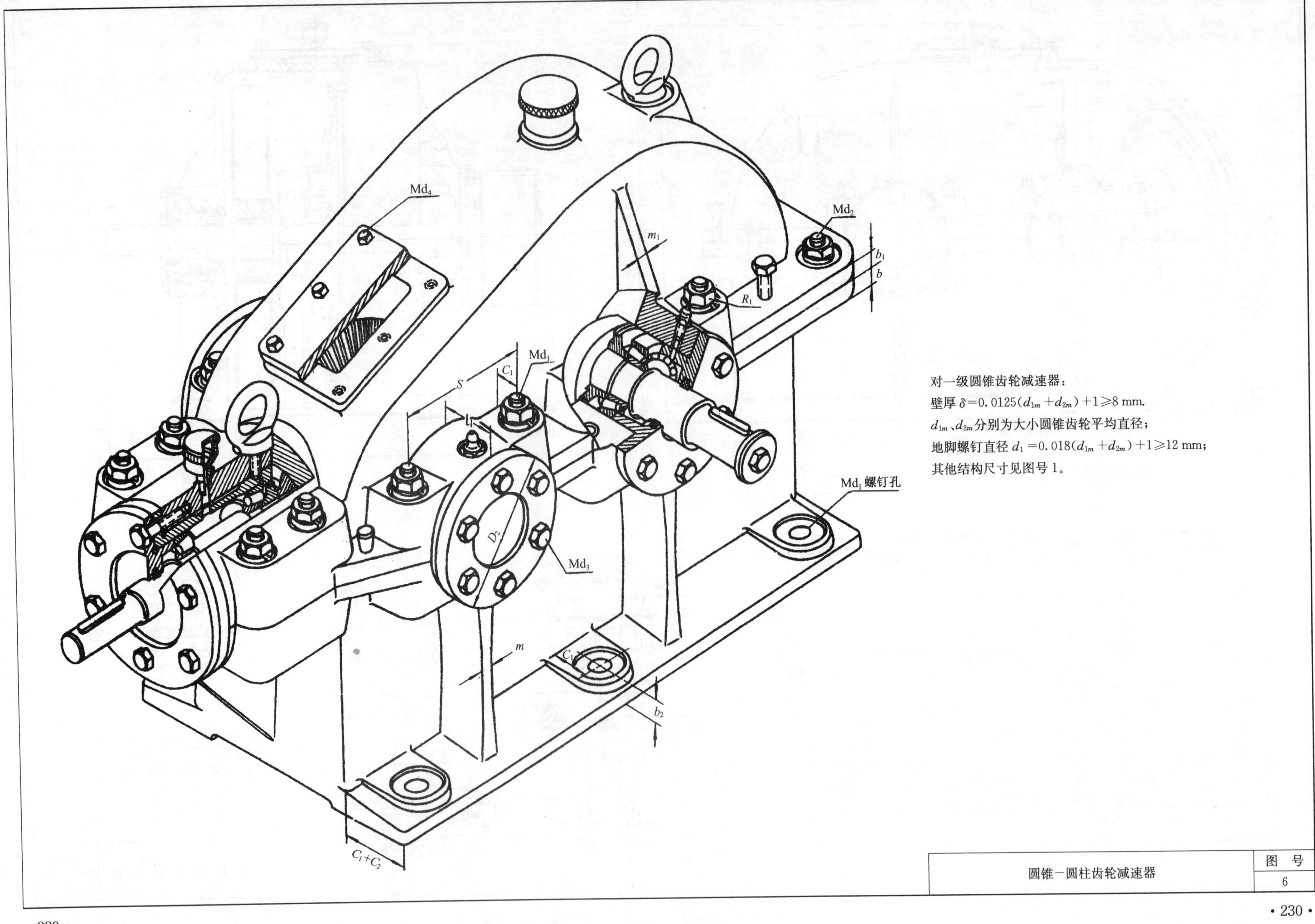
Md4
Md2
m1
b1
b
R1
Md1
C1
S
L1
D2
Md3
Md1螺钉孔
m
C1
b2
C1+C2
对一级圆锥齿轮减速器：
壁厚 $\delta=0.0125(d_{1m}+d_{2m})+1\geqslant 8$ mm.
d_{1m}、d_{2m}分别为大小圆锥齿轮平均直径；
地脚螺钉直径 $d_1=0.018(d_{1m}+d_{2m})+1\geqslant 12$ mm；
其他结构尺寸见图号 1。
圆锥—圆柱齿轮减速器
图 号
6

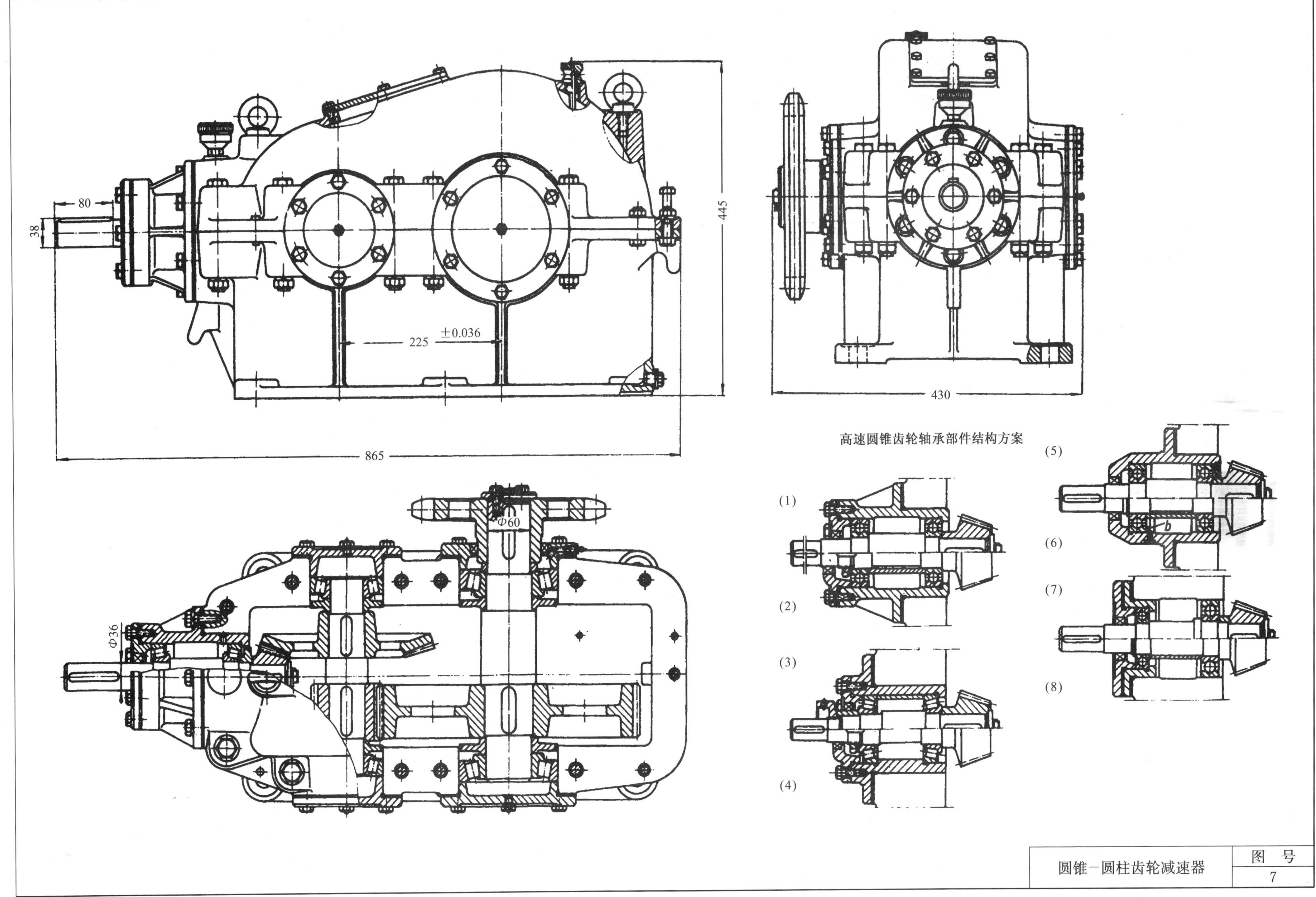
80
38
445
225
±0.036
865
430
Φ60
Φ36
高速圆锥齿轮轴承部件结构方案
(1)
(2)
(3)
(4)
(5)
(6)
(7)
(8)
b
圆锥—圆柱齿轮减速器
图 号
7

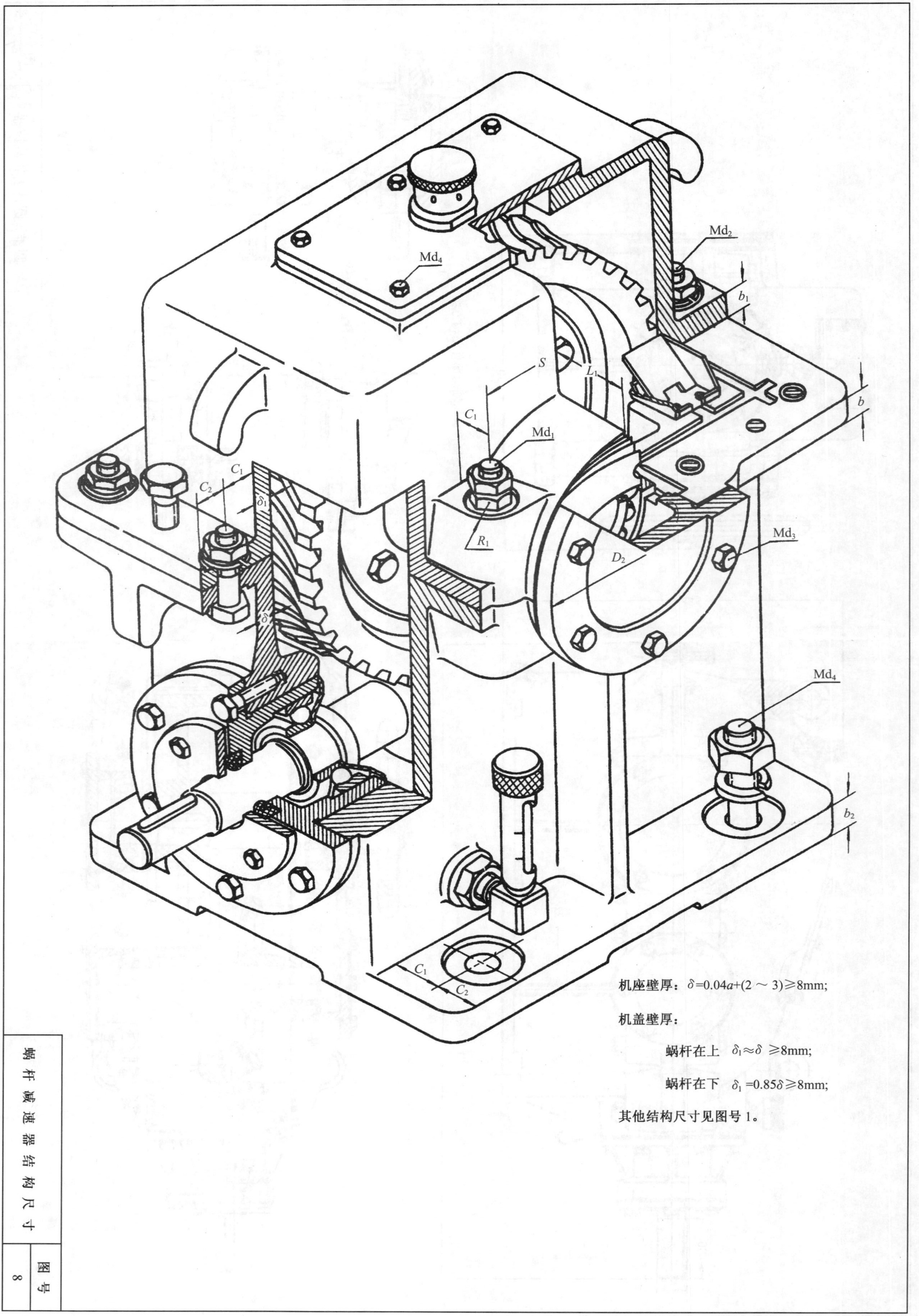

机座壁厚：$\delta=0.04a+(2\sim3)\geqslant 8$mm;

机盖壁厚：

蜗杆在上　$\delta_1\approx\delta\geqslant 8$mm;

蜗杆在下　$\delta_1=0.85\delta\geqslant 8$mm;

其他结构尺寸见图号 1。

蜗杆减速器结构尺寸	图号
	8

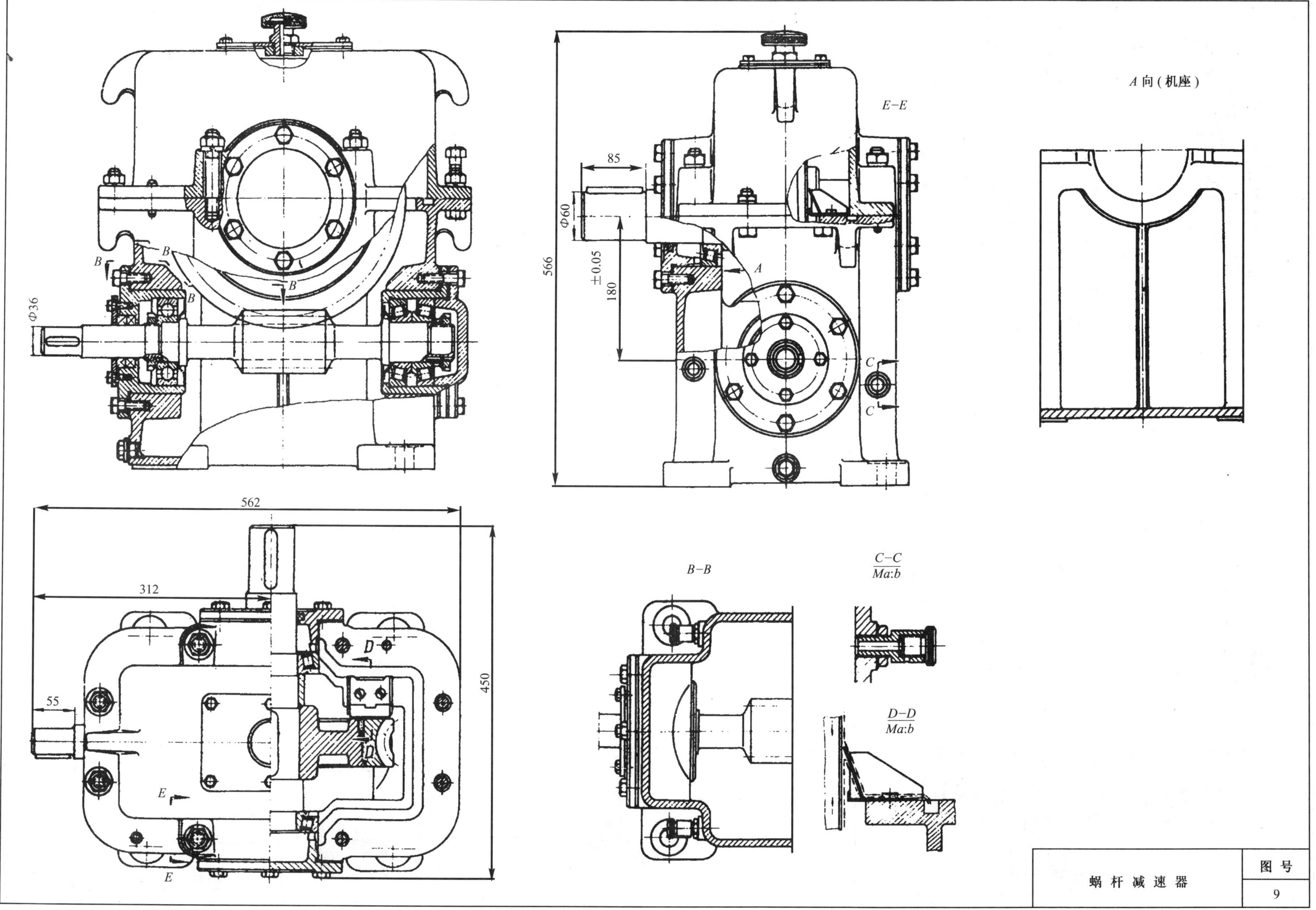
A 向（机座）
E−E
B−B
C−C
Ma:b
D−D
Ma:b
85
Φ60
566
±0.05
180
Φ36
562
312
55
450
蜗 杆 减 速 器
图 号
9

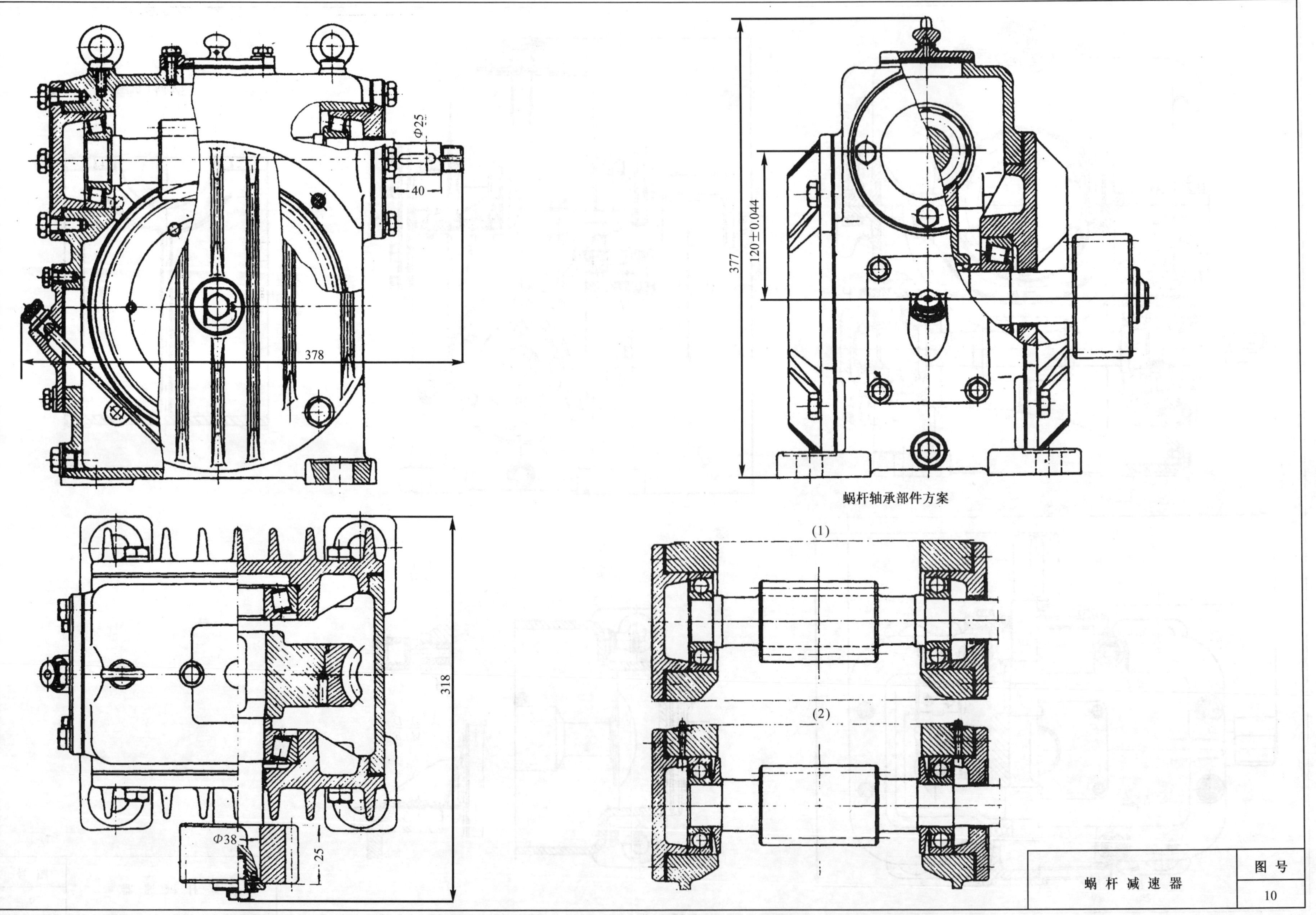
Φ25
40
378
Φ38
25
318
377
120±0.044
蜗杆轴承部件方案
(1)
(2)
图号
10
蜗 杆 减 速 器

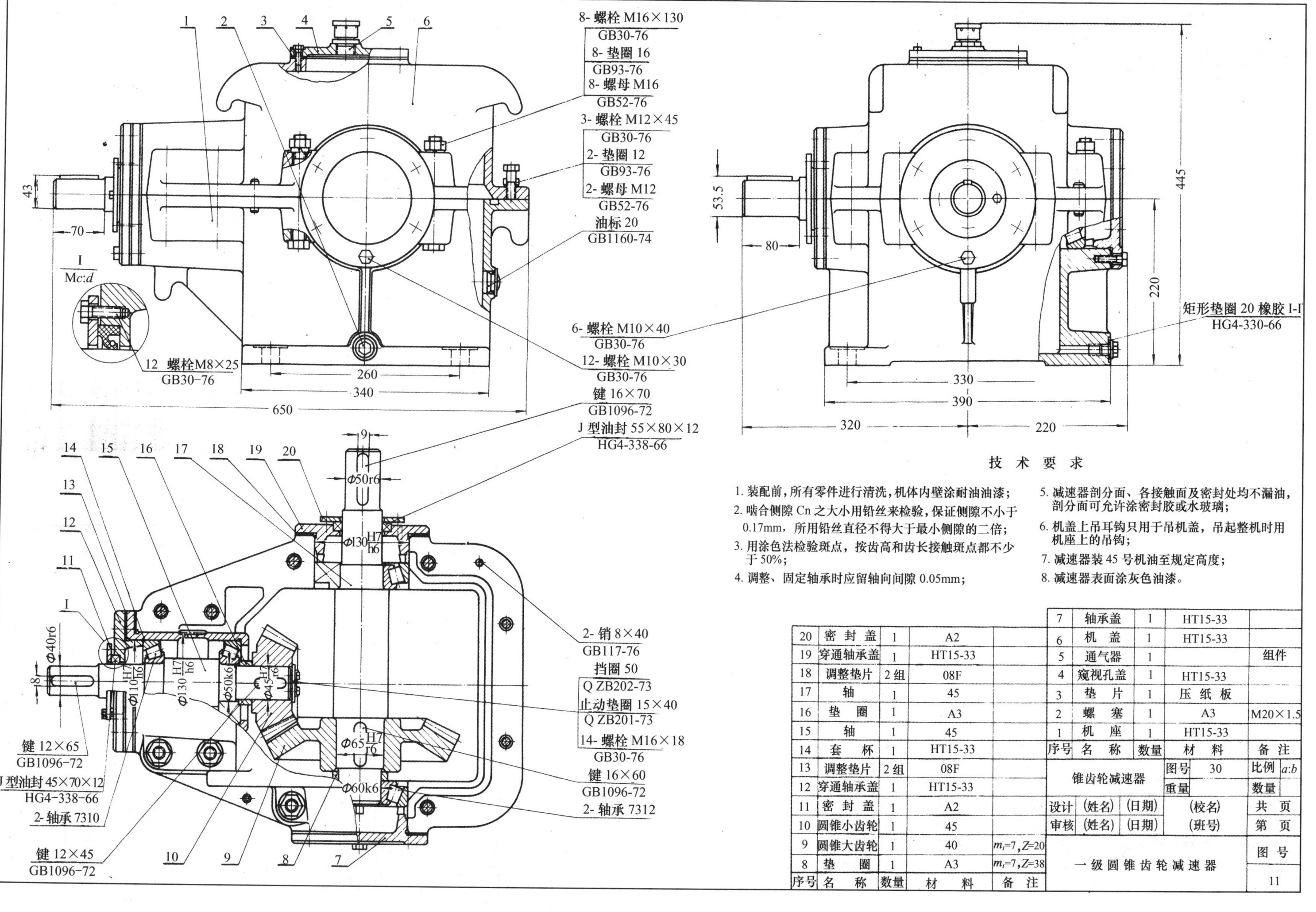

技术要求

1. 装配前，所有零件进行清洗，机体内壁涂耐油油漆；
2. 啮合侧隙 Cn 之大小用铅丝来检验，保证侧隙不小于 0.17mm，所用铅丝直径不得大于最小侧隙的二倍；
3. 用涂色法检验斑点，按齿高和齿长接触斑点都不少于 50%；
4. 调整、固定轴承时应留轴向间隙 0.05mm；
5. 减速器剖分面、各接触面及密封处均不漏油，剖分面可允许涂密封胶或水玻璃；
6. 机盖上吊耳钩只用于吊机盖，吊起整机时用机座上的吊钩；
7. 减速器装 45 号机油至规定高度；
8. 减速器表面涂灰色油漆。

序号	名称	数量	材料	备注
20	密封盖	1	A2	
19	穿通轴承盖	1	HT15-33	
18	调整垫片	2组	08F	
17	轴	1	45	
16	垫圈	1	A3	
15	轴	1	45	
14	套杯	1	HT15-33	
13	调整垫片	2组	08F	
12	穿通轴承盖	1	HT15-33	
11	密封盖	1	A2	
10	圆锥小齿轮	1	45	
9	圆锥大齿轮	1	40	$m_t=7, Z=20$
8	垫圈	1	A3	$m_t=7, Z=38$
7	轴承盖	1	HT15-33	
6	机盖	1	HT15-33	
5	通气器	1		组件
4	窥视孔盖	1	HT15-33	
3	垫片	1	压纸板	
2	螺塞	1	A3	M20×1.5
1	机座	1	HT15-33	

锥齿轮减速器		图号	30	比例	a:b
		重量		数量	
设计	(姓名) (日期)		(校名)	共 页	
审核	(姓名) (日期)		(班号)	第 页	
一级圆锥齿轮减速器				图号	11

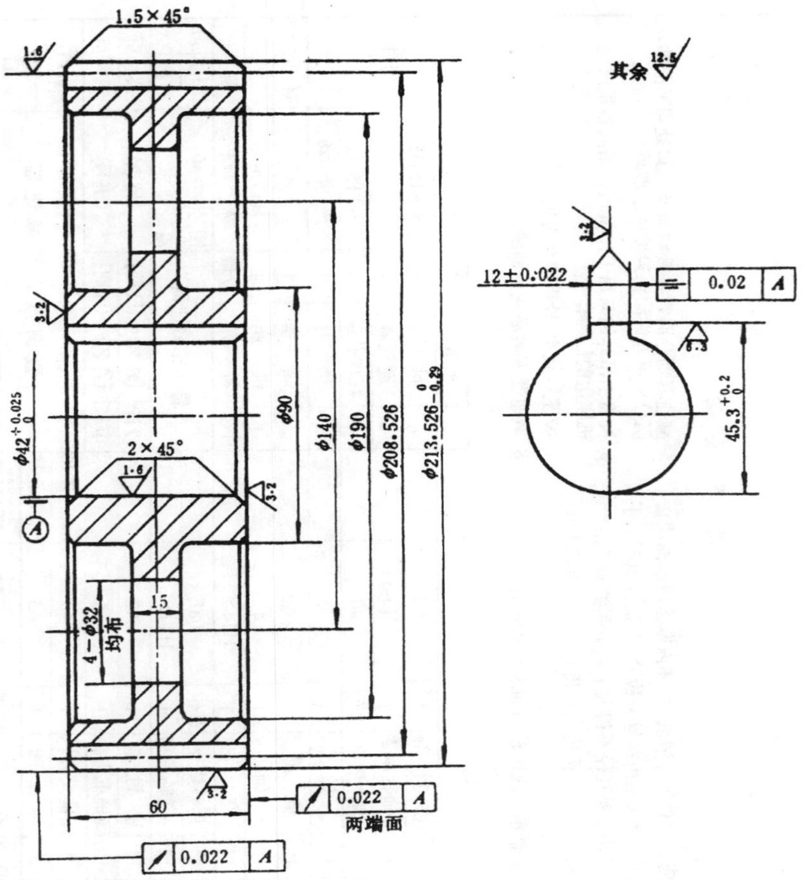

齿　数	Z	81　81
法面模数	m_n	2.5
法面齿形角	α_n	20°
法面齿顶高系数	h_a	1
全齿高	h	5.625
分度圆螺旋角	β	13°47′42″
齿螺旋方向		右
精度等级		7−HK(GB10095−88)
齿圈径向跳动公差	F_r	0.050
公法线长度变动公差	F_c	8.036
齿形公差	f_f	0.013
齿距极限偏差	f_{pt}	±0.016
公法线平均长度	W_K	$73.196^{-0.0120}_{-0.180}$
跨齿数	K	10
相啮合齿轮的图号		
中心距及其极限偏差		130±0.0315

技术要求

1. 未注明的倒角为2×45°,圆角半径为10mm;
2. 正火处理,齿面硬度为HB180～210。

斜齿圆柱齿轮的零件工作图示例	图号
	12

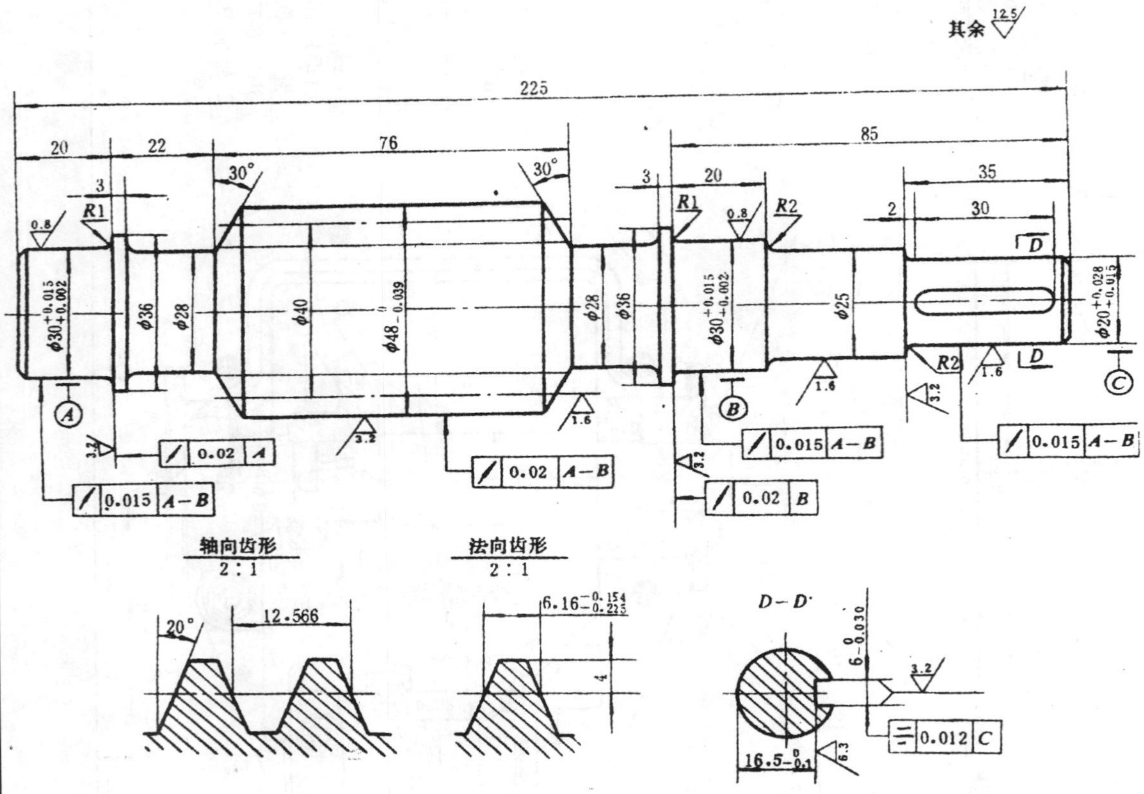

蜗杆形式		阿基米德
蜗杆头数	Z_1	2
轴向模数	m_x	4
蜗杆直径系数	q	10
齿形角	α	20°
螺旋线方向		右旋
分度圆柱导程角	γ	11°18′36″
配对蜗轮图号		
精度等级		8c　GB10089−88
公差组	检验项目	公差及极限偏差值
Ⅱ	f_{px}	±0.020
	f_{pxL}	0.034
Ⅲ	f_{f1}	0.032
	P_x	12.566

轴向齿形 2 : 1　　法向齿形 2 : 1　　D−D

技术要求

1. 表面淬火处理,HRC=45～50;2. 未注明的倒角为1.5×45°;
3. 未注明的圆角半径为R=3;4. 两端中心孔 B3.15/10,GB145−85。

蜗杆的零件图	图号
	13

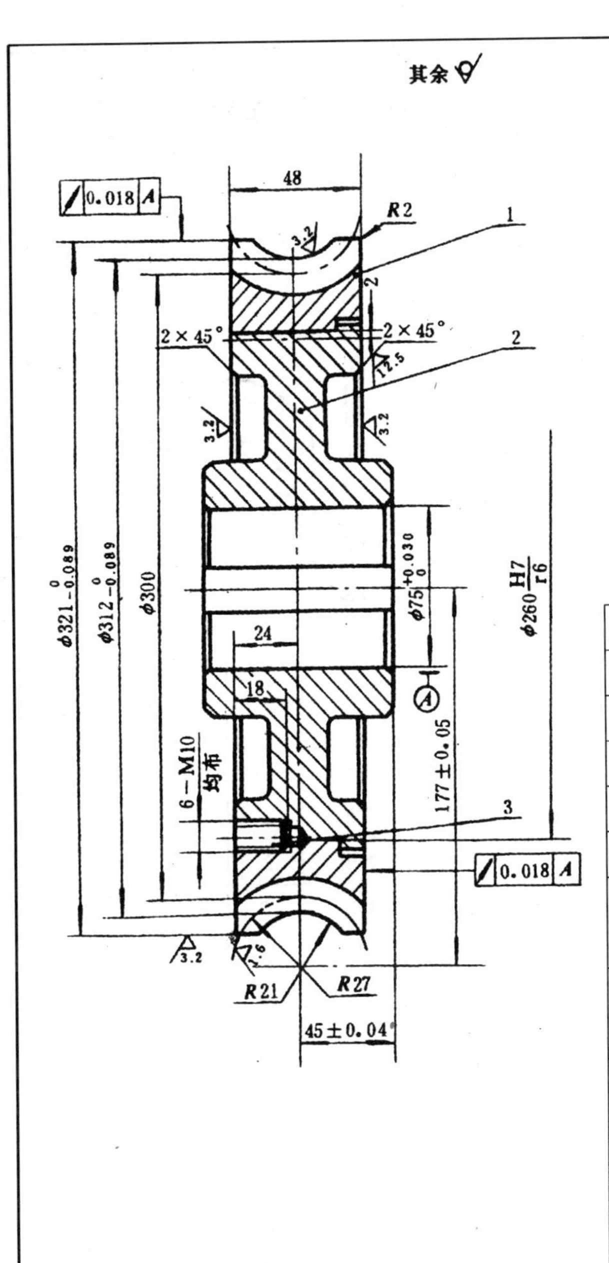

模数	m	6
齿数	Z_2	50
齿形角	α	20°
螺旋线方向	右旋	
配对蜗杆图号		
精度等级	8c GB 10089—88	
公差组	检验项目	公差与极限偏差值
Ⅰ	F_p	0.125
Ⅱ	f_{pi}	±0.028
Ⅲ(传动)	f_Σ	±0.024
分度圆齿厚	$9.42_{0.013}^{0}$	

件号	名称	数量	材料	备注
3	螺栓 M10×20	6	Q235	GB 5782—86
2	轮芯	1	HT20	
1	轮缘	1	ZQA19—4	

技术要求

轮缘和轮芯装配好后再精车和切制轮齿。

蜗轮的零件图	图号
	15

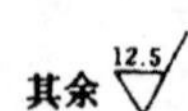

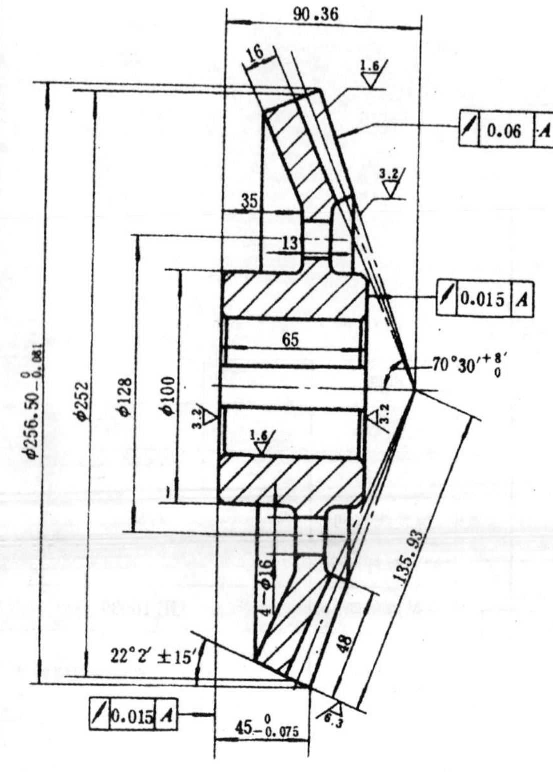

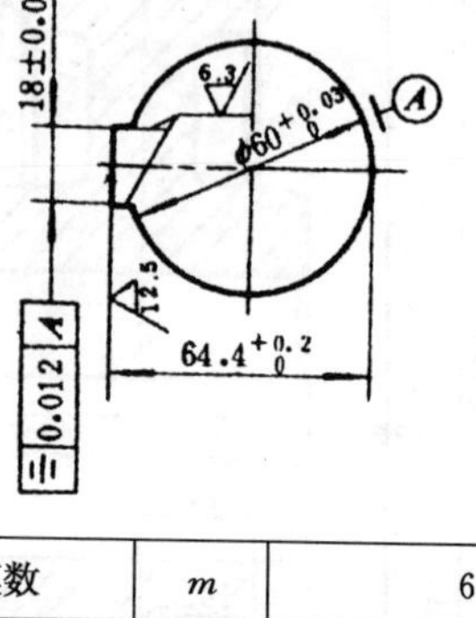

模数	m	6
齿数	Z_2	42
分度圆直径	d_2	252
齿形角	α	20°
轴交角	Σ	90°
分锥角	δ	67°58′
根锥角	δ_f	60°56′
精度等级	8c GB 11365—89	
配对齿轮	图号	
	齿数	Z_1
公差组	检验项目	公差值
Ⅰ	F_r	0.071
Ⅱ	f_{pt}	±0.028
Ⅲ接触斑点	齿长	不少于50%
	齿高	不少于55%
分度圆齿厚	$9.42^{-0.090}_{-0.200}$	

技术要求

1. 正火处理，HB=170～200；
2. 圆角半径 R=3；
3. 倒角 2×45°。

大圆锥齿轮的零件图	图号
	14